吴贤文　　向延鸿　主　编
李佑稷　吴显明　何章兴　副主编

储能材料—— 基础与应用

CHUNENG CAILIAO

JICHU YU YINGYONG

化学工业出版社
·北京·

本书主要介绍了储能材料的制备方法，储能材料的表征与分析方法，以及储能材料在锂离子电池、钠离子电池、水系电池和全钒液流电池中的应用。材料制备和分析测试方法结合了国内现有的设备，储能材料在电池中的应用结合了"锰锌钒产业技术湖南省 2011 协同创新中心"科研团队研究方向的特色，如在锰基锂离子电池、锌基水系电池等方面的研究，并采用部分实际问题做案例。本书旨在为广大读者系统地介绍储能领域的基本理论以及关键材料的合成方法和技术进展，并通过部分实例进行阐明分析。

本书可作为普通高等院校能源、材料、化工、环境和冶金等相关学科本科生和研究生的入门教材，也可供材料工作者参考。

图书在版编目（CIP）数据

储能材料：基础与应用/吴贤文，向延鸿主编. —北京：
化学工业出版社，2019.7（2024.8重印）
ISBN 978-7-122-34337-6

Ⅰ.①储…　Ⅱ.①吴…②向…　Ⅲ.①储能-功能材
料　Ⅳ.①TB34

中国版本图书馆 CIP 数据核字（2019）第 071168 号

责任编辑：徐　娟　　　　　　　　　　　　文字编辑：冯国庆
责任校对：杜杏然　　　　　　　　　　　　装帧设计：刘丽华

出版发行：化学工业出版社（北京市东城区青年湖南街 13 号　邮政编码 100011）
印　　装：北京科印技术咨询服务有限公司数码印刷分部
787mm×1092mm　1/16　印张 12　字数 294 千字　2024 年 8 月北京第 1 版第 3 次印刷

购书咨询：010-64518888　　售后服务：010-64518899
网　　址：http://www.cip.com.cn
凡购买本书，如有缺损质量问题，本社销售中心负责调换。

定　　价：88.00 元

前 言

　　地球上的资源不是取之不尽、用之不竭的，大力发展新能源是21世纪全人类关注的焦点。然而，太阳能、风能、潮汐能等在时间和空间上具有不连续性，如果要把这些不间断的能量智能并网输出，需要各种能量储存的装置，如锂离子电池、钠离子电池、水系电池和全钒液流电池等二次充电电池。众所周知，影响电池性能的核心是关键材料的开发与应用。因此，本书从材料的角度阐述储能材料的基础与应用。

　　本书共分7章，重点介绍储能材料的制备方法、储能材料的表征与分析方法，然后阐述储能材料在锂离子电池、钠离子电池、水系电池以及全钒液流电池中的应用。本书旨在系统地介绍储能领域的基本理论以及关键材料的合成方法及技术进展，并通过部分实例进行阐明分析。本书适合作为高等院校能源、材料、化工、环境和冶金等相关学科的本科和研究生教材，也适合从事新能源材料领域的工程技术人员、科研人员和管理人员参考。

　　本书由吴贤文、向延鸿主编，李佑稷、吴显明、何章兴任副主编，伍建华、申永强等参加编写。其中，吴贤文负责编写第1章、第6章以及第3章的部分内容；李佑稷、吴显明负责编写第3章的部分内容；向延鸿负责编写第2章和第4章的部分内容；伍建华负责编写第4章的部分内容；申永强负责编写第5章；何章兴负责编写第7章。此外，吉首大学彭清静、张帆、丁雷、高峰、陈上、邹晓勇、华骏等老师对本书的编写给予了极大帮助。在本书编写过程中，还得到了湖南省2011计划锰锌钒产业技术协同创新中心、吉首大学化学国家级实验教学示范中心、学校和职能部门的领导以及相关专家的大力支持，在此一并表示感谢。

　　由于编者水平有限，书中难免有不足之处，敬请广大读者批评指正。

编者

2019年1月

CONTENTS

目 录

第1章 绪 论

1.1 储能材料制备、表征与分析方法概述 ·· 001
1.2 储能材料的任务及面临的问题 ·· 002
1.3 储能材料发展现状 ·· 002
参考文献 ··· 004

第2章 储能材料制备方法概述

2.1 固相法 ·· 005
    2.1.1 高温固相合成法 ·· 006
    2.1.2 自蔓延高温合成法 ·· 007
    2.1.3 高能球磨法 ·· 008
2.2 液相法 ·· 010
    2.2.1 沉淀法 ·· 011
    2.2.2 水热法 ·· 013
    2.2.3 溶剂热法 ··· 017
    2.2.4 溶胶-凝胶法 ·· 019
    2.2.5 微乳液法 ··· 022
    2.2.6 微波合成法 ··· 023
    2.2.7 模板法 ·· 026
    2.2.8 喷雾法 ·· 027
    2.2.9 静电纺丝法 ··· 029
2.3 气相法 ·· 031
    2.3.1 溅射法 ·· 031
    2.3.2 化学气相沉积法 ·· 032
2.4 其他合成方法 ·· 039
    2.4.1 超声化学合成法 ·· 039
    2.4.2 电化学法 ··· 041
    2.4.3 超声电化学法的原理与特点 ·· 041
参考文献 ··· 042

第3章 储能材料表征与分析

3.1 成分分析 ·· 043
　3.1.1 化学分析 ····································· 043
　3.1.2 原子吸收光谱分析 ························· 044
　3.1.3 电感耦合等离子体原子发射光谱分析 ···· 044
　3.1.4 X射线光电子能谱分析 ··················· 046
　3.1.5 X射线荧光光谱分析 ····················· 050
3.2 结构分析 ·· 052
　3.2.1 X射线衍射分析 ·························· 052
　3.2.2 傅里叶红外光谱分析 ····················· 058
　3.2.3 拉曼光谱分析 ···························· 062
3.3 形貌分析 ·· 067
　3.3.1 扫描电子显微镜分析 ····················· 067
　3.3.2 透射电子显微镜分析 ····················· 074
3.4 粒度分析 ·· 087
3.5 热分析 ·· 088
　3.5.1 热分析概述 ································· 088
　3.5.2 热重分析 ··································· 089
　3.5.3 差热分析法 ································· 090
　3.5.4 示差扫描量热法 ··························· 092
3.6 电化学性能测试 ··································· 095
　3.6.1 循环伏安测试 ···························· 095
　3.6.2 交流阻抗测试 ···························· 096
参考文献 ·· 097

第4章 锂离子电池材料

4.1 锂离子电池概述 ··································· 098
　4.1.1 锂离子电池的工作原理 ··················· 099
　4.1.2 锂离子电池的组成 ························ 099
　4.1.3 锂离子电池的优缺点 ····················· 100
4.2 正极材料 ·· 100
　4.2.1 层状结构正极材料 ························ 101
　4.2.2 尖晶石结构正极材料 ····················· 108
　4.2.3 聚阴离子型正极材料 ····················· 112
　4.2.4 其他类型正极材料 ························ 117

4.3 负极材料 ··· 117
  4.3.1 嵌入型负极材料 ··· 117
  4.3.2 合金化负极材料 ··· 121
  4.3.3 转换型负极材料 ··· 122
4.4 电解质材料 ··· 123
  4.4.1 有机液体电解质 ··· 124
  4.4.2 聚合物电解质 ·· 127
  4.4.3 凝胶电解质 ··· 131
  4.4.4 无机固体电解质 ··· 131
4.5 隔膜材料 ··· 132
  4.5.1 锂离子电池隔膜材料的种类 ··· 132
  4.5.2 锂离子电池隔膜的改性技术 ··· 134
  4.5.3 锂离子电池隔膜发展趋势 ·· 134
参考文献 ··· 135

第5章 钠离子电池材料

5.1 钠离子电池概述 ··· 138
  5.1.1 钠离子电池的结构 ··· 138
  5.1.2 钠离子电池的工作原理 ··· 139
5.2 钠离子电池正极材料 ·· 140
  5.2.1 层状过渡金属氧化物钠离子电池正极材料 ·· 140
  5.2.2 聚阴离子型钠离子电池正极材料 ·· 141
  5.2.3 铁基氟化物正极材料 ·· 142
  5.2.4 其他钠离子电池正极材料 ·· 144
5.3 钠离子电池负极材料 ·· 144
  5.3.1 碳基负极材料 ·· 144
  5.3.2 合金负极材料 ·· 145
  5.3.3 氧化物与硫化物负极材料 ·· 146
  5.3.4 钛基氧化物负极材料 ·· 146
参考文献 ··· 147

第6章 水系电池材料

6.1 水系电池的发展及现状 ··· 148
6.2 水系锂离子电池 ··· 150
  6.2.1 水系锂离子电池正极材料 ·· 150
  6.2.2 水系锂离子电池负极材料 ·· 151

6.3　水系钠离子电池 ··· 154
　　6.3.1　水系钠离子电池正极材料 ······························· 154
　　6.3.2　水系钠离子电池负极材料 ······························· 157

6.4　水系锌离子电池 ··· 158
　　6.4.1　水系锌离子电池负极材料 ······························· 159
　　6.4.2　水系锌离子电池正极材料 ······························· 161

6.5　混合水系电池 ··· 164

参考文献 ··· 165

第7章　全钒液流电池

7.1　全钒液流电池概述 ··· 166
　　7.1.1　全钒液流电池的结构及工作原理 ······················· 167
　　7.1.2　全钒液流电池的特点 ····································· 168
　　7.1.3　全钒液流电池的应用 ····································· 169

7.2　全钒液流电池的研究进展 ·· 169
　　7.2.1　全钒液流电池国内的研究进展 ··························· 169
　　7.2.2　全钒液流电池国外的研究进展 ··························· 170

7.3　电解液 ··· 171
　　7.3.1　电解液的制备 ··· 172
　　7.3.2　电解液分析方法 ··· 173
　　7.3.3　电解液优化方法 ··· 173

7.4　电极材料 ·· 175
　　7.4.1　金属类电极 ··· 175
　　7.4.2　碳素类电极 ··· 175
　　7.4.3　复合高分子电极 ··· 178

7.5　隔膜 ··· 179
　　7.5.1　含氟膜 ··· 179
　　7.5.2　非氟离子交换膜 ··· 181

参考文献 ··· 183

第1章

绪　　论

能源和材料是支撑当今人类文明及保障社会发展的最重要的物质基础。随着世界经济的快速发展和全球人口的不断增长，世界能源消耗也大幅度上升，伴随主要化石燃料的匮乏和全球环境状况的恶化，传统能源工业已经越来越难以满足人类社会的发展要求。能源问题与环境问题是 21 世纪人类面临的两大基本问题，发展无污染、可再生的新能源是解决这两大问题的必由之路。解决能源问题的关键在于能源材料尤其是新能源材料的技术的突破。

能源按其形成方式的不同分为一次能源和二次能源。一次能源即直接从自然界中取得的以自然形态存在的能源，如风能、地热能等。二次能源即由一次能源经过加工与转换得到的能源，如煤气、电能等，它是联系一次能源和能源用户的中间纽带。一次能源包括以下三类：①来自地球以外天体的能量，主要是太阳能；②地球本身蕴藏的能量、海洋和陆地内储存的燃料、地球的热能等；③地球与天体相互作用产生的能量，如潮汐能。

能源按其循环方式不同可分为不可再生能源（化石燃料等）和可再生能源（生物质能、氢能和化学能源等）；按使用性质不同可分为含能体能源（煤炭、石油）和过程性能源（风能和潮汐能等）；按环境保护的要求可分为清洁能源（又称为"绿色能源"）和非清洁能源（煤炭、石油）；按现阶段的程度可分为常规能源和新能源。常见的新能源包括太阳能、风能、水能、海洋能、核能、氢能和地热能等。为了充分利用这些新能源，除了直接利用之外，最关键的是将这些能量转换为电能，并大规模储存起来。因此，能量的转换和存储技术成为现阶段新能源发展的主要任务，实现能量转换的关键材料包括太阳能电池材料、燃料电池材料、生物质能材料、核能材料、风能利用关键材料、地热能利用关键材料、海洋能利用关键材料等；而实现能量存储的关键材料包括镍氢电池材料、锂离子电池材料、钠离子电池材料、水系电池材料、全钒液流电池材料、超级电容器材料、新型相变储能和节能材料等。

储能材料是材料学科发展的一个重要研究方向，本书重点介绍新能源领域中实现能量存储的四种关键材料，包括锂离子电池材料、钠离子电池材料、水系电池材料及全钒液流电池材料。

1.1　储能材料制备、表征与分析方法概述

根据材料制备过程中反应所处的介质环境不同，储能材料的制备方法可简单分为固相法、液相法和气相法。本书主要介绍储能材料的高温固相合成法、自蔓延燃烧合成法、高能

球磨法、沉淀法、水热法、溶剂热法、溶胶-凝胶法、微乳液法、模板法、喷雾法、静电纺丝法、溅射法及化学气相沉积法等。

在材料的表征与分析测试方面，本书主要介绍原子吸收光谱、电感耦合等离子发射光谱、X射线光电子能谱、X射线荧光光谱、X射线衍射、傅里叶红外光谱、拉曼光谱、扫面电子显微镜、透射电子显微镜等分析、表征方法，以及热重、差热、循环伏安和交流阻抗等测试方法。

1.2 储能材料的任务及面临的问题

本书介绍的储能材料属于新能源材料的范畴，因此，新能源材料的任务及面临的关键问题也是储能材料的任务和面临的问题。为了发挥材料的作用，储能材料面临艰巨的任务。作为材料科学与工程学科的重要研究部分，储能材料的主要研究内容同样也是材料的组成与结构、制备与加工工艺、材料的性质、材料的使用效能以及它们之间的关系。结合储能材料的特点，储能材料研究开发的重点有以下几方面。

（1）研究新材料、新结构以提高材料的性能和能量的利用效率 例如，研究不同新型全固态电解质，以提高材料的离子电导率，从而达到应用的要求；研究开发不同形貌和结构的硅碳复合负极材料，以缓解硅的体积膨胀，发挥硅材料高容量等特点的同时，改善其循环稳定性。

（2）安全与环境保护以及资源的合理利用 这是储能材料能否大规模应用的关键。例如，锂离子电池具有优良的性能，但由于锂二次电池在应用中出现短路造成的烧伤事件，以及金属锂因性质活泼而易于着火燃烧，因而影响了其应用。为此，研究出用碳素体等作为负极载体的锂离子电池，使上述问题得以避免，现已成为发展速度最快的锂离子二次电池。同时，随着锂离子电池在大型储能和动力电池领域的规模化使用，对锂的需求量也迅速增加，资源的合理利用成为业界关注的焦点。同时，回收有价金属锂、镍、钴、锰等金属，势必产生废水，污染环境。因此，电池的安全、环保及资源的综合利用成为储能领域又一个新的研究课题。

（3）材料规模生产的制作与加工工艺 在储能器件研究开发阶段，材料组成与结构的优化是研究的重点，而材料的制作与加工常使用现成的工艺与设备。到了工程化阶段，材料的制作与加工工艺及设备就成为关键的因素。在许多情况下，需要开发针对储能材料的专用工艺与设备以满足材料产业化的要求，这些情况包括大的处理量、高的成品率、高的劳动生产率、材料及部件的质量参数的一致性和可靠性、环保及劳动防护、低成本等。

（4）延长材料的使用寿命 采用新型储能器件及其装置所遇到的最大问题在于成本有无竞争性，从材料的角度考虑，要降低成本，一方面要靠研究开发关键材料，另一方面还要靠延长材料的使用寿命。上述方面的潜力是很大的，这要从解决材料性能退化的原理着手，采取相应措施，包括选择材料的合理组成或结构、材料的表面改性等，并要选择合理的使用条件。

1.3 储能材料发展现状

本部分重点介绍锂离子电池关键材料、钠离子电池关键材料、水系电池关键材料、全钒液流电池关键材料的发展现状。

（1）锂离子电池关键材料　经过近 30 年的发展，小型锂离子电池在信息终端产品（移动电话、便携式计算机、数码摄像机）中的应用已占据垄断性的地位，我国已发展成为全球三大锂离子电池和材料的制造及出口国之一。电动工具、电动自行车、电动汽车、电动公交车用锂离子动力电池也已日渐发展成熟，市场前景广阔。高能量密度、高功率密度以及高安全性、长循环寿命锂离子电池的开发是当前研究的热点。正极材料方面，引领其发展的"三驾马车"是层状结构、尖晶石结构和聚阴离子型材料，分别以 $LiCoO_2$ 或 $LiNi_xCo_yMn_{1-x-y}O_2$ 或 $xLi_2MnO_3 \cdot 1-xLiMO_2$（M＝Ni、Co、Mn），$LiMn_2O_4$ 或 $LiNi_{0.5}Mn_{1.5}O_4$，橄榄石结构的 $LiFePO_4$ 或 NASICON 结构的 $Li_3V_2(PO_4)_3$ 为代表。正极材料研究的重点是如何改善高电压钴酸锂的循环稳定性；提高富锂锰基正极材料的倍率性能、首次充放电效率及循环性能；开发高电压电解液应用于 $LiNi_{0.5}Mn_{1.5}O_4$ 等；进一步提高三元材料中镍的比例，发挥高容量性能的同时改善循环稳定性。负极材料方面，根据充放电机理，可分为嵌入型、转换型和合金型材料，分别以碳或 $Li_4Ti_5O_{12}$，硅基或锡基等，氧化物或氮化物或硫化物等为代表。负极材料研究的重点有三个：碳类负极材料的改性与低成本化，如天然石墨的开发与应用；高容量合金负极的复合改性与实用化，如硅碳复合负极材料的研究；高安全性钛酸锂负极的掺杂改性等。在锂离子电池电解液方面，研究的焦点有三个：高低温电解液、高电压电解液和高安全性电解液的开发。为了实现全固态锂离子电池的应用与产业化，在电解质方面，主要是研究开发具有高电导率的聚合物电解质和无机固体电解质，以取代液态电解质。

（2）钠离子电池关键材料　钠离子电池技术实用化的关键也是电极材料，研究较多的正极材料有层状结构的材料，如 Na_xMnO_2；聚阴离子型材料，如 $Na_3V_2(PO_4)_3$；铁基氟化物材料，如 FeF_3 等。研究较多的负极材料有碳基材料、合金型材料、氧化物与硫化物、钛基氧化物等。只有研发出具有较高容量的、适于钠离子稳定脱嵌的正负极材料，才能推进钠离子电池早日进入市场。此外，相应的电化学机理、电解液的优化、钠离子电池整体的安全性问题，也有待深入研究。相信随着人们对钠离子电池的逐步深入研究，电池的容量和电压以及循环稳定性将会进一步提升，这将促进价格低廉的钠离子电池早日应用于未来的大规模储能体系中。

（3）水系电池关键材料　目前研究较多的水系电池体系主要有四种：水系锂离子电池，如 $LiMn_2O_4/LiTi_2(PO_4)_3$ 等；水系钠离子电池，$Na_{0.44}MnO_2/NaTi_2(PO_4)_3$ 等；水系锌离子电池，如 MnO_2/Zn、$ZnMn_2O_4/Zn$ 等；混合水系电池，如 $LiMn_2O_4/Zn$、$Na_{0.44}MnO_2/Zn$ 等。正负极之间发生不同金属离子的可逆嵌入与脱出或沉积与溶解反应。水系可充电电池目前面临着一系列挑战，在水溶液电解液体系中，离子嵌入型化合物的化学与电化学过程比在有机电解液中复杂得多，会发生诸多副反应，如电极材料与水或氧反应、质子与金属离子的共嵌问题、析氢/析氧反应、电极材料在水中的溶解等。这些问题在很大程度上都制约了水系电池的发展与应用。

（4）全钒液流电池关键材料　近年来，全钒液流电池因其容量大、效率高、寿命长等优点顺应未来能源的发展趋势，而受到普遍关注。目前，全钒液流电池在实用化进程中也受到一些关键技术的制约，如高浓度钒电解液的配制，电极材料电化学活性和可逆性能的提升，高选择性、低成本、长寿命隔膜的开发和应用等。而在之前的几十年里，对电解液和隔膜的研究相对较成熟，电解液的主流研究方向是提高钒电解液的浓度和电化学活性。隔膜是全钒液流电池的关键部件，隔膜的性能影响着电池的效率和寿命。目前报道的隔膜类型大致可以分为两种：含氟离子膜和非氟离子膜。全钒液流电池隔膜的研究主要集中在引入特性基团来减小膜孔径、增强选择性、改善水迁移能力等。电极材料的性能好坏，对电解质溶液分布和扩散状态、电化学反应速率和电池内阻有直接影响，进而影响电池的能量转换效率，所以选择合适的电极材料是全钒液流电池发展和应用的关键一步。对电极材料的研究，主要集中在金属类电极、碳素类电极和复合高分子类电极，目前已取得一些成就，仍在进一步探索中。

参考文献

朱继平.新能源材料技术 [M].北京：化学工业出版社，2014.

第2章

储能材料制备方法概述

能源和环境问题是目前人类亟待解决的两大问题。在化石能源日渐枯竭、环境污染日益严重、全球气候变暖的今天，寻求替代传统化石能源的可再生绿色能源、谋求人与环境的和谐显得尤为迫切。新型的可再生能源，如风能和太阳能等的利用，电动汽车、混合动力电动汽车的逐步市场化，各种便携式用电装置的快速发展，均需要高效、实用、"绿色"的能量储运体系。对于新型的"绿色"储能器件，在关切其"绿色"的同时，高功率密度、高能量密度则是其是否可以真正替代传统能量储运体系的重要指标。新型的电源体系，特别是二次电池或超级电容器是目前重要的"绿色"储能装置，其核心部分是性能优异的储能材料。储能材料合成与制备技术在储能材料研发、性能优化和应用的过程中发挥着重要的作用，没有材料的合成与制备，就无法得到材料，就无从谈起材料的性能研究和应用。储能材料的发展和应用离不开材料合成与加工技术的进步，每当一种新的合成制备技术或加工技术的出现，都很可能伴随着材料发展中的一次飞跃，都是推动材料创新的动力。

根据材料制备过程中反应所处的介质环境不同，可以简单地将储能材料的制备方法分为固相法、液相法和气相法。

2.1　固相法

固相反应是指那些有固态物质参加的反应，可以归纳为下列几类：①一种固态物质的反应，如固体物质的热解、聚合；②单一固相内部的缺陷平衡；③固态和气态物质参加的反应；④固态与液态物质间的反应；⑤两种以上固态物质间的反应；⑥固态物质表面上的反应，如固相催化反应和电极反应。

一般说来，反应物之一必须是固态物质的反应，才能叫固相反应。固体原料混合物以固态形式直接反应是制备多晶形固体广泛应用的方法。在室温下经历一段合理的时间，固体并不相互反应。为使反应以显著速率发生，必须将它们加热至很高温度，通常是 $1000 \sim 1500℃$。这表明热力学与动力学两种因素在固态反应中都极为重要：热力学通过考查一个特定反应的自由焓变化来判定该反应能否发生；动力学因素决定反应发生的速率。例如，从热力学角度考虑 MgO 与 Al_2O_3 反应能生成 $MgAl_2O_4$，实际上在常温下反应极慢。仅当温度超过 $1200℃$ 时，才开始有明显反应，必须在 $1500℃$ 下将粉末混合物加热数天，反应才能完全。可见动力学因素对反应速率的影响。

液相或气相反应动力学可以表示为反应物浓度变化的函数，但对有固体物质参与的固相反应来说，固态反应物的浓度是没有多大意义的。因为参与反应的组分的原子或离子不是自由地运动，而是受晶体内聚力的限制，它们参加反应的机会是不能用简单的统计规律来描述的。对于固相反应来说，决定的因素是固态反应物质的晶体结构、内部的缺陷、形貌（粒度、孔隙度、表面状况）以及组分的能量状态等，这些是内在的因素。另外一些外部因素也影响固相反应的进行，例如反应温度、参与反应的气相物质的分压，电化学反应中电极上的外加电压，射线的辐照，机械处理等。有时外部因素也可能影响到甚至改变内在的因素。例如，对固体进行某些预处理时，如辐照、掺杂、机械粉碎、压团、加热，在真空或某种气氛中反应等，均能改变固态物质内部的结构和缺陷状况，从而改变其能量状态。

与气相反应或液相反应相比，固相反应的机理比较复杂。固相反应过程中，通常包括以下几个基本步骤：①吸着现象，包括吸附和解吸；②在界面上或者均相区内原子进行反应；③在固体界面上或者内部形成新相的核，即成核反应；④物质通过界面和相区的输运，包括扩散和迁移。

在各个步骤中，往往某一个反应步骤进行得比较慢，那么整个反应过程的反应速率就受这一步反应所控制，称为速率控制步骤。

固相法制备储能材料，主要是以机械手段对原材料进行混合与细化，然后将混合物经过后续高温烧结得到目标产物，在烧结过程中，往往伴随着脱水、热分解、相变、共熔、熔解、溶解、析晶和晶体长大等多种物理、化学和物理化学变化。其工艺简单，可操作性强，成本低廉，易于大规模生产应用，是许多功能、储能材料制备中最常用的合成方法，特别适合于只含有一种过渡金属离子材料的合成。而对于多元材料，由于原料成分含有多种金属元素，用简单的机械手段得到的混合物混匀程度有限，易导致原料微观分布不均匀，在后续处理过程中扩散难以顺利进行，造成产品在组成、结构、粒度分布等方面存在较大差异。这就要求采用固相法制备多元正极材料时保证原料充分混匀，并在烧结过程中保证原料中的多元离子充分扩散。

2.1.1 高温固相合成法

两种固相反应物 A 和 B 相互作用后生成 $A_m B_n$，在这种非均相的固相反应过程中，必须是由于反应物不断地穿过反应界面和生成物质层，发生了物质的输运，即原来处于晶格结构中平衡位置上的原子或离子在一定的条件下脱离原位置而进行无规则的运动，形成移动的物质流。这种物质流的推动力是原子核空位的浓度差以及化学势梯度。物质输运过程是受扩散定律制约的。

固-固态反应中，固态反应物的显微结构和形貌特征对于反应有很大影响。例如，物质的分散状态（粒度）、孔隙度、装紧密度。反应物相互间接触的面积对于反应速率的影响也很大。因为固相反应进行的必要条件之一是反应物必须互相接触，将反应物粉碎并混合均匀，或者预先压制成团并烧结，都能够增大反应物之间接触面积，使原子的扩散输运容易进行，这样会增大反应速率。例如，采用固相法制备锂离子电池富锂锰基 Li（$Li_{0.2} Ni_{0.17} Co_{0.16} Mn_{0.47}$）$O_2$ 正极材料时，如果选择氧化物为原料，反应必须在长时间的高温条件下进行，得到的材料由于金属元素均匀度不一致而导致电化学性能不佳。如果选择草酸盐或乙酸盐为原料，利用草酸盐或乙酸盐的低熔点且受热后的流变性，采用机械球磨法对反应原料镍、钴、锰、锂盐进行预处理，高温烧结后的材料电化学性能明显优于以氧化物为原料所得材料。当反应物被粉碎、被分解或者其结构正在被破坏的时候，或者当反应物处于相变温度时，反应的活性很大，反应速率很快。例如，由 CoO 和 Al_2O_3 合成 $CoAl_2O_4$，当反应温度在 1200℃时，由于此温度即为 γ-Al_2O_3（立方）→α-Al_2O_3（六方）的相变温度，所以合成反应进行得特别快。

2.1.2　自蔓延高温合成法

自蔓延高温合成（self-propagating high-temperature synthesis，SHS）又称为燃烧合成技术（combustion synthesis），是利用反应物之间高的化学反应热的自加热和自传导作用来合成材料的一种技术。当反应物一旦被引燃，便会自动向尚未反应的区域传播，直至反应完全，是制备无机化合物高温材料的一种新方法。燃烧合成的基本要素是：①利用化学反应自身放热，完全（或部分）不需要外部热源；②通过快速燃烧的自维持反应得到所需成分和结构的产物；③通过改变热释放和传输速度来控制合成过程的速率、温度、转化率和产物的成分及结构。

SHS 以自蔓延方式实现粉末间的反应，与制备材料的传统工艺比较，工序减少，流程缩短，工艺简单，一经引燃启动过程后就不需要对其进一步提供任何能量；由于燃烧波通过试样时产生的高温，可将易挥发杂质排除，因此产品纯度高；同时燃烧过程中有较大的热梯度和较快的冷凝速率，有可能形成复杂相，易于从一些原料直接转变为另一种产品；可能实现过程的机械化和自动化。另外还可能用一种较便宜的原料生产另一种高附加值的产品，成本低，经济效益好。SHS 法的几个典型参数的比较见表 2-1。

表 2-1　SHS 法的几个典型参数的比较

典型参数	SHS 法	常规方法
最高温度/℃	1500～4000	≤2200
反应传播速率(cm/s)	0.1～15(以燃烧波形式)	很慢，以"cm/h"计
加热速率/(℃/h)	10^3～10^6	≤8
点火能量/(W/cm²)	≤500	
点火时间/s	0.05～4	
合成带宽度/mm	0.1～5.0	较长

预测 SHS 过程可实现性的最可信赖的方法是计算给定混合体系的绝热温度 T_{ad}（adiabatic temperature）。该温度应该足够高以能维持异种物质间的反应。反应所能达到的最高温度就是绝热燃烧温度。它是描述 SHS 反应特征的最重要的热力学参量，它不仅可以作为判断燃烧反应能否自我维持的定性依据，而且可以对燃烧反应产物的状态进行预测，并可为反应体系的成分设计提供依据。

假定：体系绝热；产物和反应物的比热容不随温度变化；反应物按 100% 化学计量反应，且不可逆，当在 298K 发生反应时，则有以下平衡方程：

$$\Delta H_{298}^0 + \sum n_i (H_t^0 - H_{298}^0)_{i,生成物} = 0$$

式中，ΔH_{298}^0，为常温下物质的摩尔标准生成热，即反应在常温下的热效应，此处应视为所有生成物与反应物的生成热之差；$(H_t^0 - H_{298}^0)_{i,生成物}$ 为各生成物在温度 T 下的相对焓；n_i 为反应式中生成物的摩尔系数。如果已知生成物质的焓变，则可通过上式计算绝热温度 T_{ad}，还可以判断体系中是否出现液相和气相以及它们所占的比例。通常把 $T_{ad}>1800K$ 作为自蔓延反应可以自行维持的依据。如果 $T_{ad} < 1500K$，反应放出的热量不足以使燃烧反应持续进行；如果 $T_{ad} > 1800K$，则自蔓延反应可持续进行；如果 $1500K < T_{ad} < 1800K$，必须采用外界对体系提供额外的能量使之继续进行。但是随着自蔓延燃烧技术的发展，研究人员发现仅仅通过 T_{ad} 来判断反应是否能够发生的理论依据并不充分。Su 等认为现有的实验数据已经完全能够打破 1800K 的规则，他们基于 SHS 的系统热力学参数，重新制定了新的标准。标准规定了当绝热温度超过压坯的较低熔点组分的熔点时，SHS 反应将会持续进行。新标准具有明确的物理意义，涵盖了 SHS 合成制备的所有现有材料，包括高温耐火材料和金属间化合物，以及复合材料等。关于绝热温度的判据标准还有待进一步的研究。

另外，通过对某体系的 T_{ad} 与熔化温度 T_m 的比较，还可以判断 SHS 反应过程中是否有液相的出现。当 $T_{ad} < T_m$ 时，合成产物为固相；当 $T_{ad} > T_m$ 时，合成产物为液相；当 $T_{ad} = T_m$ 时，合成产物部分为液相。

由于自蔓延反应过程较快，几乎在瞬间完成，因此给研究分析合成过程中产物的形态结构带来不便。为了有效控制材料的结构，通常采取相关手段进行调节。对于弱放热体系的 SHS 反应，促进 SHS 反应的手段有高温炉加热、功能添加剂促进、机械促进（压制、振动、冲击波）、电场、电磁等方法；抑制 SHS 过程的方法主要有使用添加稀释剂、阻燃材料，在反应性气体中添加惰性气体等。

SHS 工艺参数的改变不仅会影响 SHS 的反应速率，同时还影响到燃烧温度的高低和燃烧波的传播方式，从而会不同程度地影响到 SHS 产物的相组成和微观形貌。通常 SHS 的工艺因素主要有反应物的粒径、球磨参数、反应物压坯压力等。如：对于固-固反应或固-气反应类型的 SHS 反应，反应物中固体粒子的大小对燃烧合成产物的形态影响较大。固体粒径越小，反应物之间的有效接触面积越大，反应速率越快，燃烧温度越高，中间产物相组成越少；关于球磨比，需要在实验过程中选择一个最佳值来完成实验，否则不合理的球磨比会引起自燃现象；压坯压力的大小也会影响到 SHS 中燃烧波温度和燃烧波速率。张鹏林在对 Mg-TiO$_2$ 的自蔓延燃烧中发现，当压坯压力大于 275MPa 时，燃烧温度随着压力的增大而降低，这是由于压力增大后，压坯密度会随着增大，因而导致了反应中热量传导的加快，从而使燃烧温度降低。然而，燃烧波速率随着压坯压力的增大而增大，这是由于压坯密度增大后，参加反应的物料增加，从而反应中燃烧波的传播能力就越强。因此，应该合理控制 SHS 的工艺参数，使得燃烧波的状态最大限度地保持在稳态燃烧状态中，从而合成目标产物。

2.1.3 高能球磨法

高能球磨技术是利用球磨机的转动或振动，通过磨球与罐壁和磨球与磨球之间进行强烈的撞击，将粉末进行撞击、研磨和搅拌，把金属或合金粉末粉碎为纳米级微粒的方法，也称机械合金化。它与传统的低能球磨不同，传统的球磨工艺只对物料起粉碎和均匀混合的作用，而在高能球磨工艺中，由于球磨的运动速度较快，可将足够高的动能从磨球传给粉末样品，粉末颗粒被强烈塑性变形，产生应力和应变，颗粒内产生大量的缺陷，这显著降低了元素的扩散激活能，使得组元间在室温下可显著进行原子或离子扩散；颗粒不断冷焊、断裂，组织细化，形成了无数的扩散/反应偶，同时扩散距离也大大缩短。应力、应变、缺陷和大量纳米晶界、相界产生，使系统储能很高，达十几千焦/摩尔，粉末活性被大大提高；在球与粉末颗粒碰撞瞬间造成界面处的扩散，还可以诱发此处多相化学反应，从而达到合成新材料的目的。立式油封电机直连式行星球磨机如图 2-1 所示。高能球磨机配套球磨罐如图 2-2 所示。研磨球如图 2-3 所示。

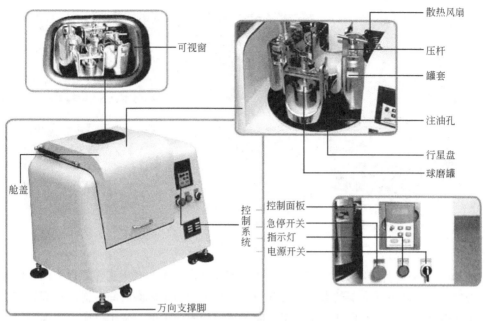

可视窗

散热风扇
压杆
罐套
注油孔
行星盘
球磨罐

舱盖

控制系统
控制面板
急停开关
指示灯
电源开关

万向支撑脚

图 2-1 立式油封电机直连式行星球磨机

(a) 不锈钢球磨罐

(b) 刚玉球磨罐

(c) 聚氨酯球磨罐

(d) 聚四氟乙烯球磨罐

(e) 玛瑙球磨罐

(f) 尼龙球磨罐

(g) 碳化硅球磨罐

(h) 氧化锆球磨罐

(i) 硬质合金球磨罐

(j) 真空内衬尼龙球磨罐

(k) 真空不锈钢球磨罐

(l) 内衬玛瑙真空球磨罐

图 2-2 高能球磨机配套球磨罐

(a) 氧化铝研磨球　　　(b) 玛瑙研磨球　　　(c) 不锈钢研磨球

(d) 聚氨酯研磨球　　　(e) 氧化锆研磨球　　　(f) 硬质合金研磨球

图 2-3　研磨球

高能球磨技术可分为干法高能球磨和湿法高能球磨，两者的基本工作原理相同，但是湿法高能球磨中因为有液体助磨剂的参加，有利于颗粒减小，缩短球磨时间，提高球磨效率。高能球磨过程使得粉末细化，最后达到不同组元原子互相掺入和扩散，发生反应，实现固相反应中各组分间的均一性。高能球磨技术可用来制备多种纳米合金材料及其复合材料，特别是用常规方法难以获得的高熔点的合金纳米材料。高能球磨法制备的合金粉末，其组织和成分分布比较均匀，与其他物理方法相比，该方法简单实用，可以在比较温和的条件下制备纳米晶金属合金。

影响球磨强度的因素有研磨设备、球径、球料比（CR）、转速或频率等。通常，球磨强度越小，碰撞引起的粉末塑性变形功和应变能及粉末温升越小，燃烧点火时间越长，而且可能使燃烧反应变为渐进式。

纳米合金材料在锂离子电池中的应用成为引人注目的研究热点并取得了较大进展。目前在锂离子电池合金负极材料的制备方法上，用得比较多的是高能球磨法。Ahn 等用高能球磨法制备了纳米晶的 Ni_3Sn_2 合金，首次放电比容量高达 $1520mA \cdot h/g$，超过了 Ni_3Sn_2 的理论比容量，原因可能在于纳米晶粒的大量晶界可以容纳更多的锂。Kim 等用高能球磨法制备了 Si/TiN 纳米复合材料，Si 含量为 33.3%（摩尔分数）的复合物经 12h 球磨后，首次放电比容量约 $300mA \cdot h/g$，每次循环的容量衰减仅为 0.36%，显示了良好的循环性能。高能球磨法的主要缺点是容易引入某些杂质，特别是杂质氧的存在，使得纳米合金在球磨过程中表面极易被氧化。杂质氧的引入使得合金负极材料在嵌锂过程中发生不可逆的还原分解反应，从而带来较大的不可逆容量。

2.2　液相法

液相法是以均相的溶液为出发点，通过各种途径使溶质与溶剂分离，溶质形成一定形状和大小的颗粒，得到所需粉末的前驱体，热解后得到产物。液相法相比于固相法，其有效组分可达到分子、原子级别的均匀混合，且具有合成反应温度低等优点，成为目前制备多组分材料的主要方法。在温和的反应条件下和缓慢的反应进程中，以可控制的步骤，一步步地进行化学反应获得超细粉体的液相法称为软化学法，包括沉淀法、水热法、溶剂热法、溶胶-凝胶法和微乳液法等。它具有设备简单、产品纯度高、均匀性好、组分容易控制、成本低等特点,这样得到的粉体性能优于常规反应合成的粉末,甚至可以直接通过软化学法制备材料和器件,因而在最近几十年中获得了迅猛发展。但液相法也存在工艺流程长,环境污染严重,难以实现工业自动化等缺点。

2.2.1 沉淀法

沉淀法是一种常用的从液相合成粉体的方法。向含某种金属(M)盐的溶液中加入适当的沉淀剂,当形成沉淀的离子浓度的乘积超过该条件下该沉淀物的溶度积时,就能析出沉淀。除了直接在含有金属盐的溶液中加入沉淀剂可以得到沉淀外,还可以利用金属盐或碱的溶解,通过调节溶液的酸度、温度使其产生沉淀;或于一定温度下使溶液发生水解,形成不溶性的氢氧化物、水合氧化物或盐类并从溶液中析出。最后将溶剂和溶液中原有的阴离子洗去,经热解或脱水即得到所需的粉体材料。沉淀法包括直接沉淀法、均匀沉淀法、共沉淀法、醇盐水解法。

沉淀法的形成一般要经过晶核形成和晶核长大两个过程。沉淀剂加入含有金属盐的溶液中,离子通过相互碰撞聚集成微小的晶核。晶核形成后,溶液中的构晶离子向晶核表面扩散,并沉积在晶核上,晶核就逐渐长大成沉淀微粒。

从过饱和溶液中生成沉淀时通常涉及3个步骤。

(1)晶核生成 离子或分子间的作用,结果生成离子或分子簇,再形成晶核。晶核生成相当于生成若干新的中心,再自发长成晶体。晶核生长过程决定生成晶体的粒度和粒度分布。

(2)晶体生长 物质沉积在这些晶核上,晶体由此生长。

(3)聚结和团聚 由细小的晶粒最终生成粗晶粒,这个过程包括聚结和团聚。

为了从液相中析出大小均一的固相颗粒,必须使成核和生长两个过程分开,以便使已形成的晶核同步长大,并在长大过程中不再有新核形成。产生沉淀过程中的颗粒成长有时在单一核上发生,但常常是靠细小的一次颗粒的二次凝集。沉淀物的粒径取决于形成核与核成长的相对速率。即如果核形成速率低于核成长速率,那么生成的颗粒数就少,单个颗粒的粒径就大。

用沉淀法制备粉体材料,影响因素很多,除了晶体的形成与成长外,还涉及传质过程、表面反应、粒子的细孔结构等。沉淀法可根据实验条件调控产物的组分、粒度、形貌、结构,最终影响材料的性能。比如,加料方式不同,将得到不同的沉淀物,产生不同性能的粉体。在沉淀法中,有三种加料方式,分别是顺加法、逆加法、并加法。把沉淀剂加到金属盐溶液中,统称为顺加法;把金属盐加到沉淀剂中,统称为逆加法;而把盐溶液和沉淀剂同时按比例加到反应器中,则统称为并加法。用顺加法制备沉淀时,由于几种金属盐沉淀的最佳条件(pH值)不同,就会先后沉淀,得到不均匀沉淀物。若采用逆加法制备沉淀,按要求的最大pH值配制沉淀剂溶液,则在整个沉淀过程中pH值的变化不大,因碱浓度变化10倍,才降低一个pH值。逆加法容易实现几种金属离子同时沉淀,但是沉淀剂可能过量,较高的pH值也容易引起两性氢氧化物重新溶解。为了避免顺加法和逆加法的不足,可以采用"并加法"。如图2-4所示为沉淀法用的连续搅拌釜式反应器示意,如图2-5所示为并加法所需连续搅拌反应示意。当然,各种不同的体系和对最终产品的性能的要求,会有不同的加料方式。

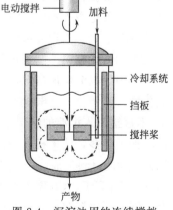

图 2-4 沉淀法用的连续搅拌
釜式反应器示意

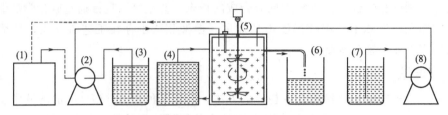

图 2-5　并加法所需连续搅拌反应示意

1—pH 计；2—1 号蠕动泵；3—1 号加料罐；4—水浴槽；

5—连续搅拌反应器（CSTR）；6—收料罐；7—2 号加料罐；8—2 号蠕动泵

一般沉淀法是金属盐溶液与沉淀剂相混合而生成沉淀。采用顺加、逆加或者并加的加料方式，即使在搅拌条件下也难免会造成沉淀剂的局部浓度过高，因而使沉淀中极易夹带其他杂质和造成粒度不均匀。为了避免这些不良后果的产生，可在溶液中加入某种试剂，在适宜的条件下从溶液中均匀地生成沉淀剂。例如，在沉淀法制备锂离子电池三元正极材料（$LiNi_{1/3}Co_{1/3}Mn_{1/3}O_2$）前驱体时，加入氨水作为辅助络合剂，它可以与 Ni 离子、Co 离子和 Mn 离子优先结合形成络合物，控制体系中 Ni^{2+}、Co^{2+}、Mn^{2+} 的浓度，降低一定 pH 值条件下溶液体系中过渡金属离子的过饱和度，以控制结晶过程中成核速率和晶体生长速率。在沉淀法中采用尿素水溶液，在常温下，该溶液体系没有明显变化，但当温度升高到 70℃以上时，尿素就会发生水解反应，生成沉淀剂 NH_4OH。如果溶液中存在金属离子，就可以生成相应的氢氧化物沉淀，将 NH_4OH 消耗掉，不致产生局部过浓现象。当 NH_4OH 被消耗后，尿素继续水解，产生 NH_4OH。由于尿素的水解是由温度控制的，故只要控制好升温速率，就能控制尿素的水解速率，这样就可以均匀地产生沉淀，从而使沉淀在整个溶液中均匀析出。这种方法可以避免沉淀剂局部过浓的不均匀现象，使过饱和度控制在适当的范围内，从而控制沉淀粒子的生长速率，能获得粒度均匀、纯度高的超细粒子，这种沉淀方法就是均相沉淀。

当然，除了加料方式外，其他沉淀条件如沉淀剂种类、搅拌速率、pH 值、温度等对材料的影响也非常大。比如对于锂离子电池三元正极材料（$LiNi_xCo_yMn_zO_2$）的制备，材料中镍含量较高，因此比较适合氢氧化物沉淀，如果锰离子较多，碳酸盐沉淀会更合适。因为二价锰在碱性条件下极易氧化成高价态锰形成 Mn^{3+}（MnOOH）或者 Mn^{4+}（MnO_2），导致形成非均相沉淀物，会影响最终产物的电化学性能。因此对于高锰含量的前驱体合成需要控制锰的价态稳定在 +2 价。与氢氧化物沉淀相比，碳酸盐沉淀法能够让 +2 价的锰稳定在溶液中并沉淀下来，不存在被氧化现象，由此得到均相沉淀物。

在多元储能材料的制备过程中，要使溶液中所有离子完全沉淀下来的方法为共沉淀法。共沉淀法中的沉淀生成情况，能够利用溶度积通过化学平衡理论来定量讨论。沉淀剂多采用氢氧化物、碳酸盐、草酸盐等。对于氢氧化物，pH 值是重要的影响因素。像草酸之类，当 OH^- 不直接进入沉淀的情况下，它的解离也受 pH 值的强烈影响。在同一条件下沉淀的金属离子种类越多，让多种离子同时沉淀越困难（除了热力学外还有动力学因素），这在合成多元复合储能材料上成为一个难点。比如对于锂离子电池三元正极材料（$LiNi_xCo_yMn_zO_2$），当向含有 Ni 离子、Co 离子和 Mn 离子的溶液中加入沉淀剂时，由于各离子沉淀所需的 pH 值有差别，所以沉淀是分别发生的。为了避免共沉淀方法本质上存在的分别沉淀倾向，可以采用提高沉淀剂浓度的反加法、激烈的搅拌等方式。对于共沉淀法来说，要使成分均匀分布，金属离子沉淀所需的 pH 值差值大致应该在 3 以内。

2.2.2 水热法

水热法是 19 世纪中叶地质学家模拟自然界成矿作用而开始研究的。1900 年后科学家们建立了水热合成理论，随后开始转向功能材料的合成研究。水热法是指在特别的密闭反应容器（高压釜）里，采用水溶液或蒸汽等流体作为反应介质，通过对反应容器加热，创造一个高温、高压反应环境，使得通常难溶或不溶的物质溶解并且重新结晶，实现无机化合物的合成和改性的湿化学合成方法。水热反应流程如图 2-6 所示。水热反应釜如图 2-7 所示。

图 2-6 水热反应流程

图 2-7 水热反应釜

水热条件下，水既是溶剂又是矿化剂，同时作为压力传递介质，既可制备单组分微小晶体，又可制备双组分或多组分的特殊化合物粉末；既可进行常温下无法完成的反应，又能克服某些高温处理不可避免的硬团聚等。水热反应的总原则是保证反应物处于高活性状态，实际上是要尽量增大反应的 ΔG（$\Delta G = \Delta H - T\Delta S$）（$\Delta G$ 为吉布斯自由能变；ΔH 为体系反应的焓变；ΔS 为 T 体系反应的熵变；T 为热力学温度），使反应物具有更大的自由度，从而获得尽可能多的热力学介稳态。从反应动力学历程看，起始反应物的高活性意味着体系处于较高的能态，因而在反应中需要克服的活化势垒较小。水热法制备按反应原理可以分为如下几类：水热氧化法、水热沉淀法、水热合成法、水热分解法、水热晶化法。水热过程的 pH 值、溶液的浓度、温度和反应时间等是水热过程的主要参数，此外，填充度因其与体系的压强及安全性有关，也是必须考虑的因素，为保证安全操作，高压釜的填充度不得低于 30%。

在制备无机材料中，采用水热法能耗相对较低、适用性较广，所用原料一般比较便宜，反应通过在液相快速对流中进行；它既可以得到超细粒子，也可以得到尺寸较大的单晶体，还可以制备薄膜；既可以合成单组分晶体，又可以制备双组分或多组分的化合物粉末。水热法制备的粉体一般无需进一步烧结，可以避免在烧结过程中晶粒长大、引入杂质等缺点。由于水热反应是在密闭容器中进行的，有利于有毒体系的合成反应，通过控制反应气氛形成合适的氧化还原反应条件，有利于特殊价态化合物和均匀掺杂化合物的合成，还有利于合成低熔点、高蒸气压的材料。由于水热体系特殊的等温、等压和溶液条件，在水热反应中容易出现一些中间态、介稳态和特殊物相，因此水热法适用于特殊结构、特种凝聚态新化合物的合成，为获得其他手段难以取得的亚稳相提供了条件。通常影响水热合成的因素较多，例如：反应温度、升温速率、反应时间、溶剂的量、pH值的调节和前驱物的改变等，这为水热反应的进一步调控提供了可能。人们可以选择合适的反应条件，通过对反应温度、压力、处理时间、溶液成分、矿化剂的选择，有效地控制反应和晶体生长，利用水热法制备出纯度高、晶型好、单分散、形状以及大小可控的目标产物。

当然，水热法在具有上述优点的同时，也有许多明显的缺点。比如反应周期一般相对较长；由于反应是在密闭容器中进行的，不便于对反应进程进行直接观察和干顶，只能从所得晶体的形态变化和表面结构中获得晶体生长的信息；由于水热法需要耐高温、耐高压、耐腐蚀的设备，因此对生产设备的要求较高，设备成本相对较高，而且温度和压力严格控制的技术难度较大。另外，水热法还存在一个明显的不足，该法往往只适用于氧化物材料或少数对水不敏感的物质的制备。上述这些缺点阻碍了水热法的进一步推广，但是这些缺点也不是不可克服的。要克服这些缺点，大力开发水热技术的应用，就必须深入研究水热法的基本理论。

2.2.2.1　水热物理化学

目前，在基础研究方面，有关水热反应的重点仍然是新化合物的合成、新合成方法的研究与新合成理论的建立。不过人们已经开始注意到水热非平衡条件下的机理以及高温高压下反应合成机理的研究。

在高温高压条件下，水处于超临界状态，物质在水中的物理化学性质均发生了很大的变化，因此水热化学反应大大不同于常态。在水热条件下，反应呈现出一些特征，如复杂离子间的反应加速；水解反应加剧；氧化-还原势发生变化等。

因此，研究水热物理化学，例如水热条件的特点、溶解度与温度的关系、水热反应动力学等，具有重要意义，可提高水热反应的预见性，有助于进一步了解水热反应的机理和进程。

（1）水热条件的特点　在水热条件下，水溶液的黏度较常温常压下水溶液的黏度约低几个数量级。由于扩散与溶液的黏度成正比，因此在水热溶液中存在十分有效的扩散，从而使得水热晶体具有较常温常压水溶液晶体生长具有更高的生长速率，生长界面附近有更窄的扩散区，以及减少组分过冷和枝晶生长等优点。在水热条件下，水的介电常数也发生明显下降，从而影响水作为溶剂时的能力和行为。比如由于水的介电常数降低导致电解质不能更为有效地分解。但是，水热溶液仍具有较高的导电性，这是因为水热条件下溶液的黏度下降，造成了离子迁移的加剧，抵消或部分抵消了介电常数降低的效应。另外在水热条件下，水的热扩散系数较常温常压下有较大的增加，这表明水热溶液具有较常温常压下更大的对流驱动力。

（2）水热溶液中物质的溶解度　各类化合物在水热条件下的溶解度是利用水热法进行晶体生长或废弃物无污染处理等时需要首先考虑的问题。一般来说，化合物在水热溶液中溶解度的温度特性有三种情况：随温度升高而升高，具有正温度系数；随温度升高而降低，具有负温度系数；或者在一定的温度范围内具有正温度系数，而在另一个温度范围内却具有负温度系数。由于水热反应涉及的化合物在水中的溶解度一般都很小，因而常常在水热体系中引入矿化剂。矿化剂是一类在水中的溶解度随温度升高而持续增大的化合物，如一些低熔点的盐、酸或碱。加入矿化剂不仅可以改变溶质在水热溶液中的溶解度，甚至可以改变其溶解度温度系数。例如，$CaMoO_4$ 在 $100\sim400℃$ 具有负溶解度温度系数。而当在体系中加入 $NaCl$、KCl 等高溶解度的盐时，其溶解度不仅提高了一个数量级，而且温度系数由负值变为正值。另外，有些物质溶解度温度系数除了与所加入的矿化剂有关外，还与矿化剂的浓度有关。例如在浓度低于 20%（质量分数）的 $NaOH$ 水溶液里，Ne_2ZnGeO_4 具有负的溶解度温度系数，但在高于 20%（质量分数）的 $NaOH$ 水溶液里，却显示正的溶解度温度系数。在常温、常压下有机化合物一般不溶于水，但是在水热条件下，其溶解度随温度的升高而急剧增大。以二苯基聚氯化合物为例，它是一种对环境构成污染的废弃物，在 $NaOH$ 或添加其他化合物的 $NaOH$ 水热溶液里，二苯基聚氯化合物则可完全分解。有机化合物的这一特性是水热法用于有机废弃物无污染处理的基础。

（3）水热反应动力学和形成机理研究　水热反应机理研究是当前水热研究领域中令人感兴趣的一个研究方向。经典的晶体生长理论认为水热条件下晶体的生长包括三个阶段。

① 溶解阶段　反应物首先在水热介质里溶解，以离子、分子或离子团的形式进入水热介质中。

② 输运阶段　由于水热体系中存在的热对流以及溶解区和生长区之间的浓度差，这些离子、分子或离子团被输运到生长区。

③ 结晶阶段　这些离子、分子或离子团在生长界面上的吸附、分解与脱附、运动并结晶生长。

水热条件下晶体的形貌与水热反应条件密切相关，同种晶体在不同的水热反应条件下会产生不同的形貌。简单地套用经典的晶体生长理论在很多时候不能很好地解释一些实验现象，因此在大量实验的基础上产生了新的晶体生长理论——生长基元理论模型。生长基元理论模型认为在水热条件下晶体生长的第二阶段即输运阶段，进入溶液的离子、分子或离子团相互之间发生反应，形成具有一定几何构型的生长基元。这些生长基元的大小和结构与水热反应条件密切相关。在一个水热反应体系里，有可能存在多种不同大小和结构的生长基元，它们之间存在动态平衡，具有较稳定的能量和几何构型的生长基元，其在体系里出现的概率就越大。在界面上叠合的生长基元必须满足晶面结晶取向的要求，而生长基元在界面上叠合的难易程度则决定了该面族的生长速率，最终决定了晶体的形貌。生长基元理论模型将晶体的结晶形貌、晶体的内在结构以及水热生长条件有机地结合起来，很好地解释了许多实验现象。

2.2.2.2 水热技术类型

水热反应一般是在耐高温、耐高压的水热釜中进行的。水热釜由外罩和内胆两部分组成，其中外罩为不锈钢材质，用来防止高温、高压下内胆可能发生的膨胀和变形，而内胆材料常为聚四氟乙烯。在不锈钢外罩内形成一个密闭的反应室，可适用于任何 pH 值的酸碱环境。反应混合物占密闭反应釜空间的体积分数（即装填度）在水热合成中非常重要。一般来说，装填度一定时，反应温度越高，晶体生长速率越大，而在相同反应温度下装填度越大，体系压力越高，晶体生长速率越快。在水热反应中既要保持反应物处于液相传质的反应状态，又要防止由于过大的装填度而导致的过高压力。为安全起见，装填度一般控制在 $60\%\sim80\%$。

水热技术根据生长材料类型的不同可以简单地分为水热晶体生长、水热粉体合成和水热薄膜制备。

(1) 水热晶体生长　与其他合成方法相比，水热晶体生长有如下几个特点：①在相对较低的热应力条件下实现晶体生长，因此与高温熔体中生长的晶体相比水热晶体具有低的位错密度；②在相对较低的温度下进行晶体生长，有可能获得其他方法难以得到的低温同质界构体；③在密闭系统里进行晶体生长，可通过控制反应气氛，实现其他方法难以获得的物相；④水热条件下，反应体系中存在快速对流和有效的溶质扩散，使得晶体具有较快的生长速率。虽然水热晶体生长具有诸多优点，但是它并不适用于所有的晶体生长，一个粗略的选择原则是：结晶物质各组分的一致性溶解；结晶物质具有足够高的溶解度；溶解度随温度变化大；中间产物易于分解等。

温差技术是水热晶体生长中最常用的一种技术，是指通过降低生长区的温度来实现晶体生长所需的过饱和度（就具有正溶解度温度系数的物质而言）。为了保证在溶解区和生长区之间存在合适的温度梯度，所采用的管状高压釜反应腔长度与内径比必须在 16：1 以上。一般来说，温差技术可用来生长具有较大溶解度温度系数的晶体。物质溶解度温度系数的绝对值越大，在相同的温度梯度可达到的过饱和度越高，越有利于采用温差技术来实现水热晶体生长。

当反应体系中溶解区和生长区之间不存在温差时，则需要采用降温技术来实现水热晶体生长。在这种情况下，晶体生长所需的过饱和度是通过逐步降低反应体系的温度来获得的。由于反应体系中溶解区和生长区之间不存在温差，体系中不存在强迫对流，向生长区的物料输运主要通过扩散来完成，随着体系温度的降低，溶液中产生大量晶核并生长。这种技术的缺点是生长过程难以控制和需要引入籽晶作为晶种。

亚稳相技术则主要适用于具有低溶解度的化合物的晶体生长。生长晶体的物相与所采用的前驱物相在水热条件下溶解度的差异是采用亚稳相技术的基础。在所用的反应条件下，所用的前驱物通常由热力学不稳定的化合物或生长晶体的同质异构体组成。相比于稳定相，亚稳相在所用的水热条件下具有大的溶解度，亚稳相的溶解促成了稳定相的结晶和生长。这种技术常与温差技术和降温技术结合使用。

对于至少含有两种组分的复杂化合物晶体的生长，则可以采用分置营养料技术。不同组分的前驱物分别放置在高压釜内不同的区域，容易溶解和传输的组分通常放置在高压釜下部，而难溶解的组分放置在高压釜上部。在反应中，放置在下部的组分通过对流被传输到上部，与另一种组分发生反应，结晶并生长。

对于含有相同或同一族的而具有不同价态的离子的晶体生长，则可以采用前驱物和溶剂分置技术。在反应中，高压釜中间放置一个隔板，在隔板的两侧分别放置两种不同价态的化合物，在隔板顶端的多孔小容器内实现晶体生长。通过改变小容器壁上孔的数量和大小可调节晶体生长适宜的过饱和度。

(2) 水热粉体合成　水热法是制备结晶良好、无团聚的超细粉体的优选方法之一，相比于其他湿化学方法，水热粉体合成具有如下几个特点：①不需要高温灼烧处理就可直接获得结晶良好的粉体，避免了高温灼烧过程中可能形成的粉体硬团聚；②通过控制水热反应条件可以调节粉体的物相、尺寸和形貌；③工艺较为简单等。目前，水热法已被广泛地应用于纳米材料的制备。根据制备过程中所依据的原理不同，水热反应可以分为水热氧化和还原、水热晶化、水热沉淀、水热合成、水热水解、水热结晶等。水热氧化法是在水热条件下，利用高温高压水与单质直接反应得到相应的氧化物粉体，在常温常压溶液中不易被氧化还原的物质，在水热条件下可以加速其氧化还原反应的进行。对一些无定形前驱物如非晶态的氢氧化物、氧化物或水凝胶，利用水热晶化法可以促使化合物脱水结晶，形成新的氧化物晶粒。水热沉淀法主要依据物质不同的沉淀难易程度，使在一般条件下不易沉淀的物质沉淀下来，或使沉淀物在高温高压下重新溶解然后形成一种新的更难溶的物质沉淀下来。对氢氧化物或含氧酸盐采用水热分解法，在酸或碱水热溶液中使之分解生成氧化物粉末，或者氧化物粉末在酸或碱水热溶液中再分散生成更细的粉末。水热合成法则是两种或两种以上的单质或化合物起反应，重新生成一种或几种化合物的过程。

（3）水热薄膜制备　水热法也经常被应用于薄膜的制备，在不需要高温灼烧处理的情况下实现薄膜从无定形向晶态的转变，而在溶胶-凝胶等其他湿化学方法中，利用高温灼烧从无定形向晶态的转变却是必不可少的工艺过程，然而这个工艺过程容易造成薄膜开裂、脱落等宏观缺陷。水热法制备多晶薄膜技术主要可以分成两类：一类是加直流电场的水热反应；另一类则是普通水热反应，利用薄膜状反应物进行反应，在水热条件下获得目标薄膜化合物。在水热反应制备单晶薄膜中，倾斜反应技术则是一种常用的技术。在反应温度达到设定的温度以前，将籽晶或衬底与水热溶液隔离而保持在气相里，当反应温度达到设定值，溶液达到饱和，则将高压釜倾斜以使籽晶或衬底与水热溶液相接触，然后在水热条件下外延生长获得目标单晶薄膜。

随着水热法的发展，近年来除了普通水热设备以外，又出现了一些特殊的水热设备，它们在水热反应体系中又添加了诸如直流电场、磁场、微波场等其他作用力场，在多种作用场下进行各种材料的水热合成。采用微波加热源，即形成了微波水热法，目前微波水热法已被广泛地应用于各种陶瓷粉体如 TiO_2、ZrO_2、Fe_2O_3 和 $BaTiO_3$ 等的制备。在水热反应器上还可以附加各种形式的搅拌装置，比如在反应溶液里直接放入球形物或者在反应过程中对高压釜连同加热器一起作机械晃动。由于水热反应是在相对高温、高压下进行的，因此高压釜需要具有良好的密封性，但这造成了水热反应过程的非可视性，人们一般只能通过对反应产物的检测来推测反应过程。苏联科学院 A. V. Shubnikov 结晶化学研究所的 V. I. Popolitov 报道了用大块水晶晶体制造了透明高压釜，它使得人们能够直接观测水热反应过程，能够根据反应情况随时调节反应条件。此外，作为一种有效的生长制备技术，水热法不仅在实验室里得到了持续的应用和研究，而且正在不断扩大其产业化应用的规模，已有很多关于连续式中试规模级水热法陶瓷粉体制备装置的报道。

2.2.3　溶剂热法

水热法虽然具有许多优点和广泛的应用，但是因为它使用水作为溶剂，因而往往不适于对水敏感物质的制备，从而大大限制了水热法的应用。溶剂热法是在水热法的基础上发展起来的，与水热法相比，它所使用的溶剂不是水而是有机溶剂。与水热法类似，溶剂热法也是在密闭的体系内，以有机物或非水溶媒作为溶剂，在一定的温度和溶液的自生压力下，原始反应物在高压釜内相对较低的温度下进行反应。在溶剂热条件下，溶剂的性质如密度、黏度和分散作用等相互影响，与通常条件下的性质相比发生了很大变化，相应的反应物的溶解、分散及化学反应活性大大地提高或增强，使得反应可以在较低的温度下发生。采用溶剂热法，使用有机胺、醇、氨、四氯化碳或苯等有机溶剂或非水溶媒，可以制备许多在水溶液中无法合成、易氧化、易水解或对水敏感的材料，如Ⅲ-Ⅴ族或Ⅱ-Ⅵ族半导体化合物、新型磷（砷）酸盐分子筛三维骨架结构等。

在溶剂热反应中，有机溶剂或非水溶媒不仅可以作为溶剂、媒介，起到传递压力和矿化剂的作用，还可以作为一种化学成分参与到反应中。对于同一个化学反应，采用不同的溶剂可能获得具有不同物相、大小和形貌的反应产物；而可供选择的溶剂有许多，不同溶剂的性质又具有很大的差异，从而使得化学合成有了更多的选择余地。一般来说，溶剂不仅提供了化学反应所需的场所，使反应物溶解或部分溶解，而且能够与反应物生成溶剂合物，这个溶剂化过程对反应物活性物种在溶液中的浓度、存在状态以及聚合态的分布产生影响，甚至影响到反应物的反应活性和反应规律，进而有可能影响反应速率甚至改变整个反应进程。因此，选择合适的溶剂是溶剂热反应的关键，在选用溶剂时必须充分考虑溶剂的各种性质，如分子量、密度、熔沸点、蒸发热、介电常数、偶极矩和溶剂极性等。乙二胺和苯是溶剂热反应中应用较多的两种溶剂。在乙二胺体系中，乙二胺除了作为有机溶剂外，由于 N 的强螯合作用，还可以作为螯合剂，与金属离子生成稳定的络离子，络离子再缓慢与反应物反应生成产物，有助于一维结构材料的合成。苯由于其稳定的共轭结构，可以在相对较高的温度下作为反应溶剂，是一种溶剂热合成的优良溶剂。

与传统水热法相比，溶剂热法具有许多优点：①由于反应是在有机溶剂中进行的，可以有效地抑制产物的氧化，防止空气中氧的污染，有利于高纯物质的制备；②在有机溶剂中，反应物可能具有高的反应活性，有可能替代固相反应，实现一些具有特殊光、电、磁学性能的亚稳相物质的软化学合成；③溶剂热法中非水溶剂的采用扩大了可供选择的原料范围，如氟化物、氮化物、硫属化物等均可作为溶剂热法反应的原材料，而且非水溶剂在亚临界或超临界状态下独特的物理化学性质极大地扩大了所能制备的目标产物的范围；④溶剂热法中所用的有机溶剂的沸点一般较低，因此在同样的条件下，它们可以达到比水热条件下更高的压力，更加有利于产物的晶化；⑤非水溶剂具有非常多的种类，其特性如极性与非极性、配位络合作用、热稳定性等为从反应热力学和动力学的角度去研究化学反应的实质与晶体生长的特性提供了线索；⑥当合成纳米材料时，以有机溶剂代替水作为反应介质可大大降低固体颗粒表面羟基的存在，从而降低纳米颗粒的团聚程度，这是其他传统的湿化学方法包括共沉淀法、溶胶-凝胶法、金属醇盐水解法、喷雾干燥热解法等所无法比拟的。

材料技术的发展几乎涉及所有的前沿学科，而其应用与推广又渗透到各个学科及技术领域。无机纳米材料和利用各种非共价键作用构筑纳米级聚集态单晶体有着非常广阔的应用前景，因此对于这类先进材料的合成研究在化学、材料和物理学科领域中的发展比较迅速。水热和溶剂热合成是无机合成化学的重要内容，与一般液相合成法相比，它给反应提供了中温、高压的特殊环境，因其操作简单、能耗低、节能环保而受到重视，被认为是软溶液工艺和环境友好的功能材料制备技术，已广泛地应用于技术领域和材料领域，成为纳米材料和其他聚集态先进材料制备的有效方法。由于它们在基础科学和应用领域所显示出的巨大潜力，水热和溶剂热合成依然会是未来材料科学研究的一个重要方面。在基础理论研究方面，从整个领域来看，其研究的重点仍是新化合物的合成、新合成方法的开拓和新合成理论的研究。水热和溶剂热合成的研究历年来经久不衰，而且演化出许多新的课题，如水热条件下的生命起源问题、与环境友好的超临界氧化过程等。

当然，水热法和溶剂热法也具有其缺点和局限性，反应周期长以及高温、高压对生产设备的挑战性等影响及阻碍了水热和溶剂热法在工业化生产中的广泛应用。目前，在水热溶剂热合成纳米材料的技术中，绝大部分处于理论探索或实验室摸索阶段，很少进入工业化规模生产。因此，急需将化学合成方法引入纳米材料的加工过程，通过对水热溶剂热反应宏观条件的控制来实现对产物微结构的调控，为纳米材料的制备和加工及其工业放大提供理论指导和技术保障。在进一步深入研究水热和溶剂热法基本理论的同时，发展对温度和压力依赖性小的合成技术。此外，水热和溶剂热法合成纳米材料的反应机理尚不十分明确，需要更深入的研究。还应把水热溶剂热反应的制备技术与纳米材料的结构性能联系起来，把传递理论为主的宏观分析方法与分子水平的微观分析方法相结合，建立纳米材料结构和性能与溶剂热制备技术之间的关系。虽然水热和溶剂热法还存在许多悬而未决的问题，但相信它它在相关领域将起到越来越重要的作用。而且随着水热和溶剂热条件下反应机理，包括相平衡和化学平衡热力学、反应动力学、晶化机理等基础理论的深入发展与完善，水热和溶剂热合成方法将得到更广泛、更深入的发展及应用。在功能材料方面，水热和溶剂热法将会在合成具有特定物理化学性质的新材料和亚稳相、低温生长单晶及制备低维材料等领域优先发展。可以预见，随着水热和溶剂热合成研究的不断深入，人们有希望获得既具有均匀尺寸和形貌，又具有优良的光、电、磁等性能的纳米材料的最佳生产途径。随着各种新技术、新设备在溶剂热法中的应用，水热和溶剂热技术将会不断地推陈出新，迎来一个全新的发展时期。

2.2.4 溶胶-凝胶法

溶胶-凝胶法是作为制备玻璃和陶瓷等材料的工艺发展起来的合成无机材料的重要方法，是制备材料的湿化学方法中兴起的一种方法，目前也广泛用于锂离子电池电极材料的制备。溶胶-凝胶法是用含高化学活性组分的化合物作为前驱体，在液相下将这些原料均匀混合，并进行水解、缩合化学反应，在溶液中形成稳定的透明溶胶体系，溶胶经陈化，胶粒间缓慢聚合，形成三维空间网络结构的凝胶。凝胶经过干燥、烧结固化制备出分子乃至纳米结构的材料。胶体是一种非常奇妙的形态，它是一种分散相粒径很小的分散体系，分散相粒子的重力相对于液体张力几乎可以忽略，使得胶体可以稳定存在，分散相粒子之间的相互作用主要是短程作用力。溶胶是指微粒尺寸介于 $1 \sim 100nm$ 之间的固体质点分散于介质中所形成的多相体系；当溶胶受到某种作用（如温度变化、搅拌、化学反应或电化学平衡等）而导致体系的黏度增大到一定程度时，可得到一种介于固态和液态之间的冻状物，它有胶粒聚集成的三度空间网状结构，网络了全部或部分介质，是一种相当黏稠的物质，即为凝胶。凝胶是溶胶通过凝胶化作用转变而成的、含有亚微米孔和聚合链的相互连接的坚实的网络，是一种无流动性的半刚性的固相体系。

目前，溶胶-凝胶法已被广泛用于制备各种形态的功能材料，比如块体材料、粉体材料、多孔材料、纤维材料、薄膜及涂层材料等。

(1) 块体材料 块体材料通常指具有三维结构，且每一维尺度均大于 1mm 的各种形状且无裂纹的产物。制备过程中将前驱体进行水解形成溶胶，然后经过老化和干燥，再通过热处理，最终获得需要的块体材料。该方法制备的块体材料具有纯度高、材料成分易控制、成分均匀性好、材料形状多样化且可在较低的温度下进行合成并致密化等优点。可以用于制备光学透镜、功能陶瓷块、梯度折射率玻璃等。该方法的缺点是生产周期相对较长。

(2) 粉体材料 用溶胶-凝胶法制备粉体材料尤其是超细粉体材料是目前研究的一个热点。这种方法制备的粉体材料具有可掺杂范围宽、化学计量准、易于改性等优点。并且制备工艺简单、无需昂贵的设备、反应过程易控制、微观结构可调、产物纯度高。采用溶胶-凝胶法将所需成分的前驱物配制成混合溶液，然后进行雾化水解处理和退火，退火过程中由于凝胶中含有大量液相或气孔，在热处理过程中不易使粉末颗粒产生严重团聚，一般都能获得性能指标较好的粉末。制备中控制好雾化的过程显得尤为的重要，绝对要控制好水解的速率，这是制备高质量的超细粉的关键，这与制备块体材料有很大的不同。溶胶、凝胶如图2-8所示。

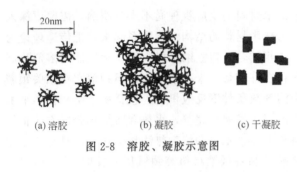

(a) 溶胶   (b) 凝胶   (c) 干凝胶

图 2-8 溶胶、凝胶示意图

（3）多孔材料 多孔材料由形成材料本身基本构架的连续固相和形成孔隙的气相流体所组成。制备多孔材料和制备超细材料的流程差不多，最主要的区别就是多孔材料要保持好固相的基本骨架。金属醇盐在醇溶液中通过水解得到相应金属氧化物溶胶。通过调节 pH 值，纳米尺度的金属氧化物微粒发生聚集，形成无定形网络结构的凝胶。然后将凝胶老化、干燥并做热处理，得到多孔金属氧化物材料。老化和干燥的速率控制非常重要，这是保持骨架的关键。

（4）纤维材料 以无机盐或金属醇盐为原料，主要反应步骤是将前驱物溶于溶剂中以形成均匀溶液，达到近似分子水平的混合。通过水解、醇解以及缩聚反应，得到尺寸为纳米级的线性粒子，组成溶胶，并使溶胶达到一定的黏度（在 $1\sim1000\text{Pa}\cdot\text{s}$ 范围内），这个黏度对于控制纤维的尺寸以及质量非常重要。最后通过纺丝成型得到凝胶粒子纤维，经干燥、烧结、结晶化得到陶瓷纤维。

（5）薄膜及涂层材料 将溶液或溶胶通过浸渍法或旋膜法在衬底上形成液膜，经低温烘干后凝胶化，最后通过高温热处理可转变成结晶态薄膜。成膜机理：采用适当方法使经过处理的衬底和溶胶相接触，在基底毛细吸力产生的附加压力下，溶胶在衬底表面增浓、缩合、聚结而成为层凝胶膜。对浸渍法来说，凝胶膜的厚度与浸渍时间的平方根成正比，膜的沉积速率随溶胶浓度增加而增加。

溶胶-凝胶法的基本原理是：将前驱体（无机盐或金属醇盐，以金属醇盐为例）溶于溶剂（水或有机溶剂）中形成均相溶液，以保证前驱体的水解反应在均匀的水平上进行，然后分为三步进行

① 溶剂化：能电离的前驱物——金属盐的金属阳离子 M^{z+} 吸引水分子形成溶剂单元 $[M(H_2O)_n]^{z+}$（z 为 M 离子的价数），为保持它的配位数而具有强烈的释放 H^+ 的趋势。

$$[M(H_2O)_n]^{z+} \longrightarrow [M(H_2O)_{n-1}(OH)]^{(z-1)} + H^+ \qquad (2\text{-}1)$$

② 前驱体与水进行的水解反应。

$$M(OR)_n + xH_2O \longrightarrow M(OH)_x(OR)_{n-x} + xROH \qquad (2\text{-}2)$$

③ 此反应可延续进行，直至生成 $M(OH)_x$，与此同时也发生前驱体的缩聚反应，分两种。

$$-M-OH + HO-M \longrightarrow -M-O-M- + H_2O \qquad （失水缩聚）$$

$$-M-OR + HO-M \longrightarrow -M-O-M- + ROH \qquad （失醇缩聚）$$

在此过程中，反应生成物聚集成 1nm 左右的粒子并形成溶胶；经陈化后溶胶形成三维网络的凝胶，将凝胶干燥，除去残余水分、有机基团和有机溶剂后得到干凝胶；干凝胶经过煅烧除去化学吸附的羟基和烷基基团，以及物理吸附的有机溶剂和水，最后制得所需的材料。

下面以金属醇盐为原始材料详细介绍制备过程。

① 首先制备金属醇盐和溶剂的均相溶液，为保证前驱溶液的均相性，在配制过程中需施以强烈搅拌以保证醇盐在分子水平上进行水解反应。由于金属醇盐在水中的溶解度不大，并且大部分醇盐极易水解，一般选用醇作为溶剂，醇和水的加入应适量。这里水含量的控制

非常重要，没有水的参与成胶过程难以进行，但是水含量过高，醇盐水解反应非常迅速，导致产生沉淀，破坏了均匀凝胶。有些时候在制备薄膜的过程中采用原始溶液中不加入水，而在成型过程中通过自然吸收空气中的微量水分来进行水解。与此同时，催化剂对水解速率、缩聚速率、溶胶-凝胶法在陈化过程中的结构演变都有重要影响，常用的酸性和碱性催化剂分别为冰醋酸、氨水以及乙酰丙酮等。

② 第二步是制备溶胶。制备溶胶有两种方法：聚合法和颗粒法，两者间的差别是加水量多少。所谓聚合溶胶，是在控制水解的条件下使水解产物及部分未水解的醇盐分子之间继续聚合而形成的，因此加水量很少；而粒子溶胶则是在加入大量水，使醇盐充分水解的条件下形成的。金属醇盐的水解反应和缩聚反应是均相溶液转变为溶胶的根本原因，控制醇盐的水解、缩聚的条件，如加水量、催化剂和溶液的 pH 值以及水解温度等，是制备高质量溶胶的前提。

③ 第三步是将溶胶通过陈化得到湿凝胶。溶胶在敞口或密闭的容器中放置时，由于溶剂蒸发或缩聚反应继续进行而向凝胶逐渐转变，此过程往往伴随粒子的奥斯特瓦尔德（Ostward）熟化，即因大小粒子溶解度不同而造成的平均粒径增加。在陈化过程中，胶体粒子逐渐聚集形成网络结构，整个体系失去流动特性，溶胶从牛顿型流体向宾汉型流体转变，并带有明显的触变性，制品的成型如成纤、成膜、浇注等可在此期间完成。

④ 第四步是凝胶的干燥。湿凝胶内包裹着大量溶剂和水，干燥过程往往伴随着很大的体积收缩，因而很容易引起开裂。防止凝胶开裂是在干燥过程中至关重要而又较为困难的一环，特别对尺寸较大的块状材料，为此需要严格控制干燥条件，或添加控制干燥的化学添加剂，或采用超临界干燥技术。

⑤ 最后对干凝结胶进行高温热处理。其目的是消除干凝胶中的气孔以及控制结晶程度，使制品的相组成和显微结构能满足产品性能要求。在产生凝胶致密化的烧结过程中，由于凝胶的高比表面积、高活性，其烧结温度通常比粉料坯体低，采用热压烧结等工艺可以缩短烧结时间和提高制品质量。

以上几个步骤是溶胶-凝胶法制备薄膜和粉体材料的基本过程，需要指出的是，制备薄膜和粉体的过程略有不同。在制备薄膜的过程中，严格控制水的含量显得非常的关键和重要，因为过多的水分会使前驱体尤其是醇盐很快水解产生沉淀，并且最终导致薄膜质量下降。有时候甚至必须要求醇盐的有机溶液中去除水，然后在形成湿膜的过程中通过自然吸取空气中的水来完成形成凝胶的过程。而在制备粉体的过程中，水分的控制就显得不是那么严格。

如图 2-9 所示为溶胶-凝胶方法工艺过程，通常是从溶液①开始，用各种化学方法制备均匀的溶胶②，溶胶②经适当的热处理可得到粒度均匀的颗粒③。溶胶②向凝胶转变得到湿凝胶④，④经萃取法除去溶剂或蒸发，分别得到气凝胶⑤或干凝胶⑥，后者经烧结得到致密陶瓷体⑦。从溶胶②经涂膜操作，再经干燥过程，得到干凝胶膜⑧，后经热处理变成致密膜⑨。

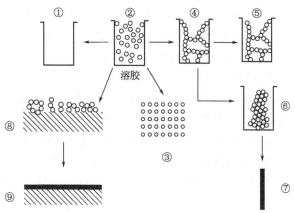

图 2-9 溶胶-凝胶方法工艺过程

在溶胶-凝胶法制备功能材料中有一些关键的因素。

① 水的加入量。水的加入量低于按化学计量关系所需要的消耗量时，随着水量的增加，溶胶的时间会逐渐缩短，超过化学计量关系所需量时，溶胶时间又会逐渐增长，所以按化学计量加入时成胶的质量好，而且成胶的时间相对较短。

② 醇盐的滴加速率。醇盐易吸收空气中的水而水解凝固，因此在滴加醇盐溶液时，在其他因素一致的情况下滴加速率明显影响溶胶时间，滴加速率越快，凝胶速率也快，易造成局部水解过快而聚合胶凝生成沉淀，同时一部分溶胶液未发生水解，最后导致无法获得均一的凝胶。所以在反应时还应辅以均匀搅拌，以保证得到均一的凝胶。

③ 反应溶液的pH值。反应液的pH值不同，其反应机理也不同，对同一种金属醇盐的水解缩聚，往往产生结构、形态不同的缩聚。pH值较小时，缩聚反应速率远远大于水解反应速率、水解由 H^+ 的亲电机理引起。缩聚反应在完全水解前已经开始，因此缩聚物交联度低。pH值较大时，体系的水解反应体系由［OH^-］的亲核取代引起，水解反应速率大于亲核反应速率，形成大分子聚合物，有较高的交联度。

④ 反应温度。温度升高，水解反应速率相应增大，胶粒分子动能增加，碰撞概率也增大，聚合速率快，从而导致溶胶时间缩短；另外，较高温度下溶剂醇的挥发快，相当于增加了反应物浓度，加快了溶胶速率，但温度升高也会导致生成的溶胶相对不稳定。

⑤ 凝胶的干燥过程中体积收缩会使其开裂，其开裂的原因主要是毛细管力，而此力又是由于填充干凝胶骨架孔隙中的液体的表面张力所引起的，所以要减少毛细管力和增强固相骨架，通常需加入控制干燥的化学添加剂。另一种办法是采用超临界干燥，即将湿凝胶中的有机溶剂和水加热、加压到超过临界温度、临界压力，则系统中的液气界面消失，凝胶中毛细管力不存在，得到完美的不开裂的薄膜，此外在进一步热处理使其致密化过程中，须先在低温下脱去吸附在干凝胶表面的水和醇，升温速率不宜太快，避免发生炭化而在制品中留下炭质颗粒（—OR基在非充分氧化时可能炭化）。

2.2.5 微乳液法

微乳液结构最早是由 Hoar 和 Schulman 在《自然》杂志上提出来的，并于 1959 年将油-水-表面活性剂形成的均相体系正式命名为微乳液（Microemusion），但由于当时实验仪器的落后和理论知识储备不足，微乳液与胶束没有被严格区分开来。从微乳液概念的提出到现如今，微乳液体系得到了长足的发展，人们对微乳液结构有了较统一的认识。微乳液是由连续相、分散相及两者之间的界面层通过各组分分子间的布朗运动自发构成的热力学稳定、各向同性的均一透明或半透明的混合体系。其中，连续相和分散相互不相溶，分别可以是油相/水相（或水相/油相），界面层则由一端亲水、一端亲油的表面活性剂组成，有时候还需要助表面活性剂的共同作用。在微乳液的形成过程中，表面活性剂的极性头插入到水相中，非极性头则靠向油相，同时极性头和非极性头分别相互聚集，助表面活性剂分散在表面活性剂侧链周围，体系自发形成均一稳定的微乳液结构。经过多年的发展，微乳液已经在工业生产上得到广泛的应用，例如原油开采、材料合成、萃取分离和日用化工等领域。

微乳液体系中有纳米水池，能够很好地控制产物颗粒的尺寸，是制备纳米材料良好的媒介。根据微乳液各组分微观结构的不同，微乳液大致分成油包水（W/O）、双连续以及水包油（O/W）三种类型。"油包水"即有机溶剂作为连续相，在表面活性剂分子的作用下包裹分散相小水滴，形成微乳液体系；"双连续"即体系中同时存在油包水和水包油微观结构，形成双连续微乳液体系；"水包油"即水作为连续相，在表面活性剂分子的作用下包裹分散的油相。如图 2-10 所示为利用 W/O 型微乳液法制备纳米微粒的机理，化学反应在 W/O 型微乳液颗粒中进行，最终产物的微粒尺寸与微乳液颗粒大小相对应，为纳米级别。

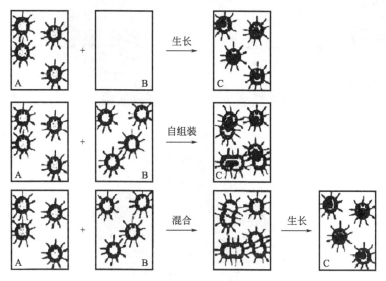

图 2-10 利用 W/O 型微乳液法制备纳米微粒的机理

A，B—反应物；C—沉淀

微乳液法制备材料过程中，通常是将两种反应物分别溶于组成完全相同的两种微乳液中，然后在一定条件下混合进行反应。在微颗粒界面较大时，反应产物的生长将受到限制。如微乳颗粒控制在几纳米，则反应产物以纳米微粒的形式分散在不同的微乳液"水池"中，且可以稳定存在。通过超速旋转的离心作用，使纳米微粒与微乳液分离，再以有机溶剂清洗，以除去附着在表面的油和表面活性剂，最后在一定温度下干燥处理，即可得到纳米微粒的固体样品。微乳液法可以用来制备比较复杂的氧化物纳米颗粒，如图 2-11 所示为利用微乳液法合成 $BaFe_{12}O_{19}$ 纳米微粒路线图。

如图 2-12 所示为用微乳液法制备得到的锂离子电池负极材料超细 $NiCo_2O_4$ 纳米粒。该方法以十六烷基三甲基溴化铵（CTAB）为表面活性剂、正戊醇为助表面活性剂、正己烷为油相和水构成的 W/O 型微乳液体系，采用微乳液法制备 $NiCo_2O_4$ 的前驱体，随后在空气气氛 400℃下煅烧 4h，可得到 $NiCo_2O_4$ 纳米粒。图 2-13 为用微乳液法制备超细 $NiCo_2O_4$ 纳米粒的形成机理。

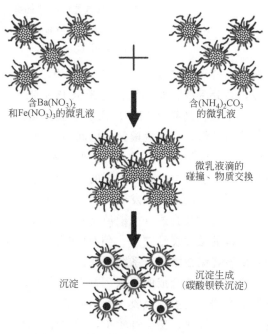

含 $Ba(NO_3)_2$ 和 $Fe(NO_3)_3$ 的微乳液　　含 $(NH_4)_2CO_3$ 的微乳液

微乳液滴的碰撞、物质交换

沉淀　　沉淀生成（碳酸钡铁沉淀）

图 2-11 利用微乳液法合成 $BaFe_{12}O_{19}$

纳米微粒路线图

2.2.6 微波合成法

微波是指频率为 300MHz～300GHz 的

 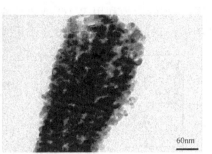

(a) 场发射扫描电镜(FESEM)　　　　　　　　(b) 透射电镜(TEM)

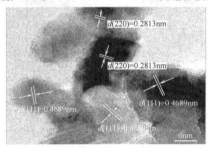

(c) 高分辨率透射电镜(HRTEM)

图 2-12　用微乳液法制备得到的锂离子电池负极材料超细 $NiCo_2O_4$ 纳米粒

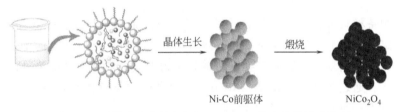

图 2-13　用微乳液法制备超细 $NiCo_2O_4$ 纳米粒的形成机理

🔵 NO_3^-;　🟠 Co^{2+};　〰 戊醇;
🔴 Ni^{2+};　⚪ 尿素;　〰🔵 十六烷基三甲基溴化铵

电磁波，是无线电波中一个有限频带的简称，包括波长在 1m（不含 1m）到 1mm 之间的电磁波，是分米波、厘米波、毫米波和亚毫米波的统称。在电磁波谱中，微波上接红外线（IR），下接甚高频（VHF）无线电波。微波加热，属于微波的强功率应用。例如利用微波产生等离子体，在大规模集成电路中刻蚀亚微米级的精细结构；利用微波干燥食品、木材、纸张等。微波炉早已经进入人们的日常生活，成为一种便捷的食物加热手段。同时，在科学研究和工业生产中，各种不同的微波合成方法，因其具有其他方法所不可替代的一些特点，逐渐得到人们的重视和发展。

材料的微波合成（或微波烧结）开始于 20 世纪 60 年代中期，W. R. Tinga 首先提出了陶瓷材料的微波烧结技术；到 20 世纪 70 年代中期，法国的 J. C. Badot 和 A. J. Berteand 开始对微波烧结技术进行系统研究。

要理解微波合成的原理，首先要了解微波与物质的相互作用。微波照射不同材料时，可能发生穿透、反射、吸收三种不同的作用。介电常数小且磁化率低的材料，由于材料在电磁场作用下的极化、磁化都较小，微波通过材料时，与材料的相互作用较弱，因此主要表现为微波的穿透。比如常温下的玻璃、陶瓷、一些种类的塑料等。对于具有一定厚度的良导体，如大块的金属材料，当微波照射时，微波将被大部分反射出去。吸收微波的材料，从吸收的原理上，可分为电损耗型和磁损耗型两种。电损耗型又可以细分为导电损耗型和介电损耗型两种。导电损耗型微波吸收材料，主要包括纳米金属粉末、炭黑、纳米石墨、改性碳纳米管、导电高分子材料等，还包括某些具有导电性的液体。这类材料主要是利用微波电场产生的感应电流，通过材料本身的电阻发热耗散掉。介电损耗型微波吸收材料，主要包括极性液体、极性高分子材料、某些强极性陶瓷等。这些材料在微波电场的作用下，会发生交变极化。在极化过程中，由于材料的分子间或者晶格的阻尼作用，产生极化方向落后于外加电场方向的现象，使部分微波能量转化为材料的内能。对于液体，受到微波的照射时，会发生极性分子试图跟随微波电场的方向转动的现象。对于线型的极性高分子材料，会发生链节的运动。对于强极性的晶体材料，例如铁电陶瓷，会发生晶格的形变。这些微波激励下的运动过程，由于受到自身结构的阻碍，相位总是落后于激励源的相位。磁损耗型微波吸收材料，主要是具有高磁化率的铁磁材料，如纳米铁磁金属粉末、铁氧体材料等。这些材料的吸波原理主要是在微波磁场的作用下，材料的磁化方向发生快速改变，由于材料本身对于磁化方向改变的阻尼作用，使微波的能量转化为材料的内能。这个原理与介电损耗相似，只是磁损耗型微波吸收材料感应的是微波磁场而产生运动。

许多时候，微波吸收材料的吸波机理是以上机理共同作用的结果。同时，材料的颗粒大小也会影响材料的吸波性能。比如某些铁磁性金属，当做成纳米颗粒时，是有效的微波吸收材料。当成为大块固体时，将会反射微波。

微波合成主要是利用微波吸收材料对微波的吸收作用，使反应体系得到能量（主要是内能），从而引发反应并促进反应进行。微波合成能够在固相、液相、气相条件下进行。另外，还存在非均相微波合成方法。

气相微波合成主要是指利用微波产生等离子体的材料合成技术，比如利用微波等离子体CVD 沉积金刚石薄膜。

固相微波合成按加热原理的不同，可划分为以下几种。

① 利用某些铁磁性物质的吸微波特性合成一些铁氧体。

② 利用某些介电损耗型微波吸收材料的吸微波能力高温烧结一些陶瓷材料或者高温加热混合物中其他不吸微波的材料。

③ 利用一些导电物质，如许多碳颗粒材料的吸微波特性，制备碳复合材料。

液相微波合成常运用于有机合成。从加热的机理上分析，液相微波合成过程一般都依靠介电损耗微波吸收机理来加热反应体系，对于反应体系具有导电性的情况，还会同时发生导电损耗微波吸收，比如微波法多元醇还原氯铂酸制备碳载铂催化剂在燃料电池中的应用。

除了以上三种均相反应外，还有采用气溶胶微波放电合成纳米颗粒、在低介电常数有机液体中利用悬浮的导电颗粒间电弧放电合成碳包覆复合材料等非均相微波合成。

微波合成相比于其他合成方法的特点如下。

① 微波合成的热惯性比通常的方法要低很多。微波合成只对反应物进行加热，避免了对容器、炉体的加热。这使得微波合成过程中，花费在升温上的时间大大缩短。此外，微波合成由于避免了对无关物质的加热，因此耗能也大大降低。

② 微波合成具有选择性加热的特点。由于不同介电常数、导电能力的物质对微波的吸收率不同，微波加热时它们的升温速率有显著的差别。这个特点使人们必须考虑反应物或者反应介质是否适用于微波合成。必要时，需要在反应物中人为添加一些微波吸收剂。

③ 材料对于微波的吸收除了与材料的成分和结构相关外，与材料的温度也有关。例如

常温下玻璃不吸收微波，但当加热到高温时，玻璃能够强烈地吸收微波，因此微波合成必须考虑反应物的温度与微波吸收率的关系。必要时需要通过其他方法预热反应物。

④ 一些纳米颗粒，特别是金属、碳材料等，与微波的相互作用时，与成分相近的大颗粒相差很大。因此要以这些材料为反应物进行微波合成时，需要选择合适的材料粒径。

⑤ 微波合成方法具有较高的加热均匀性。采用外部热源加热合成时，反应器内会出现显著的温度梯度。这种温度梯度有可能导致副反应发生，如反应物的分解等，影响合成效率。而微波加热，由于微波本身良好的穿透能力，使反应物内外温度较为均匀。

⑥ 过热效应。液体的泡核沸腾需要由紧紧贴着容器壁的一层过热液体提供足够的能量，这层液体的温度要略高于正常沸点，同时还需要器壁来提供气泡产生的核心。对于普通加热，器壁温度高于所加热的液体，因此液体能够在正常沸点下沸腾。而微波直接加热器皿内的液体，器壁温度反而比液体温度还低。因此，液体需要超过正常沸点较高的温度，才能保证器壁温度超过液体的正常沸点，产生气泡。所以微波加热容易使液体在过热的状态沸腾，过热温度甚至可达 26℃。这解释了许多微波回流有机合成速率比传统的回流合成要快许多的原因。

微波合成是种特点鲜明的合成方法。与通常的间接加热合成相比，合成的材料具有比表面积大、颗粒小、分散均匀等特点。在一些情况下，使用微波加热能够合成具有某些特别的结构或者性质的物质。

但要注意到，微波合成也有其局限性。例如，只有能够有效吸收微波能量的物质才能直接采用微波合成法。对于微波吸收能力不强的物质，很难直接采用微波进行合成，而是需要添加额外的能吸收微波的物质，这使得微波合成法的适用范围受到限制。

总之，微波合成是一种较为新颖的材料合成和制备方式。但微波合成速度快，材料内部温度分布很不均匀，如何控制和优化微波合成过程，仍然需要进一步的研究。

2.2.7 模板法

模板法分为软模板法、硬模板法以及生物模板法。模板法因其特殊的模板作用，常用来制备多孔材料。

硬模板法，概念较为具体，与宏观材料加工时作用的模具是一回事。硬模板法是利用现有的多孔材料为模板，通过灌注、电沉积等手段来实现孔结构复制和孔结构的保留，此时整个多孔材料充当结构导向剂的作用，反应发生在多孔材料的孔道及孔表面。利用此方法制备的材料具有稳定性好、可预测性好以及孔径可控性好等特点。模板的耐溶剂性和稳定性决定了利用该模板可以制备的多孔材料的材质，因此，硬模板法发展的关键在于模板的开发。常见的硬模板除分子筛、多孔氧化铝、$CaCO_3$、泡沫镍等无机材料外，具有较强刚性结构的多孔聚合物微球、碳基材料（碳纳米管、石墨烯等）以及新型多孔硅基材料的发现，使得利用硬模板法制备多孔微球的适用范围变得广泛。利用硬模板法制备多孔材料时，可通过改变条件来调控孔的填充程度，从而获得不同孔结构的材料。到目前为止，应用最为广泛的硬模板为多孔二氧化硅，一方面是其耐溶剂性能好，且结构刚性、孔结构多样，有利于孔结构的保持；另一方面则是其易制备、易改性、价格低廉。目前，利用二氧化硅作为硬模板可制备多孔碳基材料、多孔聚合物材料、多孔金属氧化物材料等。

软模板法是指模板剂通过非共价键作用力结合电化学、沉淀法等技术，使反应物在具有纳米尺度的微孔或层隙间反应，形成不同的结构材料，并利用其空间限制作用和模板剂的调节作用对合成材料的尺寸、形貌进行有效控制。表面活性剂是最常见的软模板，在浓度高于临界胶束浓度（CMC）时，不同的体系中可形成如球形胶束、棒状胶束以及囊泡结构，极大地丰富了孔结构。软模板法制备多孔材料可通过调节浓度、pH 值以及温度等来有效地调节孔结构和孔分布。然而，正因为软模板不具有刚性，其形成的孔结构容易受环境的影响，导致聚合物凝胶、多孔聚合物材料中的多孔结构易坍塌。因此，软模板法更有利于制备诸如 SiO_2、TiO_2、SnO_2、Fe_2O_3、交联聚合物微球等结构刚性材料，而在利用此方法制备柔性材质的多孔材料时，为避免多孔结构坍塌，往往借助于冻干等手段来固定孔结构。在储能领域，科研人员常采用表面活性剂构建微乳液体系，以此为软模板合成电池电极材料。

在人工合成硬模板和软模板的同时，人类也把眼光投入到自然界中，不断去发掘天然的多孔生物模板。生物模板的开发经历尺寸由宏观到微观的变化，最初的生物模板包括植物的茎秆、根须、豆荚、叶片、蝶翅膀和眼睛等，近年来，诸如细菌、花粉、酵母细胞等陆续被用作生物模板。不同的生物模板对应于不同的多孔结构，而"复刻"得到的多孔材料也表现出不同的功能。生物模板其自身经碳化等处理后亦能形成多孔材料，此时生物模板法被称为自模板法。与多孔聚合物微球碳化不同，生物模板因元素种类多，经碳化处理可得到 O、N、P、S、Si 等元素掺杂的碳材料。例如，将大豆根部经碳化和 KOH 活化后，可得到微孔-介孔-大孔并存的多孔材料，该微球中碳、氮、氧三种元素的含量（质量分数）分别为 49.2%、1.8%、42.5%。这种方法有效避免了化学法掺杂苛刻的条件限制，极大地简化了制备工艺。

2.2.8 喷雾法

喷雾法包括喷雾干燥和喷雾热解等。喷雾干燥（spray dring，SD）又分为喷雾与干燥两个紧密结合的工艺步骤。所谓喷雾，是将物料液（溶液、乳液、悬浮液等）通过雾化器分散成极细的雾状液滴；而干燥则是雾状液滴在与热空气均匀混合后，瞬时进行热质交换使物料液溶剂快速蒸发的过程。喷雾干燥主要有三个主要的部分：物料液的雾化；雾滴的干燥（包括与干燥介质接触以及热质交换）；干燥产品的分离和收集。所以，相应的喷雾干燥设备主要也由三个系统构成：干燥介质加热系统、物料液雾化与干燥系统以及产物分离与收集系统，如图 2-14 所示即为一般的喷雾干燥工艺流程与实物图。物料液经输料泵 6 送至喷头进行雾化，与干燥室 4 中进入的经加热器 2 加热的干燥介质接触后迅速蒸发溶剂，干燥后随气流进入旋风分离器 8，分离得到产物，废气经风机 9 排出。

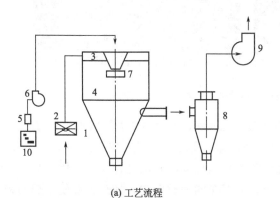

(a) 工艺流程　　　　　　　　　　　　　　　(b) 实物图

1—空气过滤器；2—加热器；3—热风分配器；4—干燥室；
5—过滤器；6—输料泵；7—喷头；8—旋风分离器；
9—风机；10—料液槽

图 2-14 一般的喷雾干燥工艺流程与实物图

喷雾干燥技术在现代的各种干燥技术中占有重要的位置，被广泛应用到工业中的许多领域，这是因为它具有其他干燥技术所没有的诸多优点。

(1) 干燥过程非常迅速　由于料液经雾化后分散成很细微的液滴，比表面积瞬间大大增加，与热干燥介质的接触面也大大增加，同时液滴的粒径很小，使内部溶剂向外蒸发扩散的路径大大缩短，传热传质的效率极高，瞬间可蒸发掉95％～98％的溶剂。

(2) 物料液形式多样　溶液、悬浊液、乳浊液或浆状物料等都可用于喷雾干燥，可以满足各种不同原料形式的生产需求。

(3) 产品质量好　可直接干燥成粉末或颗粒状产物，得到的颗粒产物大小均匀、分散性较好。

(4) 可自动化大规模连续生产　喷雾干燥可连续进料、自动干燥、连续排料，其操作的连续性可满足工业上规模化生产的要求。

喷雾干燥法是一种制备球形或类球形材料的有效方法，它可以在短时间内快速实现热量与质量的转移，使物料干燥成为具有规则形态的颗粒；特别是在合成具有高精确组分分布要求的样品上具有明显优点。同时，采用该法制备的材料具有非聚集、球形形貌、粒径大小可控且分布均匀、颗粒之间化学成分分布均匀等优点，因而用该法制备锂离子正极材料有其特殊优势。因为球形或类球形正极材料可以使电极材料与电解液之间的反应降至最低，从而减少电池充放电过程中的容量损耗，有利于锂离子电池正极材料获得更好的电化学性能。不仅如此，球形正极材料还具有优异的流动性、分散性和可加工性能，利于电极浆料的制作和电极片的涂覆，提高电极片质量等优点。因此，锂离子电池正极材料的球形化是一个重要的发展方向，球形正极材料的应用也是一个发展趋势。如图2-15与图2-16所示分别为喷雾干燥法制备与普通干燥制备得到的锂离子电池正极材料锰酸锂的形貌对比与粒径分布图对比。

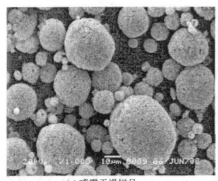 

(a)喷雾干燥样品　　　　　　　　　　　　(b)普通干燥样品

图 2-15　锂离子电池正极材料锰酸锂扫描电镜图（SEM）

通常使用的喷雾干燥法的基本原理是将溶液、乳浊液、悬浮液或膏糊状物质经过喷雾干燥，水分迅速蒸发，转变成为物理和化学性质较均一的粉状、颗粒状、空心球或实心球状产品。

喷雾干燥有两种形式；一种是把已洗净的或专门配制的浆液进行喷雾干燥；另一种是把多种可溶物质配成溶液，经过喷雾蒸发干燥，随即在同一设备中，加热升温使干燥的粉料发生分解、氧化和晶相反应，而生成粒度均匀、组成均匀的氧化物或复盐的超细微粉。这个过程称为喷雾热解（spray pyrolysis，SP）或喷雾分解。

喷雾热解广泛应用于结构陶瓷，特别是电子材料、储能材料的制备，例如压敏电阻材料、超导材料、固体氧化物燃料电池（SOFC）的电极材料、锂离子电池材料等。这些材料

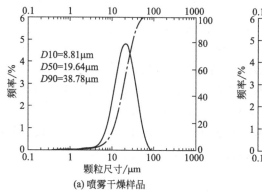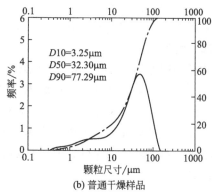

图 2-16 喷雾干燥与普通干燥制备样品的粒径分布图

要求微粉的化学组成和微观结构均匀，具有高的纯度和高的可靠性，颗粒细小而分布窄，外形规整。喷雾热解法是把可溶物质作为前驱物，配成溶液，再进行喷雾干燥和热分解反应，同时也进行固体氧化物之间的反应和晶相转变。产物的组成可以通过前驱物的称量准确控制；组分之间混合很均匀；粒径也可通过超声喷雾等技术控制到亚微米级而分布窄；操作得当，颗粒内微观结构也可以控制均匀。喷雾热解的另一个明显优势，是它把干燥、粉化、分解反应、灼烧等过程，组合在一步完成。比如锂离子电池正极材料锰酸锂的喷雾热解合成：直接用锂离子和锰离子合成，不需添加其他试剂和附加的合成过程。其过程为：将原料溶于去离子水中，在 0.2MPa 的压力下，通过喷射器进行雾化形成前驱物，然后进行干化，进口温度为 220℃，出口温度为 110℃，最后煅烧制得材料。Wu 等以乙酸锂和乙酸锰为原料，通过喷雾热解法合成的锰酸锂煅烧时间短，结晶度高，颗粒粒径小，电化学性能优越，在电流密度 0.1C 下，初始电容量为 131mA·h/g。

喷雾热解制备超细粉体材料中工艺参数的选择对材料的形貌、结构与性能影响较大。

① 原料前驱体的选择。比如需要考虑各种盐类的溶解性。

② 有关有效成分的挥发性，这可能会影响最终产物的化学组成和性质。

③ 配制盐类溶液的浓度和蒸发的快慢，会影响粒内微观结构。比如，雾滴初始浓度高，有利于整体沉淀而形成实心颗粒；反之则易形成空心颗粒。另外，过饱和度越高，成核越快，趋向于形成许多纳米级微晶，容易形成球形颗粒；反之，则可能生成大的微晶，微晶的大小和数目会影响粒内微孔的大小和分布。

④ 喷雾热解过程的温度，不仅影响分解反应的完成程度，而且影响颗粒内部的结晶和固相界面反应。各种盐类的分解温度不同，达到所有前驱物都彻底分解的温度时，有些成分会优先分解成氧化物，随即发生反应生成异相。异相物质显然会影响微粉的性质，特别是电性质。温度高，异相的生成会更突出。因此提出，在满足前驱物彻底分解的前提下，尽可能降低灼烧温度。R. Maric 等认为蒸发干燥、分解和烧结等几个阶段要求的温度和时间条件相差很大，单一雾滴内这些过程的交叠，可能会显著影响颗粒内部微粒间的致密结构，因而专门设计了四段分别控制温度的喷雾热解反应器。

⑤ 喷雾热解过程的气氛组成对产物的组成和形态有显著影响。

2.2.9 静电纺丝法

静电纺丝法是将聚合物在静电力的拉伸作用下形成超细纤维的过程。静电纺丝过程中，装有聚合物溶液或有机无机复合的高分子溶液的针管置于推注泵上，以平稳的流速推出针头

［图 2-17（a）］。金属针头接通几千伏至几万伏的高压静电，在金属针头端和接地的收集装置间产生强大的电场力。当电场力施加于液体的表面时，将在液滴表面产生电流。对于一个半球状的液滴，相同的电荷相斥导致了电场力与液体的表面张力的方向相反。此时，针头处液滴的受力情况如图 2-17（b）所示。当电场力的数值等于高分子溶液的表面张力时，带电的液滴就悬挂在针头的末端并处在平衡状态。随着电场力的增大，在毛细管末端呈半球状的液滴在电场力的作用下将被拉伸为圆锥状泰勒锥（Taylor cone）。当电场力超过一个临界值后，液滴表面所带的电荷形成的静电排斥力超过其表面张力时，泰勒锥顶端形成射流。射流在空间电场中受到电场力的拉伸，同时伴随着溶剂挥发，最终在接收装置上形成无纺布状的固态纳米纤维。

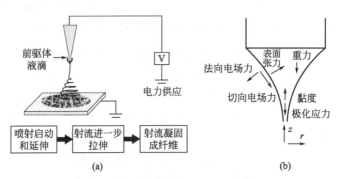

图 2-17　静电纺丝法制备纳米纤维示意（a）和针头处液滴的受力示意（b）

静电纺丝过程主要有三个阶段：第一阶段，射流的产生及其沿直线的初步拉伸；第二阶段，非轴对称鞭动不稳定性（whipping instability）的产生使射流进一步拉伸，同时还可能伴有射流分裂为多股（jet slaying）；第三阶段，射流干燥固化为亚微米级或纳米纤维。通过这种技术得到的纤维直径一般在 $0.04\sim2\mu m$ 范围内。

静电纺丝过程可分为五部分，即流体带电、泰勒锥-射流的形成、射流的细化、射流的不稳定运动和射流固化成纳米纤维。静电纺丝过程中，由于流体和电极接触以及流体在电极周围的流动使流体感应带电。在外加电场作用下，极化电荷聚集在喷丝口处的液滴表面。液滴同时受到电场力、表面张力、重力的作用，流体的底端会形成一个锥体即为"锥"。当电场强度达到一个临界值时，流体将克服其表面张力形成射流。射流从锥喷出来后，在电场力的作用下快速向收集器方向加速。在加速的初始阶段，由于表面张力和自身的黏滞力远大于电场力作用，所以射流不断地被拉伸变长，并保持直线轨迹。射流经过一段距离的直线运动后，将发生力学松弛。在这个过程中，黏滞阻力阻碍射流向前运动，结果加速度越来越小，当加速度变成零或一个常数时，任何一个扰动都将改变射流的直线运动状态，使射流发生分裂或非直线的螺旋运动，这是静电纺丝的弯曲不稳定现象，随着溶剂挥发，射流运动形成连续的纳米纤维沉积在收集器上。随着静电纺丝的进行，射流在喷射过程中，纤维在排斥力作用下形成的分裂和弯曲非稳定性，变成一系列环形，并且越接近收集器，环形的直径越大，喷丝越细。

虽然静电纺丝的装置非常简单，但是静电纺丝的原理却相当复杂，它涉及静电学、电流体动力学、流变学、空气动力学、湍流、固-液表面的电荷运输、质量输运和热量传递等。目前对静电纺丝过程分析主要集中在对射流的不稳定性的研究上。

以聚合物溶液静电纺丝成型为例，在静电纺丝过程中，影响纤维结构与性能的主要工艺参数包括：溶液性质（溶剂的挥发性、溶液的浓度和黏度、聚合物的分子量、溶液的表面张力和电导率等）、操作因素（纺丝电压、纺丝速率、固化距离、注射器针头与收集器间的距离等）及环境因素（环境温度、湿度和空气的流动）等。其中溶液的性质、纺丝电压及纺丝固化距离为主要影响因素。

目前世界上已有近百种不同的高分子聚合物成功地进行了静电纺丝，其中包括天然高分子纤维（纤维素、胶原、明胶、丝蛋白、核酸 DNA、甲壳素和壳聚糖等）、传统化学纤维类半晶高分子材料（聚对苯二甲酸乙二酯、尼龙、聚乙烯醇等）、导电高分子材料、聚氨酯弹性体及液晶态的刚性高分子材料（聚对苯二甲酰对苯二胺、聚苯胺、聚亚苯基等）等。Wanathumurthii 和 Viswanathamurthi 等利用高聚物及氧化物共混溶液间接制备氧化物超细纤维，标志着静电纺丝技术成功应用到无机非金属领域。目前，静电纺丝已经成为纳米纤维的主要制备方法之一。静电纺丝可以生产的纳米材料主要分为聚合物、复合材料、半导体和陶瓷四大类。

2.3 气相法

气相法多用于制备纳米级别的粒子或者薄膜。气相法合成的纳米颗粒具有纯度高、粒度细、分散性好、组分易于控制等优点。由气体制备纳米颗粒，按构成物质的基本粒子是否由化学反应形成大致可分为物理方法（主要指蒸发-凝结法）和化学方法（主要指化学气相沉积）。

2.3.1 溅射法

溅射法被广泛用于薄膜生长和表面刻蚀。在薄膜生长方面的应用，溅射法可用于在半导体晶片、磁性介质和磁头等表面的薄膜生长，还包括一些特殊应用的薄膜生长，如刀具表面的抗磨涂层，窗口玻璃的减反射薄膜等其他特殊应用的薄膜。刻蚀方面的应用，如在半导体晶片表面图案化刻蚀加工、表面清洁、微加工、深度剖析等。

利用具有一定能量的粒子，即入射粒子，通常是由电场加速后的正离子，轰击固体（靶材，为阴极）表面，固体表面的原子、分子等与入射粒子相互作用后，从固体表面飞溅出来的现象称为溅射。入射粒子与靶材中的原子和电子相互作用，可能发生一系列的物理现象，如图 2-18 所示，这些物理现象主要包括以下几方面。

① 靶材表面粒子的发射：包括溅射原子或分子，二次电子发射，正负离子发射，吸附杂质（主要是气体）解吸和分解，光子辐射等。

② 靶材表面产生的物理化学效应：表面加热，表面清洗与刻蚀，表面物质的化学反应或分解等。

③ 入射粒子进入靶材表面层，即注入离子，在表面层中产生包括级联碰撞、晶格损伤及晶态与无定形态的互相转化，亚稳态的形成和退火，由表面物质传输引起的表面形貌变化，组分即组织结构变化等现象。

溅射出来的原子或原子团具有一定的能量，到达固体基片的表面后，发生凝聚而形成薄膜，称为溅射镀膜。溅射镀膜有多种形式，从电极结构上可分为二级溅射、三级溅射、四级溅射和磁控溅射等；根据所使用的电源，又可分为直流溅射和射频溅射；为了制备化合物薄膜，在溅射工作气体中混入活性反应气体（如 O_2 或 N_2 等），即为反应溅射；为了改善薄膜的沉积质量，在常规磁控溅射的基础上，又不断研究开发了其他溅射技术，如非平衡磁控溅射和脉冲磁控溅射等。

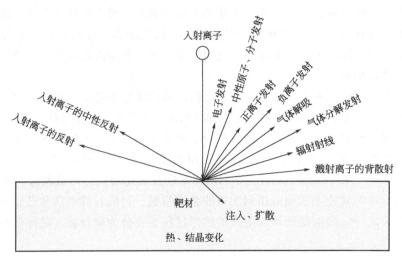

图 2-18　入射粒子与靶材中原子和电子相互作用示意

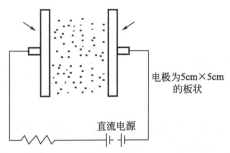

图 2-19　溅射法制备超微粒子的原理

溅射法制备超微粒子的原理如图 2-19 所示。用两块金属板分别作为阳极和阴极，阴极为蒸发用的材料，在两极间充入氩气（40～250Pa），两极间施加的电压范围为 0.3～1.5kV。由于两极间的辉光放电使 Ar 离子形成，在电场作用下 Ar 离子冲击阴极靶材表面，使靶材原子从其表面蒸发出来形成超微粒子，并在收集超微粒子的附着面上沉积下来。粒子的大小及尺寸分布主要取决于两电极间的电压、电流和气体压力。靶材的表面积越大，原子的蒸发速率越快，超微粒的获得量越多。

利用溅射技术制备薄膜，首先需要产生具有足够能量的粒子，利用这些粒子轰击靶材的表面，从而将靶材物质溅射出来；另外，溅射出来的靶材物质需要能够到达衬底，从而生成薄膜，真空度越高，意味着溅射出来的粒子具有越高的平均自由程，在到达衬底前所受到的阻力和影响越小，越容易实现高速沉积。

用溅射法制备纳米微粒有以下优点：①可制备多种纳米金属，包括高熔点和低熔点金属，而常规的热蒸发法只能用于低熔点金属制备；②能制备多组元的化合物纳米微粒，如 $Al_{52}Ti_{48}$、$Cu_{91}Mn_9$ 及 ZrO_2 等；③通过加大被溅射的阴极表面可提高纳米微粒的产出量。

2.3.2　化学气相沉积法

2.3.2.1　化学气相沉积法的定义

化学气相沉积（chemical vapor deposition，CVD），是利用气态源物质在固体表面发生化学反应制备材料的方法。它是把含有目标材料元素的一种或几种反应物气体或蒸气输运到固体表面，通过发生化学反应生成与原料化学成分不同的材料。通常薄膜为最主要的淀积形态，单晶、粉末、玻璃（如光纤预制棒）、晶须、三维复杂基体的表面涂层也可通过 CVD 获得。

从理论上讲，CVD 制备材料十分简单，将两种或两种以上的气态原料导入一个反应室内，气体之间发生化学反应，生成新的物质并沉积下来，最终得纳米级别颗粒。然而，实际上反应室中发生的反应很复杂，有很多必须考虑的因素。比如，反应室内的压力，反应体系中气体的组成、流动速率、基底组成、沉积温度等。通常利用 CVD 制备纳米颗粒是利用挥发性的金属化合物的蒸气，在远高于临界反应温度的条件下通过化学反应，使反应产物形成很高的过饱和蒸气，再经自动凝聚形成大量的临界核，临界核不断长大，聚集成微粒并随着气流进入低温区而快速冷凝，最终在收集室内得到纳米颗粒，如图 2-20 所示。

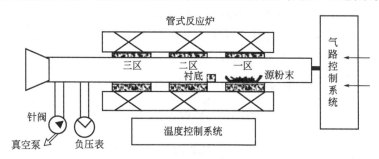

图 2-20　化学气相沉积法制备纳米微粒

CVD 方法是 20 世纪 60 年代发展起来的一种制备高纯度、高性能固体材料的化学过程，早期主要用于合金刀具的表面改性，后来被广泛应用于半导体工业中薄膜的制备，如多晶硅和氧化硅膜的沉积。近 20 年来随着纳米材料合成与制备工艺的发展，各种各样的纳米结构材料，如碳纳米管、硅纳米线、形态各异的氧化锌纳米结构，也已通过特定的 CVD 生长机制获得。

化学气相沉积技术既涉及无机化学、物理化学、结晶化学、同体表面化学、有机化学和固体物理等一系列基础学科，又具有高度的工艺性，任何一个淀积反应均需要通过适当的装置和操作去完成。沉积的均匀性依赖于反应系统的设计，既涉及流体动力学理论，又关乎传热和传质等工程问题，也离不开机械、真空、电路和自动化控制等系统集成。由于化学气相沉积具有优异的可控性、重复性和高产量等优势，受到大规模工业生产，特别是微电子工业的青睐，在先进材料制备与性能调控中一直扮演着举足轻重的角色，至今仍然是材料科学与工艺中的一个重要组成部分，依然保持着旺盛的活力。

CVD 工艺一般可分为若干连续的过程，如气相源的输运、固体表面吸附、发生化学反应、生成特定结构及组成的材料。要得到高质量的材料，CVD 工艺必须严格控制好几个主要参量：①反应室的温度；②进入反应室的气体或蒸气的量与成分；③保温时间及气体流速；④低压 CVD 必须控制好压强。

2.3.2.2　CVD 中的化学反应

化学反应是化学气相沉积工艺的基础，CVD 工艺中涉及的化学反应主要有三类，即热解反应、化学合成反应和化学输运反应。

（1）热解反应　热解反应是最简单的淀积反应-吸热反应，一般是在真空或惰性气氛下加热衬底至所需温度后，导入反应气体使之发生热分解，最后在衬底上淀积出固体材料层。通式为

$$AB(g) \longrightarrow A(s) + B(g) \tag{2-3}$$

常见的几种热解反应类型有：烃热解反应，氢化物热解反应，卤化物热解反应，羰化物热解反应，单氨络合物热解反应，金属有机化合物热解反应，有机金属化合物和氢化物热解反应。氢化物热解反应的副产物是没有腐蚀性的氢气，卤化物和羰化物的热解反应多用于金属的淀积，包括难熔金属、贵金属和一些过渡金属。金属烷基化合物中，由于 M—C 键能一般小于 C—C 键能，也可广泛用于沉积高附着性的薄膜，如金属铝膜和铬膜。金属醇盐化合物常用于热解制备氧化物。最为人熟知的是利用有机金属化合物和氢化物体系的热解反

应，在半导体或绝缘衬底上制备各种各样的化合物半导体，如Ⅲ-Ⅴ族和Ⅱ-Ⅵ族化合物。

（2）化学合成反应　化学合成反应涉及两种或两种以上的气态反应物在加热衬底上相互反应。最常用的是氢气还原卤化物来制备各种金属或半导体薄膜，或选用合适的氢化物、卤化物或金属有机化合物来制备各种介质薄膜。化学合成反应比热分解反应的应用范围更加广泛，可制备单晶、多晶和非晶薄膜，也容易进行掺杂。

有些情况下，在 CVD 制备材料过程中，发生的化学反应既有合成反应也有热解反应。如图 2-21 所示装置中制备 TiO$_2$ 纳米颗粒，反应过程如下。

$$TiCl_4(g) + 4H_2O \xrightarrow{\text{加热}} Ti(OH)_4(g) + 4HCl(g) \tag{2-4}$$

$$Ti(OH)_4(g) \xrightarrow{\text{加热}} TiO_2(s) + 2H_2O(g) \tag{2-5}$$

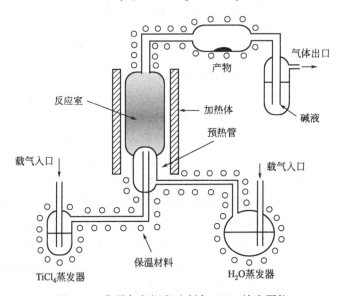

图 2-21　化学气相沉积法制备 TiO$_2$ 纳米颗粒

（3）化学输运反应　化学输运反应则是源物质在源区（反应温度 T_2）借助适当气体介质与之反应形成一种气态化合物，输运到淀积区（反应温度 T_1）后发生逆向反应，使源物质重新淀积出来。通式为

$$A(s) + xB(g) \longrightarrow AB_x(g) \tag{2-6}$$

其中源物质是 A，B 是输运剂，AB$_x$ 是输运形式。输运剂一般为各种卤素、卤化物、水蒸气，最常用的是碘。表 2-2 列出了几种代表性的化学输运反应体系。

表 2-2　几种代表性的化学输运反应体系

材料名称	输运剂	输运反应	输运方向、温度/℃
ZnS	I$_2$	ZnS + I$_2$ ⟶ ZnI$_2$ + $\frac{1}{2}$S$_2$	900 → 800
Al	AlX$_3$	2Al + 3X$_2$ ⟶ 2AlX$_3$	100 → 600
Al$_2$O$_3$	HCl	Al$_2$O$_3$ + 6HCl ⟶ 2AlCl$_3$ + 3H$_2$O	1000 → T_1
Ga	H$_2$O	4Ga + 6H$_2$O ⟶ 4GaH$_3$ + 3O$_2$	1000 → T_1
GaAs	HCl	GaAs + 3HCl ⟶ GaCl$_3$ + AsH$_3$	850 → 750

注：X 指 F、Cl、Br、I；T_1 表示较低的温度。

2.3.2.3　CVD 中的化学热力学和动力学

按热力学原理，化学反应的自由能变化可以用反应物和生成物的标准自由能来计算，即 $\Delta G_r = \sum \Delta G_f$（生成物）$- \sum \Delta G_f$（反应物）。CVD 热力学分析的主要目的是预测特定条件下某些 CVD 化学反应的可行性，判断反应的方向和平衡时的反应程度。在温度、压强和反应物浓度给定的条件下，热力学计算能从理论上预测平衡时所有气体的分压和沉积薄膜的产量（即反应物的转化率），但是不能给出沉积速率。热力学分析可作为确定 CVD 工艺参数的参考。通常 CVD 在衬底上沉积薄膜的过程可以描述为七个阶段（图 2-22）：①源气体向沉淀区输运；②源气体向衬底表面扩散；③源气体分子被衬底表面吸附；④在衬底表面上发生化学反应，成核、生长；⑤副产物从衬底表面脱附；⑥副产物扩散回主气流；⑦副产物输运出沉淀区。

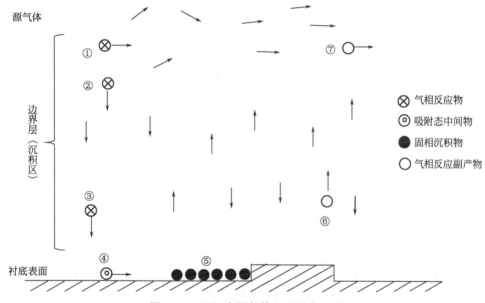

图 2-22　CVD 中源的输运和反应过程

在这些过程中，速率最慢的步骤决定了薄膜的生长速率。阶段②、⑥、⑦是物质输运步骤，通过扩散、对流等物理过程进行。阶段③～⑤为吸附、表面反应和解吸过程。如果表面反应过程相对于质量传输过程进行得更快，薄膜沉积过程为质量输运控制或质量转移控制；反之，如果质量传输过程很快，而与固体表面吸附、化学反应和脱附相关的过程进行得较慢，则称为表面控制或化学动力学控制。如果温度进一步提高，动力学的因素就变得不重要，整个过程变为热力学控制。

表面反应控制区，对应于较低的生长温度，表面反应的速率远低于质量传输的速率，反应气体能充分地从主气流区输运到衬底表面，在衬底表面的气体边界层不存在反应物的浓度梯度，生长速率只依赖于表面反应的速率，而化学反应的速率通常对温度有强烈的依赖关系，故薄膜沉积速率随着温度的增加呈现指数增加的规律。在化学动力学控制范围，CVD 生长薄膜的厚度通常是比较均匀的。然而在半导体外延生长中，掺杂浓度随晶面取向不同而变化，这是因为表面反应速率，即外延生长速率与晶面取向有关。如果控制不好，就会导致外延层粗糙不平。

质量输运控制区，对应于中温区，表面反应速率较快，薄膜生长受限于反应气体从主流区向衬底表面的质量输运过程，衬底附近的气体边界层存在一个明显的反应物浓度梯度，薄膜生长变为质量输运控制。依据流体力学等相关理论，可以推出此时生长速率与反应物气体分压成正比，生长速率对沉积温度的依赖变得温和。同时生长速率反比于系统的总压强，质量传输速率可以通过降低反应总压强来增强，这也是很多 CVD 工艺选择低压生长的主要原因，通过减少边界层的厚度，来改进薄膜的生长速率。值得注意的是，在扩散控制模式下，衬底在反应室的几何位置会对沉积速率有影响。

在上面两种动力学控制生长过程中，薄膜的厚度随时间线性变化，只是生长速率呈现不同的温度依赖关系。两者之间也可能存在两种机制——表面反应控制和质量输运控制共存的混合区。

热力学控制区，对应于较高的生长温度，质量转移和表面反应过程进行得都很快，反应物气流在衬底附近有充分的停留时间，足以与生长表面达成平衡，整个过程可以认为是进气控制，又称为热力学控制。当反应是放热反应时，升高温度使吉布斯自由能 ΔG——生长驱动力变小，生长速率变小。在这种情况下，衬底表面有利于形成单晶。如 $Ga\text{-}AsCl_3\text{-}H_2$ 系统的外延生长通常就发生在此区间。如果沉积温度极高，ΔG 变成正的，则沉积工艺的逆反应将发生，衬底会被反应气体腐蚀，如 Si 在高温时被 HCl 气体腐蚀已经为实验证实。当反应是吸热反应时，升高温度使 ΔG（生长驱动力）变大，均相反应被明显增强，可能会导致气相中形成粉末，而非在衬底表面形成薄膜。通常鉴别控制类型的最有效方法，就是实验测定生长参数，如沉积温度、沉积压力、反应物流量和衬底状况等，对沉积速率的影响。

2.3.2.4 化学气相沉积的特点与分类

化学气相沉积具有一些独特的优点，使得它在不少工业领域中成为优选的制备技术，总结如下。

① 一种相对简单、高灵活性的工艺，可沉积各种各样的薄膜，包括金属、非金属、多元化合物、有机聚合物、复合材料等，与半导体工艺兼容。

② 沉积薄膜质量高，具有纯度高、致密性好、残余应力小、结晶良好、表面平滑均匀、辐射损伤小等特点。

③ 沉积速率高，适合规模化生产，通常不需要高真空，组成调控简单，易于掺杂，可大面积成膜，成本上极具竞争力。

④ 沉积材料形式多样，除了薄膜外，还可制备纤维、单晶、粉末、泡沫以及多种纳米结构。也可沉积在任意形状、任意尺寸的基体上，具有相对较好的三维贴合性。

当然化学气相沉积也有其局限。首先尽管 CVD 生长温度低于材料的熔点，但反应温度还是太高，应用中受到一定限制。等离子体增强的 CVD 和金属有机化学气相沉积（MOCVD）技术的出现，部分解决了这个问题。其次不少参与沉积的反应源、反应气体和反应副产物易燃、易爆或有毒、有腐蚀性，需要采取有效的环保与安全措施。另外一些生长材料所需的元素，缺乏具有较高饱和蒸气压的合适前驱体，或是合成与提纯工艺过于复杂，也影响了该技术的充分发挥。

多年的发展使得化学气相沉积的种类日益丰富，表 2-3 按照 CVD 不同工艺参数的特点，对化学气相沉积进行了分类总结。

表 2-3 化学气相沉积的分类

分类方法	化学气相沉积类别	分类方法	化学气相沉积类别
沉积压力	常压 CVD	沉积温度	低温 CVD(200～500℃)
	低压 CVD		高温 CVD(500～1000℃)
	高真空 CVD		超高温 CVD(1000～1300℃)
气流状态	开管式 CVD	反应器壁	热壁 CVD
	闭管式 CVD		冷壁 CVD
前驱体种类	无机 CVD	前驱体输运方式	直接液相输运或闪蒸 MOCVD
	金属有机 CVD(MOCVD)		气溶胶辅助 CVD
反应式结构	立式 CVD	反应激活方式	热 CVD
	卧式 CVD		等离子体增强 CVD
	流化床 CVD		光辅助 CVD
	转筒式 CVD		激光 CVD
	热丝 CVD		聚焦离子束 CVD
沉积时间	连续 CVD		电子束 CVD
	不连续 CVD		催化 CVD
	脉冲式 CVD		燃烧 CVD
沉积材料	聚合物 CVD	沉积方式	化学气相渗滤

下面介绍几种比较重要的化学气相沉积方式。

(1) 低压化学气相沉积（LPCVD） 化学气相沉积在低压下进行，通常生长压力在 1mTorr～1Torr（1Torr＝133.32Pa）之间。低压下气体扩散系数增大，使气态反应物和副产物的质量传输速率加快，薄膜的生长速率增加。LPCVD 设备需配置压力控制和真空系统，增加了整个设备的复杂性，但也表现出如下优点。①低气压下气态分子的平均自由程增大，反应室内可以快速达到浓度均一，消除了由气相浓度梯度带来的薄膜不均匀性。②可以使用较低蒸气压的前驱体，在较低的生长温度下成膜。③残余气体和副产物可快速被抽走，抑制有害的寄生反应和气相成核，界面成分锐变。④薄膜质量好，具有良好的台阶覆盖率和致密度。⑤沉积速率高。沉积过程大多由表面反应速率控制，对温度变化较为敏感。LPCVD 技术主要控制温度变量，工艺重复性优于常压 CVD。⑥卧式 LPCVD 装片密度高，生产效率高，成本低。

LPCVD 已经广泛用于沉积掺杂或不掺杂的氧化硅、氮化硅、多晶硅、硅化物薄膜，Ⅲ～Ⅴ族化合物薄膜以及钨、钼、钽、钛等难熔金属薄膜。

(2) 金属有机化学气相沉积 金属有机化学气相沉积（metalorganic chemical vapor deposition，MOCVD）是利用金属有机化合物前驱体的热分解反应进行外延生长的方法，是一种特殊类型的 CVD 技术。常用的金属有机源（metalorganic source，MO）主要包括金属的烷基或芳基衍生物、金属有机环戊二烯化合物、金属 β-二酮盐、金属羰基化合物等。利用 MOCVD，特别是低压 MOCVD，成功制备出了原子级成分锐变、界面平整、无缺陷的化合物半导体异质结和超晶格。

MOCVD 在化合物半导体制备上的成功应用得益于其独特的优点：①沉积温度低，减少了自污染，提高了薄膜纯度，有利于降低空位密度和解决自补偿问题；②沉积过程不存在刻蚀反应，沉积速率易于控制；③可通过精确控制各种气体的流量来控制外延层组分、导电类型、载流子浓度、厚度等特性；④气体流速快，切换迅速，从而可以使掺杂浓度分布陡峭，有利于生长异质结和多层结构；⑤薄膜生长速度与 MO 源的供给量成正比，改变流量就可以较大幅度地调整生长速率；⑥可同时生长多片衬底，适合大批量生产；⑦在合适的衬底上几乎可以外延生长所有化合物半导体和合金半导体。

另外，作为一种原子层外延技术，MOCVD 技术不仅能够控制外延的区域（selected epitaxy；pattern epitaxy），而且能够在同一原子层上生长不同的物质（fractional epitaxy）。MOCVD 与分子束外延已经成为制备化合物半导体异质结、量子阱和超晶格材料的主要手段之一。近年来，MOCVD 技术得到进一步发展，不仅能够制备 TiO_2、ZnO 等单元氧化物薄膜，还成功地制备出 $Pb(Zr_x Ti_{1-x})O_3$、$SrBi_2 TaO_9$、$YBa_2 Cu_3 O_7$ 等组分复杂的铁电薄膜和超导薄膜。值得指出的是，当衬底与生长薄膜晶格不匹配或生长温度太低的情况下，MOCVD 沉积的薄膜也可是多晶或非晶薄膜。由于 MOCVD 技术与半导体工艺的优异兼容性，这些通过 MOCVD 方法成功制备的薄膜，为其今后大规模的商业应用提供了有力的保证。

MOCVD 的不足之处是不少 MO 源价格昂贵，且有毒、易燃、易爆，给 MO 源的制备、储存、运输和使用带来了困难，必须采取严格的防护措施。另外沉积氧化物材料所需的、具有足够高饱和蒸气压的金属有机化合物前驱体，例如稀土材料的 MO 源，目前还很缺乏，影响了该技术应用。

（3）等离子体增强化学气相沉积　等离子体增强化学气相沉积（plasma-enhanced CVD，PECVD）是指利用辉光放电产生的等离子体来激活化学气相沉积反应的 CVD 技术。它既包括了化学气相沉积过程，又有辉光放电的物理增强作用，既有热化学反应，又有等离子体化学反应，广泛应用于微电子、光电子、光伏等领域。按照产生辉光放电等离子体的方式，可以分为几种类型：直流辉光放电 PECVD、射频辉光放电 PECVD、微波 PECVD 和电子回旋共振 PECVD。

等离子体在 CVD 中的作用包括：将反应物气体分子激活成活性离子，降低反应温度；加速反应物在表面的扩散作用，提高成膜速率；对基片和薄膜具有溅射清洗作用，溅射掉结合不牢的粒子，提高了薄膜和基片的附着力；由于原子、分子、离子和电子相互碰撞，从而改进薄膜的均匀性。表 2-4 对常压 CVD、LPCVD 和 PECVD 沉积 $Si_3 N_4$ 薄膜做了对比。

表 2-4　常压 CVD、LPCVD 和 PECVD 沉积 $Si_3 N_4$ 薄膜的对比

项目	常压 CVD	LPCVD	PECVD
反应压力/Torr	760	1	1
反应温度/℃	约 800	约 800	约 300
产量/(片/每批)	10	200	10
反应气	$SiH_4 + NH_3$	$SiH_4 + NH_3$ 或 $SiH_2 Cl_2 + NH_3$	$SiH_4 + N_2$ 或 $SiH_4 + NH_3$
沉积速率/(nm/min)	约 15	约 4	约 30
膜厚不均匀性/%	±10	±5	±10
膜组成	计量比	计量比	非计量比

注：$1 Torr = 1.33322 \times 10^2 Pa$。

PECVD 具有如下优点：①低温成膜（300～350℃），避免了高温带来的薄膜微结构和界面的恶化；②低压下成膜，膜厚及成分较均匀、膜致密、内应力小，不易产生裂纹；③扩大了 CVD 应用范围，特别是在特殊基片（如聚合物柔性衬底）上沉积金属薄膜、非晶态无机薄膜、聚合物、复合物薄膜的能力；④薄膜的附着力大于普通 CVD。

当然 PECVD 也有一些缺点：①化学反应过程十分复杂，影响薄膜质量的因素较多；②工作频率、功率、压力、基板温度、反应气体分压、反应器的几何形状、电极空间、电极材料和抽速等相互影响；③参数难以控制；④反应机理、反应动力学、反应过程等还不十分清楚。

（4）光辅助化学气相沉积　光辅助化学气相沉积（photo-assisted CVD，PACVD）利用光能使气体分解，增加反应气体的化学活性，促进气体之间化学反应，从而实现低温下生长的化学气相沉积技术，具有较强的选择性。典型例子是紫外诱导和激光诱导的 CVD，前者为有一定光谱分布的紫外线，后者为单一波长的激光。两者都是利用激光、紫外线照射来激活气相前驱体的分解和反应。激光用于 CVD 沉积可以显著降低生长温度，提高生长速率，并有利于单层生长。激光光源种类非常多，如：二氧化碳激光器、Nd-YAG 激光器、准分子激光器和氩离子激光器。通过选择合适的波长和能量，利用低的激活能（<5eV），还可以避免膜损伤。另外通过激光束的控制，除了可以进行大面积的薄膜沉积外，还可以进行微米范围的局部微区沉积，特别是与计算机控制的图形发生系统相结合，可沉积复杂的三维微米和亚微米尺度图案，如三维螺旋状天线等。

2.3.2.5　化学气相沉积制备石墨烯应用

化学石墨烯的 CVD 生长主要涉及三个方面：碳源、生长基体和生长条件（气压、载气、温度等）。

（1）碳源　目前生长石墨烯的碳源主要是烃类气体，如甲烷（CH_4）、乙烯（C_2H_4）、乙炔（C_2H_2）等。最近，也有报道使用固体碳源 SiC 生长石墨烯。选择碳源需要考虑的因素主要有烃类气体的分解温度、分解速率和分解产物等。碳源的选择在很大程度上决定了生长温度，采用等离子体辅助等方法也可降低石墨烯的生长温度。

（2）生长基体　目前使用的生长基体主要包括金属箔或特定基体上的金属薄膜。金属主要有 Ni、Cu、Ru 以及合金等，选择的主要依据有金属的熔点、溶碳量以及是否有稳定的金属碳化物等。这些因素决定了石墨烯的生长温度、生长机制和使用的载气类型。另外，金属的晶体类型和晶体取向也会影响石墨烯的生长质量。除金属基体外，MgO 等金属氧化物最近也被用来生长石墨烯，但所得石墨烯尺寸较小（纳米级），难以实际应用。

（3）生长条件　从气压的角度可分为常压、低压（10^5～10^{-3} Pa）和超低压（<10^{-3} Pa）；根据载气类型不同可分为还原性气体（H_2）、惰性气体（Ar、He）以及两者的混合气体；根据生长温度不同可分为高温（>800℃）、中温（600～800℃）和低温（<600℃），主要取决于碳源的分解温度。

2.4　其他合成方法

2.4.1　超声化学合成法

超声波是指频率在 20kHz～10^6kHz 的机械波，由一系列疏密相间的纵波构成，波速一般为 1500m/s，波长为 10～0.01cm。超声化学又称声化学，主要是指利用超声能量改善反应条件，加速和控制化学反应，提高反应产率，改变反应历程，以及引发新的化学反应等，是声学与化学相互交叉渗透而发展起来的一门新兴前沿学科。超声化学的历史始于 19 世纪末。1894 年，J. I. Thornycroft 和 S. W. Barnaby 测试高速鱼雷船时，发现了潜水艇螺旋桨凹陷和被快速侵蚀的现象，从而发表了第一篇关于空化的报告。此后研究表明，这种空化现象不仅在液体紊流时出现，在高强度超声辐照下也会发生。超声波通过液体介质向四周传播，具有比普通声波大得多的功率，这是其在众多领域中能获得广泛应用的重要原因之一。随着科学技术的迅速发展，超声化学的研究目前已涉及有机合成、生物化学、分析化学、高分子化学、高分子材料、表面加工、生物技术及环境保护等方面。现已证明超声波几乎能够应用于化学的各个领域中，逐渐形成了一门将超声学及超声波技术与化学紧密结合的崭新的科学——超声化学。

　　超声化学主要源于声空化导致液体中微小气泡形成、振荡、生长收缩与崩裂及其引起的物理、化学效应。液体声空化是集中声场能量并迅速释放的过程，空化泡崩裂时，在极短时间和空化泡的极小空间内，产生 5000 K 以上的高温和约 $5.05 \times 10^8 Pa$ 的高压，速度变化率高达 10^{10} K/s，并伴有强烈的冲击波和时速高达 400km 的微射流生成，使碰撞密度高达 1.5kg/s；空化气泡的寿命约为 $0.1\mu s$，它在爆炸时释放出巨大的能量，冷却速率可达 10^9K/s。这就为一般条件下难以或不能实现的化学反应提供了一种非常特殊的环境，开启了新的通道。这一过程包括两方面：强超声引发气泡在液体中产生和气泡在强超声作用下的特殊运动。在液体内施加超声场，当强度足够大时，超声会使液体中产生成群的气泡，成为"声空化泡"。这些气泡同时受到强超声的作用，在经历声的稀疏相和压缩相时，气泡生长、收缩、再生长、再收缩，经多次周期性振荡，最终以高速度崩裂。在其周期性振荡或崩裂过程中，会产生短暂的局部高温、高压，并产生强电场，从而引发许多力学、热学、化学、生物等效应。反应体系的环境条件会极大地影响空化的强度，而空化强度则直接影响到反应的速率和产率。这些环境条件包括温度、液体静压力、超声辐射频率、声功率和超声强度。另外，溶解气体的种类和数量、溶剂的选择、样品的制备以及缓冲剂的选择对空化强度也有很大影响。声化学反应可发生在三个区域，即空化气泡的气相区、气相过渡区和本体液相区。液体-固体界面处的空化与纯液体中的空化存在很大区别：由于液体中的声场是均匀的，所以气泡在崩裂过程中会保持球形，而靠近固体表面的空化泡崩裂时为非球形，同时产生高速的微射流和冲击波；射流束的冲击可造成固体表面凹蚀，并可除去表面不活泼的氧化物覆盖层；在固体表面处，因空化泡的崩裂产生的高温、高压能大大促进反应的进行。而且，在反应进行过程中，超声辐射可连续清洗金属表面，从而提高反应速率；反应活性的增加，意味着通过控制超声波使声化学以不同寻常的途径来促进声能量和物质的相互作用，从而改变液/固体发生化学反应的途径。实验室常用的超声发生装置有超声清洗器、超声细胞粉碎机和超声探头等。

　　在持续时间、压强和能源分子方面，超声辐照有别于传统能源（如热、光、电离辐射）。对于光化学，在很短的时间内产生大量能量，但它是热而不是电子激发。相比之下，由于巨大的温度和压强以及非凡的加热与冷却速率所产生的空化泡崩裂，超声提供了一个不同寻常、产生高能化学的机制。高强度的声音与超声波通常产生类似的方式：电能量用来引起固体表面的运动，如扬声器线圈或压电陶瓷。此外，声化学有一个高压组件，这意味着它有可能在微小尺度相同的大规模环境过程中产生爆炸或冲击波。超声波发生装置由超声探头、换能器、电源、时间控制显示器和功率控制显示器组成。超声化学装置，通过将超声探头浸入反应溶液中就可将超声波引入到一个有良好控温氛围的反应系统。探头是由压电陶瓷在交流电场的作用下使驱动变成振动，超声功率、频率可微调，由超声波控制主机实现操控。通常探头形状为圆柱形，针对不同容积的反应容器，直径为2～50cm可选。

超声在纳米材料制备中的作用源自空化效应。超声化学所具有的一些极端条件足以使有机物、无机物在空化气泡内发生化学键断裂、水相燃烧和热分解条件，促进非均相界面之间搅动和相界面的更新，极大提高非均相反应的速率，实现非均相反应物间的均匀混合，加速反应物和产物的扩散，促进固体新相的生成，并控制颗粒的尺寸和分布。材料合成方法主要有超声沉淀法、超声热解法、超声还原法等，它们拥有各自的特点和优势。

(1) 超声沉淀法 此方法是制备纳米材料的湿化学方法中最具有应用前景的方法之一，其工艺简单、成本低、所得粉体性能优良。利用此方法产生的颗粒大小主要取决于晶核生长与长大的相对速率。如果引入超声场，一方面，超声空化作用产生的高温、高压环境为体系提供了能量去克服微小颗粒形成时来自界面能的成核能量势垒，使晶核生成速率提高几个数量级；同时，超声空化作用在固体颗粒表面产生的大量微小气泡会干扰离子在晶核表面的有序排列，抑制晶核进一步长大。另一方面，超声空化产生的高压冲击波和微射流起到的粉碎、乳化、搅拌等机械效应，能有效阻止晶核的生长与团聚，使微小颗粒分布更均匀。上述诸原因造成超声引入后合成的纳米粒子粒径更小，单分散性更好。

(2) 超声热解法 分为超声雾化热分解法和金属有机化合物热分解法。超声雾化主要是利用超声波的高能分散作用，经超声雾化器产生的含有母液的微米级雾滴在高温反应器中发生热分解，得到均匀的超细粉体材料。这是一种制备金属、合金和金属氧化物等纳米粒子的简单方法。气泡空化可产生瞬态高温、高压和高冷却速率，金属有机物热分解法正是利用局部高温、高压环境促进金属有机化合物热分解，加速金属单质、合金和金属氧化物的形成。

(3) 超声还原法 此方法利用超声的空化作用使得水溶液或醇溶液中产生还原剂，从而还原相应的金属盐生成纳米材料，这种方法广泛应用于纳米金属、氧化物以及纳米复合物的制备。

2.4.2 电化学法

电化学的研究内容应包括两个方面：一是电解质的研究，即电解质学，其中包括电解质的导电性质、离子的传输性质、参与反应离子的平衡性质等，电解质溶液的物理化学研究常称作电解质溶液理论；二是电极的研究，即电极学，其中包括电极的平衡性质和通电后的极化性质，也就是电极和电解质界面上的电化学行为。电解质学和电极学的研究都会涉及化学热力学、化学动力学和物质结构。

电化学法合成纳米材料主要包括在阴极表面的电沉积法和超声、表面活性剂辅助电化学两种途径。阴极电沉积法可采用石墨、金属和硅等作电极材料，直接在其表面生长各种形貌的纳米颗粒，也可借助氧化铝等多孔模板制备纳米线、纳米管等；在超声和表面活性剂等辅助下，具有不同形貌、结晶度和尺寸的纳米结构材料在电解液中生成。

2.4.3 超声电化学法的原理与特点

利用超声波来辐射电化学反应的过程可以追溯到20世纪30年代。在过去十几年里，超声电化学的重要性越来越突出。超声波能量高时在液体中传播会产生空化气泡，使局部产生高温和高压。一般认为，超声波对电化学反应的影响主要有以下几个方面：①通过超声空化微射流形成对电解溶液的强烈搅拌作用，从而提高电极表面的传质速率；②由于空化产生的瞬间高温、高压而使反应物分解成活性较高的自由基（如羟基、氢自由基）；③改变反应物在电极表面的吸附过程；④空化气泡崩裂产生的微射流对电极表面形成连续的现场活化，并且使电极附近双电层内的金属离子得到更新。超声在电化学中的应用主要包括超声电分析化学、超声电化学发光分析、超声电化学合成、超声电镀等。与传统搅拌技术相比，超声波的空化作用更容易实现介质均匀混合，消除局部浓度不均匀，提高反应速率，刺激新相的形成，对团聚体还可起到剪切作用。

　　超声电化学是将超声辐照与电化学方法相结合而兼有两者的优点，可通过控制电流密度、反应温度、超声功率等各种参数来控制纳米材料的尺寸和形貌。近年来，超声伏安法已成为研究电化学过程强有力的工具。Birkin 等首次把采样超声伏安法应用于氧化还原电对非均相电子转移速率常数的测定，使非均相电子转移标准速率常数扩展到 1cm/s。这种技术在许多方面优于以前报道的时间和空间上平均的超声电化学：使用与超声相连的微电极（或超微电极）能够达到极高的传质速率；超声的任何影响都集中在与电极表面冲击的瞬间，使超声对电极过程影响的研究更接近实际。他们的研究表明，超声能增强物质向微电极的传质，并把这种传质的增强归结于两个瞬态过程：气泡崩裂在固液界面或附近是由于电极表面高速液体微射流形成的结果；电极扩散层中或附近气泡的移动中，产生质量传递的瞬态高速。使用微电极具有下列优点：①微电极相对较小，能够通过监测在微电极上电活性组分氧化或还原产生的电流，记录内爆空化气泡个体的冲击；②能够在质量传递极限条件下测量电流。采样超声伏安法是研究电极动力学强有力的工具。Hagan 等比较了探针连续超声在旋转圆盘铂电极上的伏安法和安培法，研究了电活性物质浓度、电极面积、温度、动力学黏度、超声器的振动幅度、电解池的形状和电位扫描速率的影响。结果发现，在超声作用下，电位扫描速率扩展到 25V/s 也可获得稳态伏安图。Qin 等用稳态法测定了超声存在下非均相电子转移速率常数，观察到强超声对所研究体系的简单非均相电子转移速率常数无直接影响。但是，超声存在能改变体系的电极动力学，电子转移速率常数明显增加。由此可推断，通过引入矾土粒子在空化过程对电极的冲击，电极表面的溶液温度从 298K 增加到 410K。此外，超声能使 $Fe(CN)_6^{3-}/Fe(CN)_6^{4-}$ 电对的电子转移速率常数减小，并将此归于电极表面的清洗。因此，超声电极过程动力学的研究，一方面需要严格控制实验条件；另一方面有待阐明超声作用机理。

参考文献

[1] 李爱东，刘建国.先进材料合成与制备技术［M］.北京：科学出版社，2014.
[2] 朱继平.新能源材料技术［M］.北京：化学工业出版社，2014.
[3] 吴大城，杜仲良，高绪珊.纳米纤维［M］.北京：化学工业出版社，2003.
[4] 梁银峥.基于静电纺纤维的先进锂离子电池隔膜材料的研究［D］.上海：东华大学，2011.
[5] 任文才，高力波，马来鹏，成会明.石墨烯的化学气相沉积法制备［J］.新型炭材料，2011，26（1）：71-80.
[6] Richards W T, Loomis A L. The chemical effect of high frequency sound waves J A preliminary survey［J］.Journal of the American Chemical Society, 1927 (49): 3086-3088.
[7] 李廷盛，尹其光.超声化学［M］.北京：科学出版社，1995.
[8] 陈贯虹，王西奎，孙士青，党立，王萍.超声化学的基本原理及其在化学合成和环境保护方面的应用［J］.山东科学，2004，17（1）：51-54.
[9] 张昭，彭少方，刘栋昌.无机精细化工工艺学［M］.北京：化学工业出版社，2005.

第3章
储能材料表征与分析

储能材料制备成功后，需要对其进行一系列表征与测试，包括元素成分与含量分析、物相与形貌分析、价态分析、粒度与比表面分析、热分析以及电化学性能测试等，下面逐一简单进行介绍。

3.1 成分分析

为了对制备的材料进行成分鉴定，常用的方法有两大类，即化学分析法和仪器分析法。前者是指采用化学滴定的方式对元素的成分及含量进行测定。仪器分析法是指采用原子吸收（AAS）、电感耦合等离子体原子发射光谱（ICP-AES）等方法对元素的含量进行定量分析；或采用X射线光电子能谱（XPS）、X射线荧光光谱（XRF）、X射线能谱（EDS）等分析方法对元素的种类进行定性分析，对其含量进行半定量分析。下面分别做简要的概述。

3.1.1 化学分析

为了准确测定元素的含量，在滴定分析时，一般先将试样用酸或碱溶解，然后用已知准确浓度的标准溶液（也称滴定剂）对待测液进行滴定。在滴定分析中，根据指示剂颜色突变达到滴定终点。最后通过消耗滴定剂的体积和有关数据计算试样中元素的含量。

滴定分析以化学反应为基础，根据滴定反应的类型，滴定分析法有酸碱滴定、配位滴定、氧化还原滴定和沉淀滴定四种方法。

在滴定前，需要配制标准溶液。一般有两种配制方法，即直接法和间接法。采用直接法配制标准溶液时，根据所需要的浓度，准确称取一定量的物质，经溶解后，定量转移到容量瓶中并稀释至刻度。通过计算得出该标准溶液的准确浓度。这种溶液也称为基准溶液，能用来配制这种溶液的物质称为基准物或基准试剂。常用的基准试剂有无水碳酸钠、硼砂、邻苯二甲酸氢钾、草酸钠、碳酸钙、锌、氧化锌和氯化钠等。

当欲配制标准溶液的试剂不是基准物时，就不能用直接法配制，应采用间接法配置。该方法是先粗配成近似所需浓度的溶液，然后用基准物标定其标准溶液的浓度。

滴定分析法是定量分析中很重要的一种方法，其特点是适用于常量组分（含量>1%）的测定；准确度较高，相对误差一般为±0.2%；仪器简单、操作简便、快速；应用范围较广。

3.1.2 原子吸收光谱分析

(1) 原子光谱的产生 基态原子吸收其共振辐射，外层电子由基态跃迁至激发态而产生原子吸收光谱。原子吸收光谱位于光谱的紫外区和可见区，且原子光谱是一种线状光谱，吸收过程符合朗伯-比耳定律。

(2) 原子吸收光谱分析的原理 原子吸收光谱分析又称原子吸收分光光度分析，该方法是基于试样蒸气相中被测元素的基态原子对由光源发出的该原子的特征性窄频辐射产生共振吸收，其吸光度在一定范围内与蒸气相中被测元素的基态原子浓度成正比，以此测定试样中该元素含量的一种仪器分析方法。即物质所产生的原子蒸气对特定谱线（通常是待测元素的特征谱线）的吸收作用来进行定量分析。该原子吸收光谱法具有特效性好、准确度和灵敏度高的特点。

原子吸收光谱的测量采用原子吸收光谱仪，又称原子吸收分光光度计，由光源、原子化器、单色器和检测器四部分组成。其中，原子化器的功能是提供能量，使试样干燥、蒸发和原子化。入射光束在这里被基态原子吸收，因此也可把它视为"吸收池"。

原子化器又分为火焰原子化器和非火焰原子化器。前者常用的火焰有乙炔-空气火焰、氢-空气火焰、乙炔-一氧化二氮火焰。乙炔-空气火焰是原子吸收测定中最常用的火焰，该火焰燃烧稳定，重现性好，噪声低，温度高，对大多数元素有足够高的灵敏度，但它在短波紫外区有较大的吸收。氢-空气火焰是氧化性火焰，燃烧速度较乙炔-空气火焰快，但温度较低，优点是背景发射较弱，透射性能好。乙炔-一氧化二氮火焰的优点是火焰温度高，而燃烧速度并不快，适用于难原子化元素的测定，用它可测定 70 多种元素。非火焰原子化器又有石墨炉原子化器、低温原子化器。石墨炉原子化器是将试样注入石墨管中间位置，用大电流通过石墨管以产生高达 2000～3000℃ 的高温使试样经过干燥、蒸发和原子化。其优点是绝对灵敏度高，检出限达 10^{-12}～10^{-14}g；原子化效率高，样品量少。缺点是产生基体效应，背景大，化学干扰多，重现性比火焰差。低温原子化法又称化学原子化法，其原子化温度为室温至数百摄氏度。常用的有汞低温原子化法及氢化法。

利用原子吸收测定未知样品中金属离子的含量，一般采用标准曲线法和标准加入法。前者在标准溶液与试样测定完全相同的条件下，按浓度由低到高的顺序测定吸光度值，并绘制吸光度对浓度的校准曲线，根据试样的吸光度直接求出被测元素的含量；而后者在测量时分别加入不同浓度的标准溶液，绘制吸光度对浓度的校准曲线，再将该曲线外推至与浓度轴相交，交点至坐标原点的距离 c_x 即是被测元素经稀释后的浓度。采用该方法的目的是为了消除物理干扰。

如图 3-1 所示，如果要测定试液中镁离子的含量，先将试液喷射成雾状进入燃烧火焰中，含镁盐的雾滴在火焰温度下，挥发并解离成镁原子蒸气。再用镁空心阴极灯做光源，它辐射出具有波长为 285.2nm 的镁的特征谱线的光，当通过一定厚度的镁原子蒸气时，部分光被蒸气中基态镁原子吸收而减弱。通过单色器和检测器测得镁特征谱线光被减弱的程度，即可求得试样中镁的含量。

3.1.3 电感耦合等离子体原子发射光谱分析

电感耦合等离子体原子发射光谱（ICP-AES）常用来对溶液中微量成分进行分析。ICP-AES 是一种以电感耦合等离子体作为激发光源进行发射光谱分析的方法。

原子发射光谱分析是根据原子所发射的光谱来测定物质的化学组分的。不同的物质由不

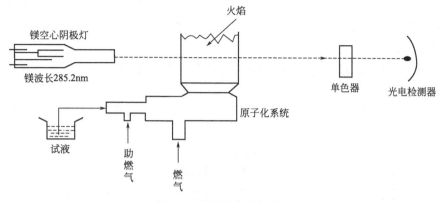

图 3-1 原子吸收分析示意

同元素的原子所组成，而原子都包含着一个结构紧密的原子核，核外围绕着不断运动的电子。每个电子处在一定的能级上，具有一定的能量。在正常的情况下，原子处于稳定状态，它的能量是最低的，这个状态被称为基态。当原子在外界能量的作用下转变成气态原子时，使气态原子的外层电子激发至高能态。当原子从较高的能级跃迁到较低能级时，将释放出多余的能量而发射出特征谱线。对所产生的辐射经过摄谱仪器进行色散分光，按波长顺序记录在感光板上，就可呈现出有规则的谱线条，即光谱图。然后根据所得的光谱图进行定性鉴定或定量分析。其工作流程如图 3-2 所示。

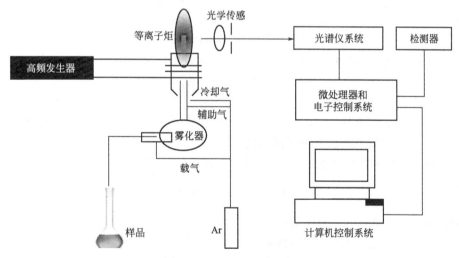

图 3-2 ICP-AES 工作流程

以 ICP 作为光源的发射光谱分析（ICP-AES）具有下述一些特性。

① ICP 的工作温度比其他光源高，在等液离子体核处达 10000K，在中央通道的温度也有 6000～8000K，且又是在惰性气氛条件下，原子化条件极为良好，有利于难熔化合物的分解和元素的激发。因此，对大多数元素都有很高的分析灵敏度。

② 由 ICP 形成过程可知，ICP 是涡流态的，且在高频发生器频率较高时，等离子体因趋肤效应而形成环状。所谓趋肤效应是指高频电流密度在导体截面呈不均匀的分布，即电流不是集中在导体内部，而是集中在导体表层的现象。此时等离子体外层电流密度最大，中心轴线上最小，与此相应，表层温度最高，中心轴线处温度最低，这有利于从中央通道进样而

不影响等离子体的稳定性。同时由于从温度高的外围向中央通道气溶胶加热，不会出现光谱发射中常见的因外部冷原子蒸气造成的自吸现象，这就大为扩展了测定的线性范围（通常可达 4～5 个数量级）。

③ ICP 中电子密度很高，所以碱金属的电离在 ICP 中不会造成很大的干扰。ICP 是无极放电，没有电极污染。

④ ICP 的载气流速较低（通常为 0.5～2L/min），有利于试样在中央通道中充分激发，而且耗样量也较少。

⑤ ICP 一般以氩气作为工作气体，由此产生的光谱背景干扰较少。

以上这些分析特性，使得 ICP-AES 具有灵敏度高，检出限低（10^{-9}～10^{-11}g/min），精密度好（相对标准偏差一般为 0.5%～2%），工作曲线线性范围宽，因此同一份试液可用于从宏量至痕量元素的分析，试样中基体和共存元素的干扰小，甚至可以用一条工作曲线测定不同基体试样中的同一元素，这就为光电直读式光谱仪提供了一个理想的光源。

3.1.4 X 射线光电子能谱分析

3.1.4.1 X 射线光电子能谱分析的基本原理

X 射线光电子能谱（XPS，全称为 X-ray photoelectron spectroscopy）是一种基于光电效应的电子能谱，它是利用 X 射线光子激发出物质表面原子的内层电子，通过对这些电子进行能量分析而获得的一种能谱。

当 X 射线与物质相互作用时，物质中原子某壳层的电子被激发，脱离原子而成为光电子。如果这电子是 K 层的，就称它为 1s 电子；如是 L 层的，则有 2s、2p 电子，依此类推。

根据爱因斯坦的光电效应定律，X 射线被自由原子或分子吸收后，X 射线的能量 $h\nu$ 将转变为光电子的动能 E_k 以及激发态原子能量的变化，可以表示为

$$h\nu = E_b + E_k + E_r \tag{3-1}$$

式中　E_r——原子的反冲能；
　　　E_b——电子的结合能；
　　　E_k——光电过程中发射光电子的动能。

这里，原子的反冲能可以按式（3-2）计算，即

$$E_r = \frac{1}{2}(M-m)v^2 \tag{3-2}$$

式中　M，m——原子和电子的质量；
　　　v——激发态原子的反冲速度。

在 X 射线能量不太大时，原子的反冲能近似为

$$E_r = h\nu \frac{m}{M} \tag{3-3}$$

电子的质量 m 相对于原子的质量 M 是很小的，所以 E_r 的数值一般都很小。原子的最大反冲能与 X 射线源及受激原子的原子序数有关，E_r 随原子序数的增大而减小。其中，Al K_α 作为激发源时所引起的反冲能最小，Mg K_α 亦同样，所以在光电子能谱仪中，常用 Al 和 Mg 作 X 射线源，从而 E_r 可以忽略不计。这样，式（3-1）可简化为

$$h\nu = E_b + E_k \tag{3-4}$$

在具体实验过程中，$h\nu$ 是已知的。例如，若用 Mg 靶或 Al 靶 X 射线枪发射的 X 射线，其能量分别为 1235.6eV 和 1484.8eV，电子的动能 E_k 可以实际测得，于是从式（3-4）就

可以计算出电子在原子中各能级的结合能 E_b。而人们也正是利用电子能谱，通过对结合能 E_b 的计算及其变化规律来了解被测样品。

3.1.4.2　电子结合能 E_b

电子结合能 E_b 一般可理解为一束电子从所在的能级转移到不受原子核吸引并处于最低能态时所需克服的能量，或者是电子从结合状态移到无穷远处时所做的功，并假设原子在发生电离时，其他电子仍维持原来的状态。

但是对于固体样品，计算结合能的参照点并不是选用真空中的静止电子，而是选用费米（Fermi）能级。所以固体样品中电子的结合能是指电子从所在能级跃迁到费米能级所需的能量，而不是跃迁到真空静止电子（即不受原子核吸引的自由电子能级）所需的能量。费米能级是相当于温度为绝对零度（0K）时，固体能带中充满电子的最高能级，在绝缘体和半导体中，费米能级是在价带和导带中间的禁带。

然而，电子要脱离原子，还必须从费米能级跃迁到真空静止电子（自由电子）能级，这一跃迁所需的能量称为逸出功，也称为功函数 W_s。这样，对于固体样品来说，X射线的能量被固体吸收后将分配在：①内层电子跃迁到费米能级所需的能量（E_b）；②电子由费米能级进入自由电子能级所需的能量，即克服功函数 W_s；③自由电子所具有的动能（E_k），即

$$h\nu = E_b + E_k + W_s \tag{3-5}$$

图3-3可以表示上述几种能量的关系，在X射线光电子能谱仪中，样品与谱仪材料的功函数的大小是不同的（谱仪材料的功函数为 W'）。但固体样品通过样品台与仪器室接触良好，且都接地，根据固体物理的理论，它们两者的费米能级将处在同一水平。于是，当具有动能 E_k 的电子穿过样品至谱仪入口之间的空间时，受到谱仪与样品的接触电位差 ΔW 的作用，使其动能变成了 E_k'，由图3-3可以看出，有如下的能量关系。

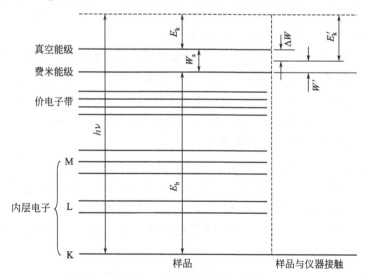

图3-3　固体样品光电子能谱的能量关系示意

$$E_k + W_s = E_k' + W' \tag{3-6}$$

将式（3-6）代入式（3-5）得

$$E_b = h\nu - E_k' - W' \tag{3-7}$$

对一台仪器而言，仪器条件不变时，其功函数 W' 是固定的，在4eV左右。$h\nu$ 是实验时

选用的 X 射线能量，也是已知的。因此，根据式（3-7），只要测出光电子的动能 E'_k，就可以算出样品中某一原子不同壳层电子的结合能 E_b。

3.1.4.3 化学位移

能谱中表征样品芯电子结合能的一系列光电子谱峰称为元素的特征峰。因原子所处化学环境不同，使原子芯电子结合能发生变化，则 X 射线光电子谱峰位置发生移动称为谱峰的化学位移。所谓某原子所处化学环境不同，大体有两方面的含义：一是指与它相结合的元素种类和数量不同；二是指原子具有不同的价态。例如，纯金属铝原子在化学价态上为零价，其 2p 能级电子结合能为 72.4eV；当它经氧化反应化合成 Al_2O_3 后，铝为正三价，由于它的周围环境与单质铝不同，这时 2p 能级电子结合能为 75.3eV，增加了 2.9eV，即化学位移为 2.9eV。随着单质铝表面被氧化程度的提高，表征单质铝的 2p（结合能为 72.4eV）谱线的强度在下降，而表征氧化铝的 2p（结合能为 75.3eV）谱线的强度在上升。这是由于氧化程度提高，氧化质变厚，使下表层单质铝的 2p 电子难以逃逸出的缘故，从而也说明 XPS 是一种材料表面分析技术。

除化学位移外，由于固体的热效应与表面荷电效应等物理因素也可能引起电子结合能改变，从而导致光电子谱峰位移，称为物理位移。在应用 X 射线光电子谱进行化学分析时，应尽量避免或消除物理位移。

3.1.4.4 伴峰和谱峰分裂

能谱中出现的非光电子峰称为伴峰。许多原因可导致能谱中出现伴峰或谱峰分裂现象。伴峰如光电子（从产生处向表面）输运过程中因非弹性散射（损失能量）而产生的能量损失峰，X 射线源（如 Mg 靶的 $K_{\alpha1}$ 与 $K_{\alpha2}$ 双线）的强伴线（Mg 靶的 $K_{\alpha3}$ 与 $K_{\alpha4}$ 等）产生的伴峰，俄歇电子峰等。而能谱峰分裂有多重态分裂与自旋-轨道分裂等。

如果原子、分子或离子价（壳）层有未成对的电子存在，则内层芯能级电离后会发生能级分裂，从而导致光电子谱峰分裂，称为多重分裂。

一个处于基态的闭壳层（闭壳层指不存在未成对电子的电子壳层）原子光电离后，生成的离子中必有一个未成对电子。若此未成对电子角量子数 $l>0$，则必然会产生自旋-轨道偶合（相互作用），使未考虑此作用时的能级发生能级分裂（对应于内量子数 j 的取值 $j=1+1/2$ 和 $j=1-1/2$ 形成双层能级），从而导致光电子谱峰分裂，称为自旋-轨道分裂。

3.1.4.5 元素（及其化学状态）定性分析

用光电子能谱做元素定性分析的基础是测定元素中不同轨道上电子的结合能 E_b，由于不同元素的原子各层能级的电子结合能数值相差较大，给测定带来了极大的方便。由第 2～第 3 周期元素的 K 层电子结合能的数据（表 3-1）可见，相邻元素的原子 K 层 1s 的电子结合能差 ΔE 多数大于 100eV，而它们本身线宽只在 1eV 以下，所以相互间很少干扰，分辨力好。

表 3-1 第 2～第 3 周期元素的 K 层电子结合能　　　单位：eV

Li	Be	B	C	N	O	F	Ne
55	111	188	285	399	532	686	867
Na	Mg	Al	Si	P	S	Cl	Ar
1072	1305	1560	1839	2149	2472	2823	3203

元素（及其化学状态）定性分析即以实测光电子谱图与标准谱图相对照，根据元素特征峰位置（及其化学位移）确定样品（固态样品表面）中存在哪些元素（及这些元素存在于何种化合物中）。标准谱图载于相关手册、资料中。常用的 Perkin-Elmer 公司的《X 射线光电子谱手册》载有从 Li 开始的各种元素的标准谱图（以 Mg K_α 和 Al K_α 为激发源），标准谱图中有光电子谱峰与俄歇谱峰位置并附有化学位移数据。

定性分析原则上可以鉴定除氢、氦以外的所有元素。对物质的状态没有选择，样品需要量很少，可少至 10^{-8} mg，而灵敏度可高达 10^{-18} mg，相对精度可达 1%，因此特别适于做痕量元素的分析。分析时首先通过对样品（在整个光电子能量范围）进行全扫描，以确定样品中存在的元素；然后再对所选择的谱峰进行窄扫描，以确定化学状态。

定性分析时，必须注意识别伴峰、杂质和污染峰（如样品被 CO_2、水分和尘埃等沾污，谱图中出现 C、O、Si 等的特征峰）。定性分析时一般利用元素的主峰（该元素最强、最尖锐的特征峰）。显然，自旋-轨道分裂形成的双峰结构情况有助于识别元素。特别是当样品中含量少的元素的主峰与含量多的另一元素非主峰相重叠时，双峰结构是识别元素的重要依据。

3.1.4.6 元素的定量分析

从光电子能谱测得的信号是该物质含量或相应浓度的函数，在谱图上它表示为光电子峰的面积。虽然目前已有几种 X 射线光电子能谱定量分析的模型，但是影响定量分析的因素相当复杂，有的样品表面组分分布不均匀、样品表面被污染、记录光电子动能差别过大、因化学结合态不同电截面的影响等，这些因素都影响定量分析的准确性。所以在实际分析中用得更多的方法是对照标准样品校正，测量元素的相对含量。

在无机分析中不仅可以测得不同元素的相对含量，还可以测定同一种元素的不同种价态的成分含量。以 MoO_3 为例，它的表面往往被氧化成 MoO_3，为了解其氧化程度，可以选用 C_{1g} 电子谱作参考谱，测 Mo3 $d_{3/2}$ 和 $3d_{5/2}$ 谱线，两谱线的能量间距为 (3.0 ± 0.2) eV。表 3-2 为 MoO_3 中双线谱 MoO_3 及 MoO_2 中 Mo 的 $3d_{3/2}$ 和 $3d_{5/2}$ 的电子结合能。

表 3-2 MoO_3 及 MoO_2 中 Mo 的 $3d_{3/2}$ 和 $3d_{5/2}$ 的电子结合能　　　　单位：eV

电子结合能	Mo $3d_{3/2}$	Mo $3d_{5/2}$
MoO_3	235.6	232.5
MoO_2	233.9	230.9

可见 MoO_3 和 MoO_2 的 Mo3d 电子结合能有 1.7eV 的化学位移。根据这种化学位移可以区别氧化钼混合物中不同价态的钼。如果作 MoO_3/MoO_2 不同掺量比的校正曲线，就可以定出混合物中 MoO_3 的相对含量。

3.1.4.7 化学结构分析

化合物的结构与它的物理性能和化学性能有密切关联，X 射线光电子能谱可以直接测量原子内壳层电子的结合能化学位移，来研究化合物的化学键和电荷分布。

例如用 X 射线光电子能谱测定硫代硫酸钠的结构。已知 $Na_2S_2O_3$ XPS 结果中有 S 2p1/2 和 S 2p3/2 双线，这两重双线代表两种不同化学环境的 S 原子，它们的 S 2p 电子结合能之间有 6.0 eV 的化学位移。用同样的方法发现两种硫的 1s 电子结合能有 7.0eV 的化学位移，2s 电子结合能有 5.8eV 的化学位移，从而可以证实硫代硫酸钠的分子结构。

氧的电负性高于硫，因此中心硫原子带正电，它的结合能高，配位硫原子带负电荷，结合能低，它们的价态分别为＋6价和－2价。这就是由于两种硫原子所处的化学环境不同而造成内壳层电子结合能的化学位移，利用它可以推测出化合物的结构。

不同 X 射线引起的原子反冲能见表 3-3。

表 3-3　不同 X 射线引起的原子反冲能　　　　单位：eV

原子	X 射线源		
	Ag K$_\alpha$	Ru K$_\alpha$	Al K$_\alpha$
H	16	5	0.9
Li	2	0.8	0.1
Na	0.7	0.2	0.04
K	0.4	0.1	0.02
Rb	0.2	0.06	0.01

对于固体样品，X 射线光电子平均自由程只有 0.5～2.5nm（对于金属及其氧化物）或 4～10nm（对于有机物和聚合材料），因而 X 射线光电子能谱法是一种表面分析方法。以表面元素定性分析、定量分析、表面化学结构分析等基本应用为基础，可以广泛应用于表面科学与工程领域的分析和研究工作，如表面氧化（硅片氧化层厚度的测定等）、表面涂层、表面催化机理等的研究，表面能带结构分析（半导体能带结构测定等）以及高聚物的摩擦带电现象分析等。

X 射线光电子能谱法还具有如下优点：

①它是一种无损分析方法（样品不被 X 射线分解）；②它是一种超微量分析技术（分析时所需样品量少）；③它是一种痕量分析方法（绝对灵敏度高）。但 X 射线光电子能谱分析相对灵敏度不高，只能检测出样品中含量在 0.1% 以上的组分。

3.1.4.8　应用实例分析

利用微乳液辅助溶剂热法合成了 $ZnMn_2O_4/Mn_2O_3$ 复合材料，采用 XPS 对其表面元素的氧化价态和化学组成进行了测试，并使用 XPS 分峰拟合软件进行拟合分析。从图 3-4 中可以看到，样品中存在 Zn、Mn 和 O 以及 C 四种元素。位于 284.4 eV 和 285.5 eV 之间的 C1s 的信号有两方面原因：一方面，它作校正用；另一方面，证明在样品中有相应的碳氧化合物的存在，例如以 C═O 和 C—O—C 的形式存在，这将有利于改善电极材料的电子传导性。同时，Zn 2p$_{1/2}$ 和 Zn 2p$_{3/2}$ 对应的两个峰分别具有的结合能为 1044.18 eV 和 1021.08 eV，并且这两个峰之间的结合能差为 23.1 eV。Mn 2p$_{1/2}$ 和 Mn2p$_{3/2}$ 对应的两个峰位于 653.5 eV 和 641.5 eV 处，对 Mn 2p$_{3/2}$ 特征峰进行分峰拟合，表明存在 Mn 的两个价态，进一步证明 $ZnMn_2O_4/Mn_2O_3$ 复合材料的存在。此外，从 O 1s 能谱中可以看出，样品中有两种氧原子；其中一种位于 532.0 eV，对应于 $ZnMn_2O_4/Mn_2O_3$ 中的晶格氧；而另一种位于 529.7 eV 处，是典型的金属氧键。

3.1.5　X 射线荧光光谱分析

3.1.5.1　X 射线荧光光谱分析的原理

试样受 X 射线照射后，其中各元素原子的内壳层（K 层、L 层或 M 层）电子被激发出原子而引起电子跃迁，并发射出该元素的特征 X 射线荧光。每一种元素都有其特定波长的

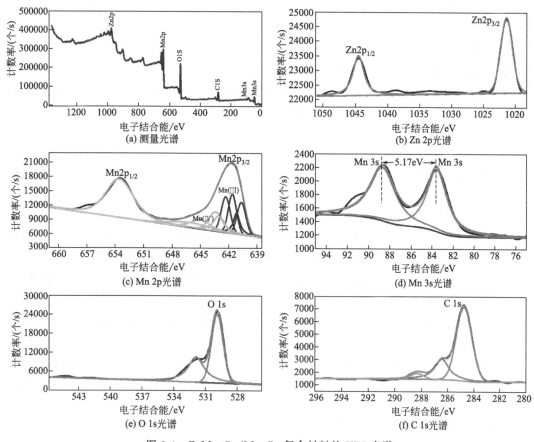

图 3-4　$ZnMn_2O_4/Mn_2O_3$ 复合材料的 XPS 光谱

特征 X 射线。

通过测定试样中特征 X 射线的波长，便可确定存在何种元素，即为 X 射线荧光光谱定性分析。

元素特征 X 射线的强度与该元素在试样中的原子数量（即含量）成比例，因此，通过测量试样中某元素特征 X 射线的强度，采用适当的方法进行校准与校正，便可求出该元素在试样中的含量，即为 X 射线荧光光谱定量分析。

3.1.5.2　X射线荧光光谱分析的特点

能够精确地检出 Al、S、Cl 等轻元素，其他元素 Fe、Cu、Zn、Cd、Cr、Mn、Nb、P、Ti、V、Y、Zr 等，成分范围包括了元素周期表中的 Be～U。常规分析一般只包括原子序数≥11（Na）的元素，其他元素只在特定情况下才能测定（如钢铁中的 C 等）。浓度范围为 10^{-6}～100%；测量元素含量范围宽，为 10^{-6}～100%；分析试样物理状态不做要求，固体、粉末、晶体、非晶体均可；不受元素化学状态的影响；属于物理过程的非破坏性分析，试样不发生化学变化的无损分析；可以进行均匀试样的表面分析。

3.1.5.3　X射线荧光光谱的应用

X 射线荧光光谱分析广泛应用于地质、冶金、矿山、电子机械、石油、化工、航空航天、农业、生态环境、建筑、商检等领域的材料化学成分分析。

直接分析对象如下。

① 块状样品（规则或不规则均可），比如：钢铁，有色行业（纯金属或多元合金等），金饰品等。

② 线状样品，包括线材，可以直接测量。

③ 钻削，不规则样品，可以直接测量。

④ 矿物、陶瓷、水泥（生料、熟料、原材料、成品等）、泥土、粉末冶金、铁合金或少量稀松粉末，可以直接测量，也可压片测量或制成玻璃熔珠。

⑤ 稀土。

3.2 结构分析

3.2.1 X射线衍射分析

1912 年，劳厄等人根据理论预见，证实了晶体材料中相距几十到几百皮米（pm）的原子是周期性排列的；这个周期排列的原子结构可以成为 X 射线衍射的"衍射光栅"；X 射线具有波动特性，是波长为几十到几百皮米的电磁波，并具有衍射的能力。这一实验成为 X 射线衍射学的第一个里程碑。

当一束单色 X 射线入射到晶体时，由于晶体由原子规则排列成的晶胞组成，这些规则排列的原子间距离与入射 X 射线波长有 X 射线衍射分析相同的数量级，故由不同原子散射的 X 射线相互干涉，在某些特殊方向上产生强 X 射线衍射，衍射线在空间分布的方位和强度，与晶体结构密切相关，每种晶体所产生的衍射花样都反映出该晶体内部的原子分配规律，这就是 X 射线衍射的基本原理。

根据 X 射线照射晶体发生干涉、产生衍射的条件，可设计出三种最基本的产生衍射的方法：转动晶体法、粉末衍射法和劳厄法，见表 3-4。它们是根据倒易点阵与厄瓦尔德球面相交，满足劳厄条件从而产生衍射的原理设计出来的。

表 3-4　X射线衍射分析方法

衍射方法	实验条件	倒易点阵与厄瓦尔德球面相交	满足布拉格方程 $2d\sin\theta=\lambda$
转动晶体法	单色 X 射线照射转动的单晶试样	厄瓦尔德球半径(1/λ)不变,倒易点阵绕 θ 旋转	λ 不变,改变入射线与晶面的交角 θ,满足不同晶面间距 d
粉末衍射法	单色 X 射线照射粉末或多晶试样	厄瓦尔德球半径(1/λ)不变,粉末或多晶试样中有许多随机取向的小晶粒,有许多倒易点阵	λ 不变,粉末或多晶试样中有许多随机取向的小晶粒,其入射线与晶面的交角 θ 和晶面间距 d 满足 $2d\sin\theta=\lambda$
劳厄法	连续 X 射线照射单晶试样	厄瓦尔德球半径(1/λ)连续改变,不断有倒易点阵点与厄瓦尔德球相遇	入射线与晶面的交角 θ 不变,连续改变 λ,使不同晶面(晶面间距 d)满足布拉格方程 $2d\sin\theta=\lambda$

（1）转动晶体法（转晶法）　单色 X 射线照射转动的单晶试样，相当于厄瓦尔德球半径（1/λ）不变，晶体旋转，倒易点阵绕 θ 旋转，不断有倒易点阵点与厄瓦尔德球相遇，产生衍射；也可解释为在布拉格方程中，λ 不变，改变入射线与晶面的交角 θ，使不同晶面（晶面间距 d）满足布拉格方程 $2d\sin\theta=\lambda$ 而产生衍射。

（2）粉末衍射法（粉末法）　单色 X 射线照射粉末或多晶试样，相当于厄瓦尔德球半径（1/λ）不变，粉末或多晶试样中有许多随机取向的小晶粒，有许多倒易点阵，总会有一些倒易点阵与厄瓦尔德球相遇，产生衍射。也可解释为在布拉格方程中，λ 不变，粉末或多晶试样中有许多随机取向的小晶粒，其入射线与晶面的交角 θ 和晶面间距 d 满足布拉格方程 $2d\sin\theta=\lambda$ 而产生衍射。

（3）劳厄法　连续 X 射线照射单晶试样，相当于厄瓦尔德球半径（$1/\lambda$）连续改变，不断有倒易点阵点与厄瓦尔德球相遇，产生衍射；也可解释为在布拉格方程中，入射线与晶面的交角 θ 不变，连续改变 λ，使不同晶面（晶面间距 d）满足布拉格方程 $2d\sin\theta=\lambda$ 而产生衍射。

随着科学技术的发展，在使用照相底片探测记录衍射线的基础上，又发展了用 X 射线探测器和测角仪来探测衍射线的强度及位置的方法，即衍射仪法。

X 射线衍射仪法用 X 射线探测器和测角仪来探测衍射线的强度及位置，并将它们转化为电信号，然后借助于计算机技术对数据进行自动记录、处理和分析。衍射仪的灵敏度和测量精度都很高，且随着计算机技术的普及，现代的衍射仪已向全自动方向发展，并配有各种软件和数据库，能自动收集、处理衍射数据和作图，数据处理和分析能力越来越强，因而应用也越来越广。衍射仪按其结构和用途不同，主要可分为测定粉末试样的粉末衍射仪和测定单晶结构的四圆衍射仪，此外还有微区衍射仪和双晶衍射仪等特种衍射仪。

用照相底片探测记录衍射线可直观给出衍射花样（衍射线或斑点的分布）和强度特征，特别适合晶体的初步探测，如了解对称性等。照相法设备简单，操作简便。近年来发展了计算机指标化技术和强度的自动测光密度分析，大大提高了照相法收集衍射数据的价值。劳厄法、转动晶体法等是用于单晶体研究的照相方法；德拜-谢乐法是用于粉末多晶体研究的照相方法。

20 世纪 50 年代以来随着半导体技术的开发，使大块完整单晶的生产工艺问题得到了解决，促进了完整和近完整晶体的动力学衍射研究。在观测近完整晶体缺陷的基础上，发展起各种衍衬相技术（如取向衬度貌相术、透射投影貌相术、双晶貌相术和异常透创貌相术等），它们代表了新一代的研究方法正以迅速的步伐跨进目前的 X 射线衍射实验室。70 年代以来各种大功率 X 射线源尤其是同步辐射源的广泛应用，使经典的 X 射线分析方法在材料科学等领域中发挥出巨大潜力。

3.2.1.1　多晶体材料衍射分析研究方法

对多晶体和粉末材料的 X 射线衍射分析研究，主要是进行物相定性和定量分析，测定晶体结构，精密测定晶格常数、晶粒大小及应力状态等。

对多晶体和粉末材料的 X 射线衍射分析研究方法，是采用单色 X 射线照射多晶体或粉末试样的衍射方法。若用照相底片来记录衍射图，则称为粉末照相法，简称粉末法或粉晶法。主要有德拜-谢乐法、针孔照相法等；若用 X 射线探测器和测角仪来记录衍射图，则称为衍射仪法。由于 X 射线衍射仪法用 X 射线探测器和测角仪来探测衍射线的强度和位置，并将它们转化为电信号，然后借助于计算机技术对数据进行分析和处理（目前常用的软件有 high score 和 MDI Jade），具有灵敏度和测量精度高，数据处理和分析能力强的特点，因而得到广泛应用。所以在此只介绍衍射仪法，即粉末衍射仪法。

3.2.1.2　多晶体或粉末衍射原理

粉末试样或多晶体试样是由无数多的小晶粒（小晶体）构成的。当一束单色 X 射线照射到试样上时，对每一族晶面（hkl）而言，总有某些小晶体，其（hkl）晶面簇与入射线的方位角 θ 正好满足布拉格条件而产生反射。由于试样中小晶粒的数目很多，满足布拉格条件的晶面簇（hkl）也很多，它们与入射线的方位角都是 θ，从而可以想象成为是由其中的一

个小晶粒的 (hkl) 晶面以入射线为轴旋转而得到的。于是可以看出它们的反射线将分布在一个以入射线为轴、以衍射角 2θ 为半顶角的圆锥面上。不同晶面簇的衍射角不同，衍射线所在的圆锥的半顶角也就不同。各个不同晶面簇的衍射线将共同构成一系列以入射线为轴的同顶点的圆锥。

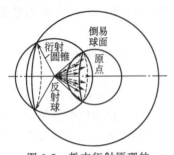

图 3-5　粉末衍射原理的厄瓦尔的图解

应用厄瓦尔德图解法也很容易说明粉末衍射的这种特征。由于粉末试样相当于一个单晶体绕空间各个方向进行旋转，因此在倒易空间中，一个倒结点 P 将演变成一个倒易球面。很多不同的晶面就对应于倒易空间中很多同心的倒易球面。这些倒易球面与反射球相截于一系列的圆上，而这些圆的圆心都是在通过反射球心的入射线上。于是，衍射线就在反射球球心与这些圆的连线上，也即在以入射线为轴、以各族晶面的衍射角 2θ 为半顶角的一系列圆锥面上，如图 3-5 所示。

3.2.1.3　衍射仪的构造

衍射仪与照相法的衍射原理是相同的，只是衍射仪使用一个绕轴转动的探测器代替了照相底片，并应用了一种不断变化聚焦圆半径的聚焦法原理，采用了线状的发散光源和平板状试样，使衍射线具有一定的聚焦作用，增强了衍射线的强度。

如图 3-6 所示是衍射仪的原理，衍射仪由 X 射线机、测角仪和数据记录系统等组成。

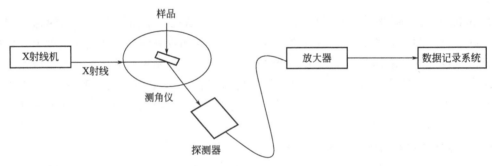

图 3-6　衍射仪的原理示意

3.2.1.4　衍射仪的工作方式

(1) 连续扫描　使探测器以一定的角速度在选定的角度范围内进行连续扫描，通过探测器将各个角度下的衍射强度记录下来，画出衍射图谱。从衍射图上可方便地看出衍射线的峰位、线形和强度等。扫描速度一般有每分钟 4°、2°、1°、0.5°、0.25°、0.125°、0.0625° 等几挡可供选择。

连续扫描法的优点是快速而方便，但由于机械运转及计数率仪的滞后效应和平滑效应，使记录纸上描出的衍射信息总是落后于探测器接收到的信息，造成衍射线峰位向扫描方向移动、分辨力降低、线形畸变等。当扫描速度快时，这些缺点尤为明显。

(2) 步进扫描　步进扫描又称阶梯扫描，也就是使探测器以一定的角度间隔（步长）逐步移动，对衍射峰强度进行逐点测量。探测器每移动一步，就停留一定的时间，并以定标器测定该时间段内的总计数，再移动一步，重复测量。通常工作时，取的步长为 0.2° 或 0.5°。

与连续扫描法相比，步进扫描无滞后及平滑效应，因此衍射线峰位正确、分辨力好。而且由于每步停留时间是任选的，故可选得足够长，使总计数的值也足够大，以使计数的均方偏差足够小，减少统计涨落对强度的影响。

3.2.1.5 单晶体材料衍射分析研究方法

对单晶体的衍射研究主要是观测晶体的对称性、鉴定晶体是否是单晶、确定晶体的空间群、测定试样的晶胞常数、测定晶体的取向及观测晶体的完整性等方面。

对单晶体的衍射研究方法同样分为照相法和衍射仪法。照相法有劳厄法、转动晶体法、魏森堡照相法和旋进照相法等。衍射仪法是采用四圆衍射仪。其中劳厄法主要用来测定晶体的取向，还可以用来观测晶体的对称性，鉴定晶体是否是单晶以及粗略地观测晶体的完整性；转动晶体法主要用来测定单晶试样的晶胞常数，还可用来观察晶体的系统消光规律，以确定晶体的空间群。劳厄法虽然是一种传统的方法，但在一般的确定晶体取向的工作中还经常使用，尤其是配以 CCD 图像采集系统以后，劳厄法又重新得到了广泛的应用。单晶四圆衍射仪法能够完成照相法的所有工作，并同样具有衍射仪精确度高、数据处理能力强的特点。所以在此仅介绍劳厄法和四圆衍射仪。

（1）劳厄法 劳厄法是用连续 X 射线照射固定单晶，用照相底片记录衍射花样的方法。在 X 射线衍射历史上第一张衍射花样照片就是由劳厄用这种方法得到的，因此得名。

① 劳厄相机 劳厄相机有透射和背射两种。为提高连续谱线的强度，可选用原子序数 Z 较高的阳极（如 W 靶），并提高管电压（30kV～70kV）。X 射线照射在样品上产生衍射，在透射和背射位置的底片上产生衍射斑点（称劳厄斑点）。

② 劳厄衍射花样 在劳厄法中，由于入射线束中包含着从短波极限开始的各不同波长的 X 射线，每一族晶面仍可以选择性地反射其中满足布拉格公式的特殊波长的 X 射线。这样，不同的晶面簇都以不同方向反射不同波长的 X 射线，从而在空间形成很多衍射线，它们与底片相遇，就形成许多劳厄斑点。

劳厄斑点都分布在一系列曲线上。在透射劳厄图中，斑点分布在一系列通过底片中心的椭圆或双曲线上；而在背射劳厄图中，斑点分布在一系列双曲线上。实际上，同一曲线上的斑点，是由于同一晶带的各个晶面反射产生的，这是因为同一晶带的各个晶面的反射线，是以晶带轴为轴，以晶带轴与入射线的夹角 α 为半顶角的一个圆锥上的，因此当它们与底片平面相交时就形成圆锥曲线上的劳厄斑点。当晶带轴与入射线的夹角 $\alpha<45°$ 时，所得圆锥曲线为椭圆；当 $\alpha=45°$ 时，得到抛物线；$\alpha>45°$ 时，为双曲线；当 $\alpha=90°$ 时，则圆锥面变为平面，所以劳厄斑点就分布在过底片中心的直线上。

根据劳厄斑点位置，可以用下列公式直接求出对应的晶面的布拉格角，在透射法中为

$$\tan 2\theta = \frac{r}{D} \tag{3-8}$$

式中 r——斑点与底片中心（即入射光束与底片的相交）的距离；
　　　D——试样与底片的距离。

在背射法中为

$$\tan(180°-2\theta) = \frac{r}{D} \tag{3-9}$$

式中 r——斑点与底片中心的距离，底片中心取在光栅的圆形螺母的影子的圆心上；
　　　D——试样与底片的距离。

③ 劳厄花样的指数标定 在用劳厄法测定晶体取向等工作中，需确定劳厄斑点两对应

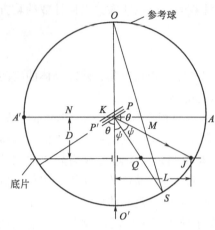

图 3-7 背射劳厄法劳厄斑与其相应
反射晶面极射赤面投影的几何关系

晶面，并以其晶面指数标识斑点。通常把确定各种衍射图上衍射斑点或衍射线的衍射指数的工作称为衍射图的指数标定或指标化。劳厄图的指数标定主要是用尝试法，为此，必须先把劳厄图转化为极射赤面投影。

a. 劳厄斑与其相应反射晶面极射赤面投影的关系 背射劳厄法劳厄斑与其相应反射晶面极射赤面投影的几何关系如图 3-7 所示。入射线（$O'O$）照射单晶样品（K）使其某组晶面（$P'P$）产生反射，反射线 KJ 与底片相交形成劳厄斑 J。按如下关系作 $P'P$ 的极射赤面投影：以 K 为球心，任意长为半径作参考球，$P'P$ 法线 KS 与参考球的交点 S 即为 $P'P$ 的球投影（极点）；以过 K 点且平行于底片的平面 $A'A$ 为投影平面（赤道平面），以 O 为投射点，则 OS 与

$A'A$ 的交点（S 在 $A'A$ 上的投影）M 为晶面 $P'P$ 的极射赤面投影。

由图 3-7 可知，球投影 A 与 S 的夹角 $\angle AKS = 90° - \angle O'KS = 90° - \psi = \theta$。由于 A 与 M 分别是球投影 A 与 S 的极射赤面投影，因而用乌氏网测量 A 与 M 两点距离（即 A 与 M 的夹角）应等于 AM。

综上分析，由劳厄斑确定其相应反射晶面极射赤面投影（即作劳厄斑的极射赤面投影）的步骤可归纳为：测量劳厄斑至底片中心距离，按式（3-9）计算 θ 角；将描有劳厄斑点 J 及底片中心的透明纸放在乌氏网上，使底片中心与乌氏网中心重合；转动透明纸，使 J 落在乌氏网赤道直线（赤道平面直径）上；由乌氏网赤道直线边缘（端点）向中心方向量出 θ 度，所得的点即为该劳厄斑点 J 相应反射晶面的极射赤面投影 M。

劳厄花样指数标定时要将底片上若干斑点（通常在底片上取三四条晶带曲线，每条曲线上取三四个清楚的斑点）逐个按上述步骤作各自的极射赤面投影。

除根据图 3-7 所示关系按上述步骤作劳厄斑的极射赤面投影外，也可应用格伦尼格表（格氏网）作劳厄斑的极射赤面投影。

b. 劳厄花样的指数标定 作底片上若干劳厄斑的极射赤面投影，在一套标准上一一照，一旦找到对应关系，即所有劳厄斑的极射赤面投影与某标准极图上的若干投影点一一重叠，则可按该标准极图各投影点指数一一标记劳厄斑指数。

由于各标准极图分别以（001）、（011）等低指数重要晶面为投影平面，而由劳厄斑确定其极射赤面投影时以平行于底片的平面为投影平面。除非巧合，底片（平面）放置时一般不与样品中（001）、（011）等晶面平行，因而上述比较对照一般难于直接得到结果。为此，需将所作劳厄斑的极射赤面投影进行投影变换，然后重复上述对照比较工作。如仍不能得出结果，则需再次进行变换。一般情况下，底片上强劳厄斑点或位于两条或多条晶带曲线交点位置上的斑点相应的晶面往往是低指数晶面，因而可取其中任一点的极射赤面投影点，以其相应晶面作为新投影面，进行一次投影变换。

（2）四圆衍射仪 前面讲的粉末衍射仪属于两圆衍射仪，即只有计数管的旋转圆（2θ）和试样台的一个旋转圆（θ）。在进行单晶体结构分析时，要收集晶体在空间各个方向的衍射数据，这时要用四圆衍射仪。

在四圆衍射仪中，除计数管可以绕 2θ 旋转外，试样台可以绕 θ、χ、φ 三个圆转动，如图 3-8（a）所示。这种衍射仪大都由计算机控制，能自动记录空间各个方向的衍射强度数据。

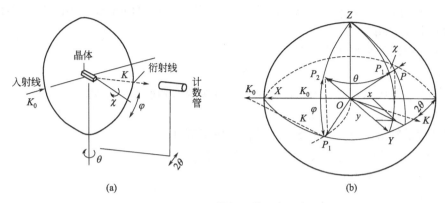

图 3-8　四圆衍射仪及其衍射几何

若令入射方向为 X 轴，θ 或 2θ 圆的转动方向为 Z 轴，$\theta=0$ 时，X 圆平行于 YZ 平面。假设某晶面经过四个圆的适当转动后处于衍射位置，则与此晶面对应的倒易结点 P 在转动前的直角坐标（x，y，z）可从转动 χ、φ、θ 按式（3-10）算出，即

$$x = |\boldsymbol{R}^*| \cos\chi \sin\frac{\varphi}{\lambda}$$

$$y = |\boldsymbol{R}^*| \cos\chi \cos\frac{\varphi}{\lambda} \qquad (3\text{-}10)$$

$$z = |\boldsymbol{R}^*| \sin\chi$$

式中　$\boldsymbol{R}^*$——与该晶面对应的倒易结点矢量。

由于衍射条件满足时，$|\boldsymbol{R}^*| = 2\sin\theta/\lambda$，所以有

$$x = 2\sin\theta\cos\chi\sin\frac{\varphi}{\lambda}$$

$$y = 2\sin\theta\cos\chi\cos\frac{\varphi}{\lambda} \qquad (3\text{-}11)$$

$$z = 2\sin\theta\sin\frac{\chi}{\lambda}$$

上述关系可根据图 3-8（b）的衍射几何求得。

当测得三个不共面的倒易点阵基矢后，就可决定倒易点阵原胞，然后把全部倒易点阵指标化，并根据其强度，可算出晶体结构。

计算机程序分析与应用：对于 X 射线衍射分析最常用的分析——物相分析、测定结构、测定晶粒度等，目前常用的分析软件有以下四种。

① Pcpdgwin　该软件是最原始的。它是在衍射图谱标定以后，按照 d 值检索。一般可以有限定元素、按照三强线、结合法等方法。所检索出的卡片大多时候不对，一张复杂的衍射谱有时候需一天的时间。

② Search Match　可以实现和原始实验数据的直接对接，可以自动或手动标定衍射峰的位置。对于一般的图都能很好地分析。而且有几个小工具使用很方便，如放大功能、十字定位线、坐标指示按钮、网格线条等。最重要的是它有自动检索功能，可以很方便地检索出要找的物相。也可以进行各种限定以缩小检索范围。如果对于分析的材料较为熟悉的话，对

于一张含有四相、五相的图谱检索仅需 3nin，效率很高，而且它还有自动生成实验报告的功能。

③ High Score　几乎 Search Match 中所有的功能，High Score 都具备，而且它比 Search Match 更实用。

a. 它可以调用的数据格式更多。

b. 窗口设置更人性化，用户可以自己选择。

c. 谱线位置的显示方式，可以让使用者更直接地看到检索的情况。

d. 手动加峰或减峰更加方便。

e. 可以对衍射图进行平滑等操作，使衍射图更漂亮。

f. 可以更改原始数据的步长、起始角度等参数。

g. 可以进行 0 点的校正。

h. 可以对峰的外形进行校正。

i. 可以进行半定量分析。

j. 物相检索更加方便，检索方式更多。

k. 可以编写批处理命令，对于同一系列的衍射图，一键完成。

④ MDI Jade　与 High Score 相比，MDI Jade 自动检索功能稍差，但它具有比之前更多的功能。

a. 衍射数据基本处理，包括寻峰、峰形拟合、图谱平滑、扣除背底、扣除 K_{a2}，它还可以进行衍射峰的指标化等。

b. 物相分析，包括定性分析和定量分析。

c. 查找 PDF 卡片。

d. 进行晶格参数的计算。

e. 根据标样对晶格参数进行校正。

f. 计算晶粒大小及微观应变。

g. 计算残余应力。

h. 计算结晶化度。

i. 计算峰的面积、重心。

j. 出图更加方便，可以在图上进行随意编辑。

通过上述软件可以进行数据平滑、背底的测定与扣除、寻峰、峰位及峰形参数的测定等操作。从而进行物相分析、晶胞参数的精确测定；也可以根据谢乐公示 $D_{hkl} = K\lambda/\beta\cos\theta$ 测定晶粒尺寸；还可以计算晶粒大小、微观应变及其结晶度。

在上述四种软件中，MDI Jade 的应用最为普遍，关于 MDI Jade 的详细使用请参阅《MDI Jade 使用手册》。

3.2.2　傅里叶红外光谱分析

当光波和物质相互作用时，会引起物质分子或原子基团的振动，从而产生对光的吸收。记录透射光的辐射强度与波长的关系曲线，就得到振动光谱（吸收光谱）。如果入射光波在红外光范围，即 $0.75\sim1000\mu m$，则称为红外吸收光谱；如果入射光波是单色光，则称为拉曼光谱。这两种方法在产生光谱的机理上是有差别的，红外光谱是直接观察样品分子对辐射能量的吸收情况，而拉曼光谱是由分子对单色光的散射引起的拉曼效应产生的，它是间接观察分子的振动跃迁。

当物质受到频率连续变化的红外光照射时，分子吸收了某些频率的辐射，并由其振动或转动引起偶极矩的净变化，产生分子振动和转动能级从基态到激发态的跃迁，得到分子振动能级和转动能级变化产生的振动-转动光谱，又称为红外光谱（infrared spectroscopy，IR），红外光谱属于分子吸收光谱的范畴。随着计算机科学的进步，1970 年以后出现了傅里叶变换型红外光谱仪。

红外光谱作为"分子的指纹"，广泛应用于分子结构和物质化学组成的研究。根据分子对红外光吸收后得到谱带频率的位置、强度、形状以及吸收谱带和温度、聚集状态等的关系，便可确定分子的空间构形，求出化学键的力常数、键长和键角。从光谱分析的角度看主要是利用特征吸收谱带的频率推断分子中存在某一基团或键，由特征吸收带频率的变化推测临近的基团或键，进而确定分子的化学结构，也可以由特征吸收谱带强度的改变对混合物及化合物进行定量分析。

3.2.2.1 红外光

红外光和可见光一样都是电磁波，是波长介于可见光和微波之间的一段电磁辐射区。现在已经知道电磁波包括了波长从 $10^{-12} \sim 10^6 \mathrm{cm}$ 之间的多种形式，按波长由小到大顺序依次分成宇宙射线、γ 射线、X 射线、紫外线、可见光、红外线、微波以及无线电波，其中的红外光波长范围为 $0.75 \sim 1000 \mu m$。红外光又可依据波长范围进一步分成近红外、中红外和远红外三个波区，根据分子对它们的吸收特征也可称作泛音区、基频区和转动区。其波长和波数范围如表 3-5 所列。

表 3-5　红外光的波长和波数范围

名称	波长/μm	波数/cm^{-1}
近红外(泛音区)	$0.75 \sim 2.5$	$13334 \sim 4000$
中红外(基频区)	$2.5 \sim 25$	$4000 \sim 400$
远红外(转动区)	$25 \sim 1000$	$400 \sim 10$

中红外区（$2.5 \sim 25 \mu m$，$4000 \sim 400 \mathrm{cm}^{-1}$）能很好地反映分子内部所发生的各种物理过程以及分子结构方面的特征，对解决分子结构和化学组成中的各种问题最为有效，因而中红外区是红外光谱中应用最广的区域，一般所说的红外光谱大都是指这个范围的光谱。

除传统的结构解析外，红外吸收及发射光谱法用于复杂样品的定量分析，显微红外光谱法用于表面分析，全反射红外以及扩散反射红外光谱法用于各种固体样品分析等方面的研究也不断增多。近红外仪器与紫外-可见分光光度计类似，有的紫外-可见分光光度计直接可以进行近红外区的测定。其主要应用是工农业产品的定量分析以及过程控制等。远红外区可用于无机化合物研究等。利用计算机的三维绘图功能（习惯上把数学中的三维在光谱中称为二维）给出分子在微扰作用下用红外光谱研究分子相关分析和变化，这种方法称为二维红外光谱法。二维红外光谱是提高红外谱图的分辨能力、研究高聚物薄膜的动态行为、液晶分子在电场作用下的重新定向等的重要手段。

3.2.2.2 红外光谱图

当样品受到频率连续变化的红外光照射时，分子吸收某些频率的辐射，产生分子振动能级和转动能级，从基态到激发态的跃迁，便相应于这些吸收区域的透射光强度减弱，记录红外光的透过率与波数或波长关系曲线，就得到红外光谱图。红外光谱图通常以红外光通过样品的透过率（$T\%$）或吸光度（A）为纵坐标，以红外光的波数 ν 或波长 λ 为横坐标。

　　红外光谱图一般要反映四个要素，即吸收谱带的数目、位置、形状和强度。由于每个基团的振动都有特征振动频率，在红外光谱中表现出特定的吸收谱带位置，并以波数 cm^{-1} 表示。因此，红外光谱图中吸收峰在横轴的位置、吸收峰的形状和强度可以提供化合物分子结构信息，用于物质的定性和定量分析。在鉴定化合物时，谱带位置（波数）常常是最重要的参数。如 OH^- 的吸收波数为 $3650 \sim 3700 cm^{-1}$，而水分子的吸收在较低的波数，为 $3450 cm^{-1}$ 左右。关于谱带的形状，如果所分析的化合物较纯，则它们的谱带较尖锐，对称性好。若所分析的样品为混合物，则有时出现谱带的重叠、加宽，对称性也被破坏。对于晶体固态物质，其结晶的完整性程度也会影响谱带形状。

　　红外光的透过率（$T\%$）为入射光被样品吸收后透过光的强度与入射光强度之比。

$$T\% = \frac{I}{I_0} \times 100\% \tag{3-12}$$

$$A = \lg\left(\frac{I}{T}\right) = \lg\left(\frac{I_0}{I}\right) = kb \tag{3-13}$$

式中　A——吸光度或摩尔吸收系数；

　　I_0，I——入射光和透射光的强度；

　　　T——透过率；

　　　b——样品厚度，cm；

　　　k——吸收系数，cm^{-1}。

　　物质的红外光谱反映分子结构的信息，谱图中的吸收峰与分子中各基团的振动形式相对应。多原子分子的红外光谱与其结构的关系，一般通过实验手段获得，即通过比较大量已知化合物的红外光谱，从中总结出各种基团的振动频率变化的规律。结果表明，组成分子的各种基团如 C—H、O—H、N—H、C≡C、C≡O 等，都有自己特定的红外吸收区域，分子的其他部分对其吸收带位置的影响较小。通常把这种能代表基团存在并有较高强度的吸收谱带称为基团特征频率，其所在的位置一般又称为特征吸收峰。只要掌握了各种官能团的特征频率及其位移规律，就可以应用红外光谱来确定化合物中官能团的存在及其在化合物中的相对位置。

　　红外光谱（中红外）的工作范围一般是 $4000 \sim 400 cm^{-1}$，常见官能团都在这个区域产生吸收带。按照红外光谱与分子结构的关系可将整个红外光谱区分为特征谱带区（$4000 \sim 1300 cm^{-1}$）和指纹（$1300 \sim 400 cm^{-1}$）两个区域。

　　（1）特征谱带区（$4000 \sim 1300 cm^{-1}$）　也称为官能团区、基团频率区。在此波长范围的振动吸收数较少，多数是 X—H 键（X 为 N、O、C 等）和有机化合物中 C≡O、C≡C、C≡N 等重要官能团才在这个范围内有振动。在无机化合物中，除 H_2O 分子及 O—H 键外，CO_2、CO_3^{2-}，N—H 等少数键在此范围内也有振动吸收。

　　（2）指纹区（$1300 \sim 400 cm^{-1}$）　无机化合物的基团振动大多产生在这个波长范围内。对有机化合物来说，有许多键的振动频率相近，强度差别也不大，而且原子量也相似，谱带出现的区域就相近。因此在中红外谱上这个区域的吸收带数量密集而复杂，各种化合物在结构上的微小差别在这里都可以区别出来，如人的指纹各不相同，因而把它称作指纹区。又因为每个基团常有几种振动形式，每种红外活性的振动通常都相应产生一个吸收谱带，在习惯上把这种相互依存而且可估证的吸收谱带称为相关谱带。如图 3-9 是水的振动与相关谱带，不对称振动 V_{as} 为 $3756 cm^{-1}$；对称振动 V_s 为 $3657 cm^{-1}$；弯曲振动 δ 为 $1595 cm^{-1}$。

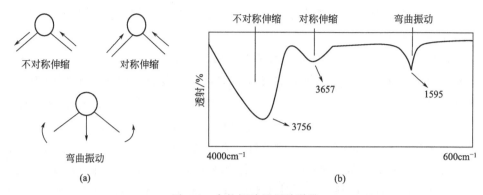

图 3-9 水的振动及相关谱带

测定红外光谱的仪器称为红外分光光度计。红外分光光度计可分为两大类，即色散型和干涉型。色散型又有棱镜分光型和光栅分光型，干涉型为傅里叶变化红外光谱仪（FTIR）。

目前几乎所有的红外光谱仪都是傅里叶变换型的。色散型仪器扫描速度慢，灵敏度低，分辨率低，因此局限性很大。傅里叶变化红外光谱仪（FTIR）的工作原理与色散型的红外分光光度计是完全不同的，它没有单色器和狭缝，是利用一个麦克耳逊干涉仪获得入射光的干涉图，再通过数据运算（傅里叶变换）把干涉图变成红外光谱图。

下面主要介绍红外光谱仪测定储能材料时常用的一种样品制备方法。

3.2.2.3 固体样品制备方法

固体样品可以以结晶、无定形粉末以及凝胶等形式存在，其调制方法也各不相同。制备固体样品常用的方法有粉末法、糊状法、压片法、薄膜法、热裂解法等多种技术，尤其前三种用得最多，下面主要介绍实验室常用的压片法。

固体样品常用压片法，这也是固体样品红外测定的标准方法。精确称取样品 0.3～3mg，与约 200mg 的卤化物共同研磨并混合均匀，将混合物小心倒入压模中，要使样品在模砧上均匀堆积，用压杆略加压使之完全铺平，装配好后，再将压模置于压片机上与真空系统相连，在真空条件下，同时缓慢加压至约 15MPa，维持 1min 就可以获得透明的薄片。

卤化物具有较高的红外透过率，如 KBr 在中红外区直到 250cm^{-1} 都是透明的，是在压片法中常用的基质材料，这主要考虑到基质材料与样品的折射率比较接近。

常用的几种卤化物的折射率分别是 KCl 为 1.49，NaCl 为 1.54，KBr 为 1.56。这几种材料中 KBr 不仅红外透过率好，而且吸湿性相对较差，不变软，烧结压低，特别是它的折射率与许多矿物相近，所以是最常用的制片基质。但是假如样品的折射率较低，则宜采用 KCl；若样品的折射率高，应选用 KI 或铯、铊以至银的卤化物（如 AgCl，$n=1.98$）。

KBr 的主要缺点是吸湿性仍偏大，因此在使用前样品必须烘干，不能带吸附水，否则会影响压片质量。在制各样品时，即使在干燥箱中进行样品的混研，也难避免吸水，在测谱时要注意游离水的吸收谱带是否为由于 KBr 的吸水造成。因此为消除它的影响，常用纯 KBr 在同样条件下压一个补偿片。

压片法制备固体红外光谱样品有很多优点，主要是使用的卤化物在红外扫描区域内不出现干扰的吸收谱带。其次可以根据样品的折射率选择不同的基质，把散射光的影响尽可能地减小。压成的薄片易于保存（可放在干燥器中），便于重复测试或携带。最后，压片时所用的样品和基质都可以借助于天平精确称量，可以根据需要精确地控制压片中样品的浓度和片的厚度，便于定量测试。

3.2.2.4 红外光谱分析在锂离子电池研究中的应用

基于水热合成法采用氧化石墨烯分散液对 Fe_2O_3 进行复合。如图 3-10 所示为不同氧化石墨烯分散液加入量下制备 Fe_2O_3 产物与氧化石墨烯的红外光谱图。对于氧化石墨烯在 $3400cm^{-1}$、$1730cm^{-1}$，$1220cm^{-1}$ 处分别对应的 C—OH、C═O、C—O—C 三种价键的峰，经过水热处理后，其峰强在制备产物的红外光谱图中均不同程度地减弱，说明氧化石墨烯被有效还原；$1050cm^{-1}$ 和 $1400cm^{-1}$ 处峰则分别对应 C—O 键伸长和 O—H 键变形；而 $1640cm^{-1}$ 处峰对应着石墨峰振动；同时在 $480cm^{-1}$ 和 $577\ cm^{-1}$ 处峰对应 Fe—O 键伸缩振动，在不同氧化石墨烯分散液加入量下制备产物中均有体现，并且其峰强随着氧化石墨烯分散液加入量的减少而变强。

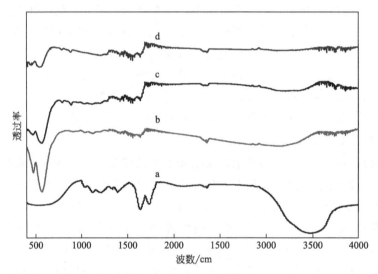

图 3-10 不同氧化石墨烯分散液加入量下制备 Fe_2O_3 产物与氧化石墨烯的红外光谱图
a—氧化石墨烯；b—20mL；c—30mL；d—40mL

3.2.3 拉曼光谱分析

电磁波或光子和分子发生碰撞时会发生光散射，如果所使用光的频率为 ν_0，则会得到频率为 $\nu_0 + \nu_i$（ν_i 为拉曼活性振动频率，$i = 1, 2, \cdots$）的拉曼散射光。若 ν_0 为原点测量斯托克斯线 $\nu_0 - \nu_i$ 中 ν_i 的谱图，则所测得的拉曼光谱与红外光谱样也是分子的振动光谱。在分子的各种振动中，有些振动强烈地吸收红外光，而出现强的红外谱带，但产生弱的拉曼谱带；反之，有些振动产生强的拉曼谱带而只出现弱红外谱带，因此这两种方法是相互补充的，只有采用这两种技术才能得到完全的振动光谱。

拉曼散射光的频率与入射光不同，频率位移称为拉曼位移。拉曼散射光与入射光的频率之差与发生散射的分子振动频率相等，通过拉曼散射的测定可以得到分子的振动光谱。

红外光谱和拉量光谱在产生光谱的机理上是有差别的。红外光谱是直接观察样品分子对辐射能量的吸收情况，而拉曼光谱是分子对单色光的散射引起的拉曼效应，它是间接观察振动跃迁。

3.2.3.1　拉曼光谱的基本原理

（1）光的瑞利散射　一束频率为 ν_0 的单色光（通常为可见光区域），当它不能被照射的物体吸收时，大部分入射光将沿入射光束方向通过样品，有 $1/10^5 \sim 1/10^3$ 强度的光被散射到各个方向，并且在与入射光垂直的方向可以看到这种散射光。19 世纪 70 年代，瑞利（Rayleigh）首先发现了上述散射现象而命名为瑞利散射。瑞利散射可以看成是光与样品分子间的弹性碰撞，它们之间没有能量的交换，即光的频率不变，只是改变了光子运动的方向，尽管入射光是平行的，但散射光却是各向同性的。瑞利还发现散射光的强度与散射方向有关，且与入射光波长的四次方成反比。由于组成白光的各色光线中，蓝光的波长较短，因而其散射光的强度较大，这正是晴天天空呈现蔚蓝色的原因。

（2）拉曼散射　当单位光束照射在样品上时，也将发生瑞利散射，但是对散射光进行光谱研究后发现，在总散射强度中约有 1% 的光频率与入射光束的频率不同，也就是在考察散射光光谱谱线时，除在入射光频率处有一强的瑞利散射线外，在它的较低和较高频率处还有比它弱得多的谱线，1928 年印度物理学家拉曼在实验中观察到了这些弱的谱线，而把它命名为拉曼效应。

① 拉曼效应　拉曼效应可以简单地被看作光子与样品中分子的非弹性碰撞，也就是在光子与分子相互作用中有能量的交换，产生了频率的变化。如果入射光的频率为 ν_0，则光子的能量为 $h\nu_0$。当分子碰撞后，如发生能量（频率）变化，则可能有两种情况。第一种情况是分子处于基态振动能级，与光子碰撞后，从入射光子中获取确定的能量达到较高的能级。若与此相应的跃迁能级有关的频率是 ν_1，那么分子从低能级跃到高能级从入射光中得到的能量为 $h\nu_1$，而散射光子的能量要降低到 $h(\nu_0-\nu_1)=h\nu$，频率降低为 $\nu_0-\nu_1$。另一种情况，分子处于振动的激发态上，并且在与光子相碰时可以把 $h\nu_1$ 的能量传给光子，形成一条能量为 $h(\nu_0+\nu_1)$ 和频率为 $\nu_0+\nu_1$ 的谱线，无论是哪种情况，散射光子的频率都变化了，减少或增加 $h(\nu_0+\nu_1)$ 和频率为 $\nu_0+\nu_1$ 的谱线，如图 3-11 所示，ν_1 称为拉曼位移，并且为了纪念在荧光光谱学上做过大量开创性工作的斯托克斯（Stokes），把负拉曼位移称为斯托克斯线，因为频率降低的谱线与荧光谱线在形式上很相似（但是两者发生的机理完全不同），把正拉曼位移统称为反斯托克斯线。正负拉曼位移线的跃迁概率是一样的，但由于反斯托克斯线起源于受激振动能级，而一般处于这种能级的粒子数很少，所以，反斯托克斯线总比相应的斯托克斯线的强度小，斯托克斯线的强度较大，所以它是在拉曼光谱中主要应用的谱线。

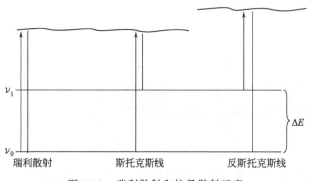

图 3-11　瑞利散射和拉曼散射示意

ΔE—能量变化

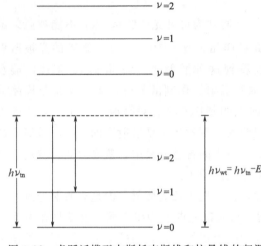

图 3-12　虚跃迁模型中斯托克斯线和拉曼线的起源

② 拉曼散射的解释和选择定则　如果以斯托克斯线发生机理为例，实际上是想象由电子基态的 $\nu=0$ 能级向一个"虚拟"的电子能级发生了"虚"跃迁（图 3-12），当分子立即回到电子基态时，它可能回到 $\nu=1$ 的振动能级而重新发射能量较小的光子。由 $\nu=1$ 能级开始到 $\nu=0$ 能级终止的"虚"跃迁则产生反斯托克斯线。图 3-12 示出了基态和第一电子受激态的前三个振动能级。若入射光子的能量不足以引起电子能级间的跃迁，但它可以把分子激发到以虚线表示的"虚"能级上去，经过去激发，分子回到 $\nu=1$ 的振动能级，发出光子的能量将减少到图中所示的大小。

从上述的模型可以看到，拉曼散射发生的过程与直接吸收红外光子有很大不同，所以它们适用的选择定则也是不同的。在拉曼光谱中的选择定则，虽然允许跃迁也要求 $\Delta\nu=\pm1$，但是它们的条件却不同。

③ 产生拉曼光谱线的条件　对于拉曼散射谱，不要求如红外吸收振动有偶极矩的变化，但是却要有分子极化率的变化。按照极化原理，把一个原子或分子放到静电场 E 中，感应出原子的偶极子 μ，原子核移向偶极子负端，电子云移向偶极子正端。这个过程应用到分子在入射光的电场作用下同样是合适的，这时，正负电荷中心相对移动，极化产生诱导偶极矩 P，它正比于电场强度 E，有 $P=aE$ 的关系，比例常数 a 称为分子的极化率。拉曼散射的发生必须在有相应极化率 a 的变化时才能实现，这是和红外光谱所不同的。也正是利用它们之间的差别，使得两种光谱成为相互补充的谱学。

（3）拉曼光谱仪　拉曼光谱仪一般由光源、单色器（或迈克尔逊干涉仪）、检测器以及数据处理系统组成（图 3-13），各部分有如下特点。

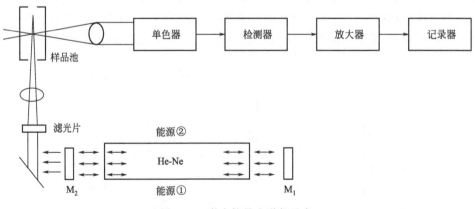

图 3-13　激光拉曼光谱仪示意

① 由于拉曼散射很弱，因此要求光源强度大，一般是用激光光源，有紫外、可见及红外激光光源等，如紫外激光器（308nm，351nm）、Ar^+ 激光器（488nm，514.5nm 可见光

区）、Nd：YAG 激光器（1064nm 近红外区）。

② 色散型拉曼光谱仪有多个单色器。由于测定的拉曼位移较小，因此仪器需要具有较高的单色性。一般色散型拉曼光谱仪中有 2～3 个单色器。在傅里叶变换拉曼光谱仪中，以迈克尔逊干涉仪代替色散元件，光源利用率高，可采用红外激光，目的是避免分析物或杂质的荧光干扰。

③ 拉曼光谱仪的检测器为光电倍增管、多探测器，如电荷耦合器件（chare coupled device，CCD）等。

④ 微区分析装置的应用。微区分析装置是拉曼光谱仪的一个附件，由光学显微镜、电子摄像管、荧光屏照相机等组成。可以将局部样品的放大图显示在荧光屏上，用照相机拍摄样品的显微图像。

固体、液体、气体样品都可用于拉曼光谱的测试。对于固体粉末，不需要压片，把粉末放在平底的小玻璃毛细管中即可，所需样品为 5mg 以至微克的数量。对于液体样品，可以用水溶液，因为水的干扰吸收带很少，也可以把粉末悬浮在水中。测定时样品量尽可能少，因为在大多数的情况下，激光光束穿透样品的厚度不大于 0.2mm。

红外光谱与拉曼光谱的比较如下。

红外光谱和拉曼光谱同属分子光谱范畴，但是在产生光谱的机理、选律、实验技术和光谱解释等方面有较大的差别。

① 拉曼光谱的常规范围是 $400\sim4000cm^{-1}$，一台拉曼光谱仪包括了完整的振动频率范围。而红外光谱包括近、中、远范围，通常需要用几台仪器或者用一台仪器分几次扫描才能完成整个光谱的记录。

② 虽然红外光谱可用于任何状态的样品（气、固、液），但对于水溶液、单晶和聚合物的测定是比较困难的；而拉曼光谱则比较方便，几乎可以不必特别制样处理就能进行光谱分析。拉曼光谱可以分析固体、液体和气体样品，固体样品可以直接进行测定，不需要研磨或制成 KBr 压片。但在测定过程中样品可能被高强度的激光束烧焦，所以应该检查样品是否变质。拉曼光谱法的灵敏度很低，因为拉曼散射很弱，只有入射光的 $10^{-8}\sim10^{-6}$，所以早期的拉曼光谱需要采用浓度相当高浓缩溶液，其浓度可以由 1mol/L 至饱和溶液，采用激光作为光源后样品量可以减少到毫克级。

③ 红外光谱一般不能用水作溶剂，因为红外池窗片都是金属卤化物，大多溶于水，且水本身有红外吸收。但是水的拉曼散射是极弱的，所以水是拉曼光谱的一种优良的溶剂。由于水很容易溶解大量无机物，因此无机物的拉曼光谱研究很多。可以用在研究多原子无机离子和金属络合物。同样还可以通过拉曼谱带的积分强度测定溶液中物质的浓度，因此可以用来研究溶液中的离子平衡。

④ 拉曼光谱是利用可见光获得的，所以拉曼光谱可用普通的玻璃毛细管做样品池，拉曼散射光能全部透过玻璃，而红外光谱的样品池需要用特殊材料做成。

⑤ 一般来说，极性基团的振动和分子非对称振动使分子的偶极矩变化，所以是红外活性的。非极性基团的振动和分子的全对称振动使分子极化率变化，所以是拉曼活性的。由此可见，拉曼光谱最适用于研究同种原子的非极性键如 S—S、N＝N、C＝C 等的振动。红外光谱适用于研究不同种原子的极性键如 C＝O、C—H、N—H·OH 等的振动。可见这两种光谱方法是互相补充的，对分子结构的鉴定，红外和拉曼光谱是两种相互补充而不能相互代替的光谱方法，通常称为"姊妹光谱"。

3.2.3.2 样品制备

拉曼光谱可以测试气体、液体、晶体、非晶体等各种样品。不同样品的测试方法不同，故要根据所采用的照射方法，根据所要测试的试样状态制备样品。

拉曼样品的制备方法较红外样品简单，气体样品可以采用多路反射气槽测试；液体样品可以装入毛细管中测试，也可以装入试样池内进行测试；单晶、固体粉体样品可以直接装入玻璃管内测试，也可以配制成水溶液测试，因为水的拉曼光谱较弱，干扰较小。

试样制备说明如下。

① 由于拉曼散射光非常弱，仅约为荧光的万分之一，即使含有很少的荧光性杂质也很难测量。因此，必须采用非常纯净的样品。

② 若测试溶液样品，无色溶液样品的质量分数应为 5%～10%。

③ 采用毛细管法测试时需要的样品量较少，采用旋转试样池法或喷雾流动法测样时需要的样品量较多。

3.2.3.3 测试方法

拉曼光谱的测试方法有很多种，包括显微镜式微小范围的测量、望远镜式长距离的测量及二维测量装置等。无论试样处于何种状态和温度均可进行拉曼散射的测量，试样照射的程度决定拉曼光谱的好坏。

(1) 试样照射法

① 毛细管法 毛细管法所需试样量较少，大约 $10\mu L$，测试时将测试用的毛细管横向放置，激光从下面照射，收集水平方向的散射光。

② 调节双凹面镜法 调节双凹面镜法同样是激光在下面照射，水平方向收集散射光。其方法是调节两个凹面镜，其中一个凹面镜调节至沿原光路返回至试样上，调节另一个凹面镜使向后散射的光再返回到散射点上。

③ 圆筒形试样管法 圆筒形试样管法适用于需要调整温变的情况下使用，需要试样量在 $30\mu L$ 左右。

④ 旋转试样池法 为了防止激光连续照射有色样品而导致变质的现象，需要将平底试样池安装在可以旋转的电机上进行旋转，激光紧靠试样池壁入射。这种方法需要的样品量较多，大约 $300\ \mu L$。

⑤ 喷雾流动法 当激发光移向紫外范围时试样有时会在试样池中发生烧结，难以洗脱，为防止这种现象，可以将液体试样通过喷嘴向空间喷雾进行测量。

⑥ 透射法 透射法可以用于测试固体样品，将研磨成粉体的固体样品用载玻片固定在三棱镜上，激光从下面照射，收集水平方向的散射光。样品厚度一般为 $0.1\sim0.5$ mm。

⑦ 反射法 反射法用于测量不易透光的有色固体，对于晶体和生物分子，在饱和蒸气中贴玻璃壁进行测量。

⑧ 旋转板法 有色样品采用喷雾流动法和透射法进行测量时容易发生变质，这时把试样和溴化钾粉体混合，边旋转边用反射法进行测量。

(2) 试样照射注意事项

① 一束直径为 0.1 mm 左右的激发光沿着光路到达检测器的散射光的波长为 $2\sim3$mm，应将散射光有效聚光，将不必要的光挡掉以增强拉曼光。

② 由于较强的激光可以使试样发生光化学反应或因发热而变质，因此在设计试样照射部分时必须考虑这些因素。

（3）测量注意事项

① 在拉曼光谱仪中，光源采用激光光源。由于激光的亮度非常高，为保护眼睛，在调整光路时，应把光源调到最小后，戴保护镜操作。池底玻璃壁反射的激光也会伤害眼睛，因此在拉曼光谱的测试中，一定不要把眼睛直接对着光源。

② 激光窗口及镜子一定要保持清洁，否则会降低激光强度。

③ 测试室的光线应比较暗，防止杂光进入分光器。

④ 在 $100cm^{-1}$ 以下进行扫描时，要调整狭缝宽度，需要注意的是不要将散射光调至瑞利散射区域，因为瑞利散射光的能量很高，这种强光照射到检测器上有可能烧坏检测器。

3.2.3.4 拉曼光谱分析在锂离子电池中的应用

如图 3-14 所示为 Fe_2O_3、石墨烯及不同氧化石墨烯分散液加入量下制备产物的拉曼光谱图。三种不同条件下制备的产物，均在 $1355cm^{-1}$ 和 $1396cm^{-1}$ 处分别出现无序碳峰（D峰）和石墨烯的石墨碳峰（G峰），并且随着氧化石墨烯分散液加入量的增加，D 峰和 G 峰的强度均相应增加。$217cm^{-1}$，$285cm^{-1}$，$397cm^{-1}$ 处出现的散射峰，则对应 α-Fe_2O_3，并且这些 α-Fe_2O_3 的特征峰强度，随着氧化石墨烯分散液加入量的增加相应减弱。纯相 Fe_2O_3 在 $1301cm^{-1}$ 处对应双磁畴散射的宽峰，在产物中，由于附近较强的无序碳峰（D峰）而被掩蔽。综合上述结果可发现，XRD 图谱、红外光谱及拉曼光谱中均有 Fe_2O_3 和石墨烯的存在，并且随着氧化石墨烯分散液加入量的变化，产物的物性特点也发生相应变化。当石墨烯含量较多时，产物更倾向于显示石墨烯物性，而当 Fe_2O_3 含量较多时，产物更倾向于显示 Fe_2O_3 物性，这一点在三种不同氧化石墨烯分散液加入量下制备产物的拉曼光谱图中最为明显。

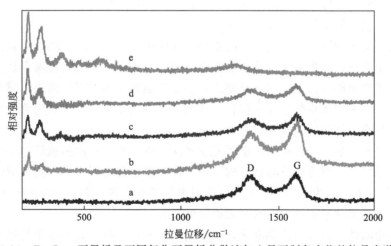

图 3-14 Fe_2O_3、石墨烯及不同氧化石墨烯分散液加入量下制备产物的拉曼光谱图

a—石墨烯；b—40mL；c—30mL；d—20mL；e—Fe_2O_3

3.3 形貌分析

3.3.1 扫描电子显微镜分析

扫描电子显微镜简称扫描电镜（sanning electron microscope，SEM），是继透射电镜之后发展起来的一种电镜。与透射电镜的成像方式不同，扫描电镜是用聚焦电子束在试样表面

逐点扫描成像。试样为块状或粉末颗粒，成像信号可以是二次电子、背散射电子或吸收电子。其中二次电子是最主要的成像信号。1938年阿登纳（Ardenne）制成第一台扫描电镜后，扫描电镜得到了迅速发展，在数量和普及程度上已超过透射电镜，扫描电镜已经成为观察和分析材料的形貌、组织和结构的有效工具。

3.3.1.1　扫描电镜的结构

扫描电镜由真空系统、电子光学系统（镜筒）和成像系统三大部分组成。如图3-15所示为扫描电镜实物图及组成结构。

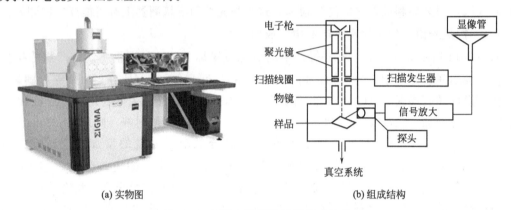

(a) 实物图　　　　　　　　　　　　　(b) 组成结构

图3-15　扫描电镜实物图及组成结构

（1）真空系统　真空系统在扫描电镜中起着非常重要的作用，主要体现在以下两个方面：其一，电子束系统中的灯丝在普通大气中会迅速氧化而失效，所以除了在使用扫描电镜时需要用真空以外，平时还需要以纯氮气或惰性气体充满整个真空柱；其二，为了增大电子的平均自由程，从而使得用于成像的电子更多。

真空系统主要包括真空泵和真空柱两部分。真空柱是一个密封的柱形容器。真空泵用来在真空柱内产生真空，有机械泵、油扩散泵以及涡轮分子泵三大类。机械泵加油扩散泵的组合可以满足配置钨枪的扫描电镜的真空要求，但对于装置了场致发射枪或六硼化镧枪的扫描电镜，则需要机械泵加涡轮分子泵的组合。成像系统和电子光学系统均内置于真空柱中。真空柱底端的密封室，用于放置样品，即样品室。

（2）电子光学系统　扫描电镜的电子光学系统由电子枪、电磁透镜等部件组成。电子光学系统主要用于产生一束能量分布极窄的、电子能量确定的电子束用以扫描成像。

① 电子枪　电子枪用于产生电子，与透射电镜的电子枪相似，只是加速电压稍低。目前扫描电镜中所采用的电子枪主要有两大类，共三种。

一类是利用场致发射效应产生电子，称为场致发射电子枪。这种电子枪极其昂贵，价格在10万美元以上，且需要小于 10^{-10} Torr（1Torr＝133.32Pa）的极高真空。但它具有至少1000h以上的寿命，且不需要电磁透镜系统。另一类则是利用热发射效应产生电子，有钨枪和六硼化镧枪两种。钨枪寿命在30～100h之间，价格便宜，但成像不如其他两种明亮，常作为廉价或标准扫描电镜配置。六硼化镧枪寿命介于场致发射电子枪与钨枪之间，为200～1000h，价格约为钨枪的10倍，图像比钨枪明亮5～10倍，需要略高于钨枪的真空，一般在 10^{-7} Torr以上，但比钨枪容易产生过度饱和及热激发问题。

各种电子枪的性能比较见表3-6。

表 3-6 各种电子枪的性能比较

不同电子枪的性能比较名称	亮度/[A/(sr·cm²)]	电子源直径/μm	寿命/h	能量分散/eV	真空要求/Torr
发叉式钨丝热阴极电子枪	$10^4 \sim 10^6$	$20 \sim 50$	约 50	1.0	10^{-4}
六硼化镧阴极电子枪	$10^5 \sim 10^7$	$1 \sim 10$	约 1000	1.0	10^{-6}
场发射电子枪	$10^8 \sim 10^9$	< 0.01	> 1000	0.2	10^{-9}

② 电磁透镜 电磁透镜由会聚透镜和物镜两部分组成。会聚透镜,顾名思义,用于会聚电子束,装配在真空柱中,位于电子枪之下。通常为两个,称为第一聚光镜、第二聚光镜,并有一组会聚光圈与之相配。但会聚透镜仅仅用于会聚电子束,与成像聚焦无关。位于真空柱中最下方即试样上方的电磁透镜为物镜,它负责将电子束的焦点会聚到样品表面。电磁透镜的作用是将电子枪产生的电子束会聚形成微细的电子束(探针)。当电子枪交叉斑(电子源)的直径为 $20 \sim 50 \mu m$、亮度为 $10^4 \sim 10^5 A/(sr·cm^2)$ 时,电子束流为 $1 \sim 10 \mu A$。调节透镜的总缩小倍数即可得到不同直径的电子束斑。随着束斑直径的减小,电子束流将减小。

(3) 成像系统 电子经过一系列电磁透镜成束后,打到样品上会与样品相互作用,产生二次电子、背散射电子以及 X 射线等一系列信号,需要不同的探测器如二次电子探测器、X 射线能谱分析仪等来区分这些信号以获得所需要的信息。通常成像系统由扫描系统、信号探测放大系统及图像显示和记录系统等几部分组成。

① 扫描系统 扫描系统由扫描信号发生器、扫描放大控制器、扫描偏转线圈等组成。扫描系统的作用是提供入射电子束在试样表面以及显像管电子束在荧光屏上同步扫描的信号,通过改变入射电子束在试样表面扫描的幅度,可获得所需放大倍数的扫描像。

② 信号探测放大系统 信号探测放大系统的作用是探测试样在入射电子束作用下产生的物理信号,然后经视频放大,作为显像系统的调制信号。不同的物理信号,要用不同类型的探测系统。其中最主要的是电子探测器和 X 射线探测器。

③ 图像显示和记录系统 图像显示和记录系统包括显像管、照相机等,其作用是把信号探测系统输出的调制信号转换为在荧光屏上显示的、反映样品表面某种特征的扫描图像,供观察、照相和记录。

3.3.1.2 扫描电镜的特点及性能指标

(1) 扫描电镜的特点

① 测试样品尺寸大,可以观察直径为 $10 \sim 30 mm$ 的大块试样。

② 制样方法简单。对表面清洁的导电材料可不用制样,直接进行观察;对表面清洁的非导电材料,只要在表面蒸镀一层导电层后即可进行观察。

③ 场深大,适用于粗糙表面和断口的分析观察;图像富有立体感、真实感,易于识别和解释,也可以用于纳米级样品的三维成像。

④ 放大倍数变化范围大,一般为 $15 \sim 200000$ 倍,最大可达 $10 \sim 300000$ 倍,对于多相、多组成的非均匀材料便于低倍下的普查和高倍下的观察分析。

⑤ 具有相当的分辨力,一般为 $3 \sim 6 nm$,最高可达 2nm。透射电镜的分辨力虽然更高,但对样品厚度的要求十分苛刻,且观察的区域小,在一定程度上限制了其使用范围。

⑥ 可以通过电子学方法有效地控制和改善图像的质量,如通过 γ 调制可改善图像反差的宽容度,使图像各部分亮暗适中。采用双放大倍数装置或图像选择器,可在荧光屏上同时

观察不同放大倍数的图像或不同形式的图像。

⑦ 可进行多种功能的分析。与 X 射线谱仪配接，可在观察形貌的同时进行微区成分分析；配有光学显微镜和单色仪等附件时，可观察阴极荧光图像和进行阴极荧光光谱分析；装上半导体样品座附件，可利用电子束电导和电子束伏特信号观察晶体管或集成电路中的 PN 结及缺陷。

⑧ 可使用加热、冷却和拉伸等样品台进行动态实验，观察各种环境条件下的相变及形态变化等。

（2）放大率 与普通光学显微镜不同，在扫描电镜中，是通过控制扫描区域的大小来控制放大率的。如果需要更高的放大率，只需要扫描更小的一块面积即可。放大率由屏幕/照片面积除以扫描面积得到。对高分辨力显像管，其最小光点尺寸为 0.1mm，当显像管荧光屏尺寸为 100mm×100mm 时，一幅图像约由 1000 条扫描线构成。如果入射电子束在试样上扫描幅度为 l，显像管电子束在荧光屏上扫描幅度为 L，则扫描电镜放大倍数（M）为

$$M = \frac{L}{l} \tag{3-14}$$

由于显像管荧光屏尺寸是固定的，因此只要通过改变入射电子束在试样表面的扫描幅度，即可改变扫描电镜的放大倍数，目前高性能扫描电镜放大倍数可以由 20 倍连续调节到 200000 倍。

（3）分辨力 分辨力是扫描电镜的主要性能指标之一，对于微区成分分析而言，它是指分析的最小区域，而对于扫描电镜图像而言，其分辨力指能分开两点之间的最小距离。

扫描电镜图像的分辨力取决于以下因素。

① 入射电子束束斑的大小 扫描电镜是通过电子束在试样上逐点扫描成像，因此任何小于电子束束斑的试样细节都不能在荧光屏图像上得到显示，也就是说扫描电镜图像的分辨力不可能小于电子束斑直径。

② 成像信号 扫描电镜用不同信号成像时分辨力是不同的，二次电子像的分辨力最高，X 射线像的分辨力最低。由此可以看出，不同的成像信号具有不同的分辨力，如表 3-7 所列。

表 3-7 成像信号与分辨力

信号	二次电子	背散射电子	吸收电子	特征 X 射线	俄歇电子
分辨力/nm	5～10	50～200	100～1000	100～1000	5～10

（4）场深与工作距离 在扫描电镜中，位于焦平面上下的一小层区域内的样品点都可以得到良好的聚焦而成像。这一小层的厚度称为场深，通常为几纳米厚。工作距离指从物镜到样品最高点的垂直距离。如果增加工作距离，可以在其他条件不变的情况下获得更大的场深。如果减小工作距离，则可以在其他条件不变的情况下获得更高的分辨力。通常使用的工作距离在 5～10mm 之间。

3.3.1.3 扫描电镜的工作原理

如图 3-16 所示以二次电子像的成像过程来说明扫描电镜的工作原理。由电子枪发射的能量为 5keV～35keV 的电子，以其交叉斑作为电子源。经二级聚光镜及物镜的缩小形成具有一定能量、一定束流强度和束斑直径的微细电子束，在扫描线圈驱动下，于试样表面按一定时间、空间顺序做栅网式扫描。聚焦电子束与试样相互作用，产生二次电子发射（以及其

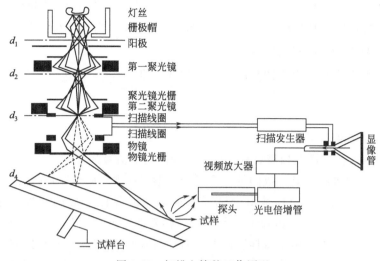

灯丝
栅极帽
d_1 阳极
第一聚光镜
d_2
聚光镜光栅
第二聚光镜
d_3 扫描线圈
扫描线圈
物镜
物镜光栅
d_4
试样
试样
试样台

扫描发生器
显像管
视频放大器
探头 光电倍增管

图 3-16 扫描电镜的工作原理

他物理信号），二次电子发射量随试样表面形貌而变化。二次电子信号被探测器收集转换成电信号，经视频放大后输入到显像管栅极，调制与入射电子束同步扫描的显像管亮度，得到反映试样表面形貌的二次电子像。

3.3.1.4 扫描电镜试样制备

（1）试样的要求 扫描电镜对试样的要求较低，可以是块状或粉末颗粒，在真空中能保持稳定，含有水分的试样应先烘干除去水分，或使用临界点干燥设备进行处理。表面受到污染的试样，要在不破坏试样表面结构的前提下进行适当清洗，然后烘干。新断开的断口或断面，一般不需要进行处理，以免破坏断口或表面的结构状态。有些试样的表面、断口需要进行适当的侵蚀，才能暴露某些结构细节，则在侵蚀后应将表面或断口清洗干净，然后烘干。对磁性试样要预先去磁，以免观察时电子束受到磁场的影响。试样大小要适合仪器专用样品座的尺寸，不能过大，各仪器的样品座尺寸均不相同，一般小的样品座直径为 3～5mm，大的样品座直径为 30～50mm，以分别用来放置不同大小的试样，样品的高度也有一定的限制，一般为 5～10mm。

（2）块状试样 扫描电镜的块状试样制备是比较简便的。对于块状导电材料，除了大小要适合仪器样品座尺寸外，基本上不需要进行什么制备，用导电胶把试样黏结在样品座上，即可放在扫描电镜中观察。对于块状的非导电材料或导电性较差的材料，在试样表面镀一层导电膜，以避免在电子束照射下产生电荷积累，影响图像质量，并可防止试样的热损伤。

（3）粉末试样 粉末试样需先黏结在样品座上，可在样品座上先涂一层导电胶或火棉胶溶液，将试样粉末撒在上面，待导电胶或火棉胶挥发把粉末黏结牢靠后，用吸耳球将表面上未粘住的试样粉末吹去。或在样品座上粘贴一块双面胶带纸，将试样粉末撒在上面，再用吸耳球把未粘住的粉末吹去。也可将粉末粘牢在样品座上后，再镀层导电膜，然后才能放在扫描电镜中观察。

最常用的镀膜材料是金、金/钯、铂/钯和碳等。镀膜层厚 10～30nm，表面粗糙的样品，镀的膜要厚一些。对只用于扫描电镜观察的样品，先镀膜一层碳，再镀 5nm 左右的金膜，效果更好；除了形貌观察外还要进行成分分析的样品，则以镀膜碳为宜。为了使镀膜均匀，镀膜时试样最好要旋转。

镀膜的方法主要有两种：一种是真空镀膜，其原理和方法与前面透射电镜制样方法中介绍的基本相同，只是无论是蒸镀碳或金属，试样均放在蒸发源下方；另一种方法是离子溅射镀膜。

3.3.1.5 扫描电镜的衬度及显微图像

扫描电镜的显微图像所对应的衬度是信号衬度，即为

$$C = \frac{i_2 - i_1}{i_2} \tag{3-15}$$

式中　C——信号衬度；

i_1，i_2——电子束在试样上扫描时从任何两点探测到的信号强度。

扫描电镜像的衬度根据其形成的依据，可分为形貌衬度、原子序数衬度和电压衬度。形貌衬度（topographic contrast）是由于试样表面形貌差异而形成的衬度。原子序数衬度（atomic number/composition contrast）是由于试样表面物质原子序数（或化学成分）差别而形成的衬度。电压衬度是由于试样表面电位差别而形成的衬度。利用对试样表面电位状态敏感的信号，如二次电子，作为显像管的调制信号，可得到电压衬度像。实验过程中常用到前两种衬度，下面重点讨论。

（1）形貌衬度及显微图像　形貌衬度是由于试样表面形貌差别而形成的衬度。利用对试样表面形貌变化敏感的物理信号如二次电子、背散射电子等作为显像管的调制信号，可以得到形貌衬度像。其强度是试样表面倾角的函数。而试样表面微区形貌差别实际上就是各微区表面相对于入射束的倾角不同，因此电子束在试样上扫描时任何两点的形貌差别都表现为信号强度的差别，从而在图像中显示形貌的衬度。二次电子像的衬度是最典型的形貌衬度，下面以二次电子为例说明形貌衬度的形成过程及显微图像。

① 表面倾角与二次电子产额　二次电子只能从样品表面层5～10nm深度范围内被入射电子束激发出来，深度大于10nm时，虽然入射电子也能使核外电子脱离原子而变成自由电子，但因其能量较低以及平均自由程较短，不能逸出样品表面，最终只能被样品吸收。

二次电子信号的强弱与二次电子的数量有关，而与被入射电子束激发出的二次电子数量和原子序数没有明显的关系，但是与微区表面的几何形状关系密切。图3-17给出了二次电子产额与入射角之间的关系，由图3-17(a)可以看出，当入射束和样品表面法线平行时，二次电子的产额最少。由图3-17(b)可以看出，若样品表面倾斜45°，即入射束和样品表面法线成45°时，则电子束穿入样品激发二次电子的有效深度增加到$\sqrt{2}$倍，入射电子使距表面5～10nm的作用体积内逸出表面的二次电子数量增多。可以看出，若入射电子束进入了较深的部位，虽然也能激发出一定数量的自由电子，但因距表面较远，自由电子只能被样品吸收而无法逸出表面。综合可以看出，随着入射角增大，电子数目的产额增加。

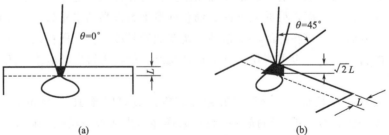

(a)　　　　　　　　　　　　(b)

图3-17　二次电子产额与入射角之间的关系

L—样品激发二次电子的有效深度

② 二次电子形貌衬度的产生　根据图 3-17 所示二次电子产额与入射角的关系可以形成二次电子形貌衬度，如图 3-18 所示。图 3-18 中样品上 B 面的倾斜度最小，二次电子产额最少，亮度最低；C 面的倾斜度最大，亮度也最大。实际样品表面的形貌要比上面讨论的情况复杂得多，但是形成二次电子像衬度的原理是相同的。

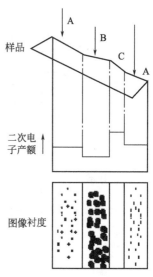

图 3-18　二次电子形貌衬度形成示意

（2）原子序数衬度及显微图像　原子序数衬度是由于试样表面原子序数（或化学成分）差别而形成的衬度。利用对试样表面原子序数（或化学成分）变化敏感的物理信号作为显像管的调制信号，可以得到原子序数衬度图像。特征 X 射线像的衬度是原子序数衬度，背散射电子像、吸收电子像的衬度包含有原子序数衬度。如果试样表面存在形貌差，则背散射电子像还包含有形貌像。

① 背散射电子原子序数衬度像　对于表面光滑、无形貌特征的厚试样，当试样由单一元素构成时，则电子束扫描到试样上各点时产生的信号强度是一致的，得到的像中不存在衬度。当试样由两种不同元素构成时，其原子序数分别为 Z_1、$Z_2(Z_1>Z_2)$，则 Z_1、Z_2 所对应的区域 1 和区域 2 产生的背散射电子数不同，因此探测器探测到的背散射电子信号强度也不同，从而形成背散射电子的原子序数衬度。原子序数与背散射电子产额的关系如图 3-19 所示，由图 3-19 可以看出，原子序数大，电子的产额多，故在原子序数衬度像中，原子序数（或平均原子序数）大的区域比原子序数小的区域更亮。

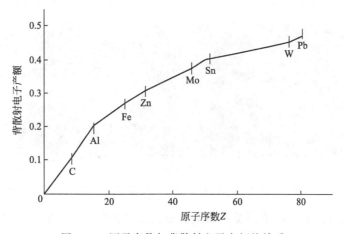

图 3-19　原子序数与背散射电子产额的关系

② 背散射电子原子序数衬度（成分）像与形貌衬度像的分离　采用背散射成像时，既包含有形貌衬度像，又有成分衬度像。对于平面光滑的试样基本观测不到形貌衬度像，因此测试得到的即为成分衬度像，但如果测试的试样表面不光滑时，那么测试时就会同时包含两种像，需要进行分离。采用两个检测器收集样品同一部位信号，通过计算机处理，可以分别得到形貌信号和成分信号，其原理如图 3-20 所示。在对称入射束的方位上装上一对半圆形半导体背散射电子探测器，两个探测器有相同的探测效率。对原子序数信息，两个探测器探测到样品上同一扫描点产生的背散射电子信号强度是相同的，但对形貌信息，则是互补的。

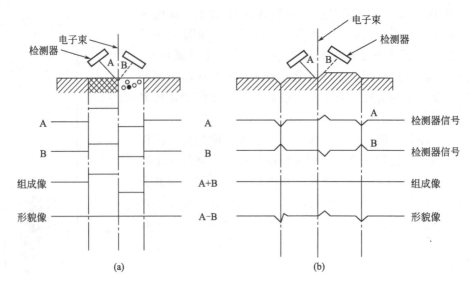

图 3-20　背散射电子成分像和形貌的分离

注：A、B 为两个探测器。

将两个探测器探测到的信号经运算放大器相加，成为反映成分的信号；相减则成为反映形貌的信号。用这种经过信息分离的信号调制显像管亮度，可分别得到背散射电子成分像和形貌像。

3.3.1.6　扫描电镜在电池材料中的应用

应用扫描电镜观察粉末颗粒可以确定粉末颗粒的外形轮廓、轮廓清晰度、颗粒尺寸大小和厚薄、粒度分布和聚焦或准叠状态等，图像及照片的立体感、真实感强。

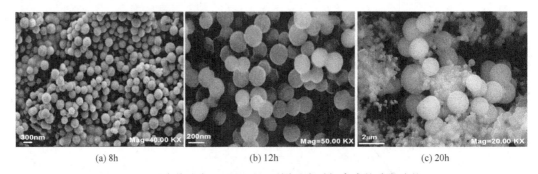

(a) 8h　　　　　　　　(b) 12h　　　　　　　　(c) 20h

图 3-21　通过水热法在 180 ℃下经不同反应时间合成的碳微球的 SEM

通过水热法在 180℃下经不同反应时间合成的碳微球的 SEM 如图 3-21 所示。由图 3-21（a）和（b）可以看出，样品存在少量团聚现象，图 3-21（a）中，在碳微球的表面上存在一些较小的颗粒。然而，相比于图 3-21（a）的表面，图 3-21（b）的表面更为清晰、平滑。与图 3-21（a）和（b）不同，随着反应时间增加到 20h，由于一次颗粒的成长出现了大颗粒，并且团聚现象加剧，逐渐导致颗粒尺寸不均匀［图 3-22（c）］。

3.3.2　透射电子显微镜分析

透射电子显微镜（简称透射电镜，TEM）是一种高分辨力、高放大倍数的显微镜，它用聚焦电子束作为照明源，使用对电子束透明的薄膜试样（几十到几百纳米）以透射电子为成像信号。TEM 是观察和分析材料的形貌组织及结构的有效工具。世界上第一台透射式电子显微镜在 1933 年由卢斯卡（Ruska）等人研究成功，1940 年第一批商品电子显微镜问世，使电子显微镜进入实用阶段，到 20 世纪 70 年代，透射电子显微镜的分辨力约为 0.3nm（人眼的分辨力约为 0.1mm）。

3.3.2.1 透射电镜的结构及原理

如图 3-22 所示为透射电镜的实物图，通常透射电镜主要由电子光学系统、真空系统和电气控制系统三部分组成。

（1）电子光学系统　透射电镜的电子光学系统通常称为镜筒，是透射电镜的核心，由一个直立的圆柱体组成，其中包括照明系统、成像系统和图像观察记录系统三部分。

① 照明系统　照明系统是产生具有一

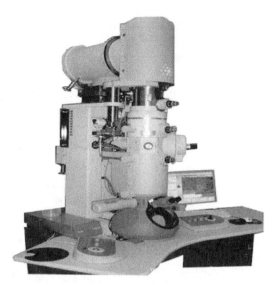

图 3-22　透射电镜实物图

定能量、足够亮度（电流密度）和适当小孔径角的稳定电子束的装置，主要由电子枪和聚光镜两部分组成。

电子枪是透射电镜的电子源，常用的是热阴极三极电子枪，它由发叉式钨丝（丝直径为 0.1~0.15mm）阴极控制栅极和阳极组成。考虑到操作安全，电子枪的阳极接地（零电位），阴极加上负高压（−50kV~−200kV），控制栅极加上比阴极负几百至几千伏的偏压。整个电子枪相当于一个由阴极、栅板和阳极组成的静电透镜，栅极电位的大小决定了阴极和阳极之间的等电位面分布和形状，从而控制阴极的电子发射电流，因此称为控制栅极。电子枪工作时，由阴极发射的电子受到电场的加速穿过阳极孔照射到试样上，在穿过电场时，发散的电子束受到电场的径向分量的作用，使从栅极孔出来的电子束会聚通过一个很小的截面（直径 d_c），这里电子密度最高，称为电子枪交叉点，这就是通常所说的电子源，交叉点处电子束直径为几十微米。

发叉式钨丝三极电子枪的主要优点是结构简单，不需要很高的真空度（10^{-4} Torr，1Torr=133.32Pa）；它与以后介绍的六硼化镧电子枪及场发射枪相比，缺点是使用寿命短，一般只有几十到上百个小时，并且亮度不够高。

聚光镜用来会聚电子枪射出的电子束，以最小的损失照明样品，调节照明强度孔径角和束斑大小。聚光镜为磁透镜，一般分为单聚光镜和双聚光镜两种，其结构与工作原理如图 3-23 所示。

单聚光镜的主要缺点是照明面积大、容易造成试样的热损伤和污染，这是由于电子源（电子枪交叉斑）到聚光镜的距离与聚光镜到样品的距离大致相同，聚光镜放大信率约为 1。当电子枪交叉斑的直径约为 $50\mu m$ 时，经单聚光镜会聚后的电子束在试样上的照明面积的直径也约为 $50\mu m$ ［图 3-23（a）］，如果通过电镜观察圆屏的直径为 100mm，在放大 5 万倍时，则观察的试样区域的直径约为 $2\mu m$，即照明面积远比观察面积大，从而造成样品的热损伤和污染。

双聚光镜是在电子源和原来的聚光镜 C_2 之间再加上一个聚光镜 C_1。第一聚光镜为强磁透镜，用来控制束斑大小，第二聚光镜为弱磁透镜，用来改变照明孔径角和获得最佳亮度，

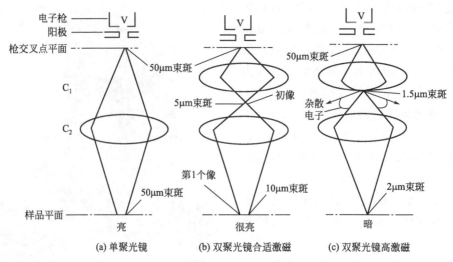

图 3-23　聚光镜结构与工作原理

其工作原理如图 3-23（b）、（c）所示。由于第一聚光镜 C_1 更靠近光源，它的接收孔径角较大，可从光源收集到比单独用聚光镜 C_2 时更多的电子，因而可以得到更亮的最终聚焦斑。通过调节第一和第二聚光镜的励磁电流，可以得到与放大倍数相适应的照明面积和照明亮度，从而克服了单聚光镜由于照明面积大而导致的对样品的热损伤和污染。

透射电镜的照明方式有垂直照明和倾斜照明，垂直照明时照明电子束轴线与成像系统同轴，倾斜照明时照明电子束轴线与成像系统轴线成定角度（2°～3°），用于成暗场像。

② 成像系统　成像系统主要由物镜、中间镜和投影镜组成。靠近试样的为物镜，靠近荧光屏的为投影镜，两者之间的为中间镜，它们的相对位置如图 3-24 所示。

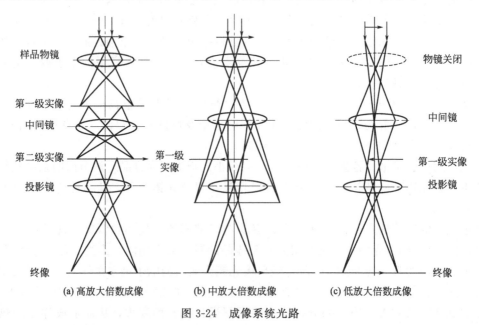

图 3-24　成像系统光路

a. 物镜　物镜是成像系统的第一级放大透镜，它的分辨力对整个成像系统的分辨力影响最大，因此通常为短焦距、高效大倍数（如 100 倍）和低像差的强磁透镜。

b.中间镜 中间镜为长焦距、可变放大倍数（如 0～20 倍）的弱磁透镜。当放大倍数大于 1 时，进一步放大物镜所成的像；当放大倍数小于 1 时，缩小物镜所成的像。

c.投影镜 投影镜也是短焦距、高放大倍数（如 100 倍，一般固定不变）的强磁透镜，其作用是把中间镜的像进一步放大并投射在荧光屏或照相底板上。

通过改变中间镜放大倍数可以在相当范围（如 2000～200000 倍）内改变电镜的总放大倍数。

三级成像放大系统，中、低级透射电镜的成像放大系统仅由一个物镜、一个中间镜和一个投影镜组成，可进行高放大倍数、中放大倍数和低放大倍数成像，成像系统光路如图 2-25 所示。

高放大倍数成像时，物体经物镜放大后在物镜和中间镜之间成第一级实像，中间镜以物镜的像为物进行放大，在投影镜上方成第二级实像，投影镜以中间镜像为物进行放大，在荧光屏或照相底版上成终像。三级透镜高放大倍数成像可以获得高达 20 万倍的电子图像。

中放大倍数成像时调节物镜励磁电流，使物镜成像于中间镜之下，中间镜以物镜像为"虚物"，在投影镜上方形成缩小的实像，经投影镜放大后在荧光屏或照相底板上成终像。中放大倍数成像可以获得几千至几万倍的电子图像。

低放大倍数成像的最简便方法是减少透镜使用数目和减小透镜放大倍数。例如关闭物镜，减弱中间镜励磁电流，使中间镜起着长焦距物镜的作用，成像于投影镜之上，经投影镜放大后成像于荧光屏上，获得 100～300 倍、视域较大的图像，为检查试样和选择、确定高倍观察区提供方便。

现代生产的透射电镜其成像放大系统大多有 4～5 个成像透镜。除了物镜外，有两个可变放大倍数的中间镜和 1～2 个投影镜。成像时可按不同模式（光路）来获得所需的放大倍数。一般第一中间镜用于低倍放大；第二中间镜用于高倍放大；在最高放大倍数情况下，第一、第二中间镜同时使用或只使用第二中间镜，成像放大倍数可以在 100 倍到 80 万倍范围内调节。此外，由于有两个中间镜，在进行电子衍射时，用第一中间镜以物镜后焦面的电子衍射谱作为物进行成像（此时放大倍数就固定了），再用第二中间镜改变终像电子衍射谱的放大倍数，可以得到各种放大倍数的电子衍射谱。因此，第一中间镜又称为衍射镜，而把第二中间镜称为中间镜。

③ 图像观察记录系统 图像观察记录系统用来观察和拍摄经成像及放大的电子图像，该部分包括荧光屏、照相盒、望远镜（长工作距离的立体显微镜）。荧光屏能向上斜倾和翻起，荧光屏下面是装有照相底板的照相盒，当用机械或电气方式将荧光屏向上翻起时，电子束便直接照射在下面的照相底板上并使之感光，记录下电子图像。望远镜一般放大 5～10 倍，用来观察电子图像中更小的细节和进行精确聚焦。

(2) 真空系统 电子显微镜镜筒必须具有很高的真空度，这是因为，若电子枪中存在气体，会产生气体电离和放电，炽热的阴极灯丝受到氧化或腐蚀而烧断，高速电子受到气体分子的随机散射而降低成像衬度以及污染样品。一般电子显微镜镜筒的真空要求在 10^{-4}～10^{-6}Torr（1Torr=133.32Pa）。真空系统就是用来把镜筒中的气体抽掉，它由二级真空泵组成，前级为机械泵，将镜筒预抽至 10^{-3}Torr，第二级为油扩散系统，将镜筒从 10^{-4}Torr 进一步抽至 10^{-6}～10^{-4}Torr。当镜筒内达到 10^{-6}～10^{-4}Torr 的真空度后，电镜才可以开始工作。

(3) 电气控制系统 电气控制系统主要包括三部分：灯丝电源和高压电源，使电子枪产生稳定的高能照明电子束，各磁透镜的稳压稳流电源，使各磁透镜具有高的稳定度；电气控制电路；用来控制真空系统、电气合轴、自动聚焦、自动照相等。

3.3.2.2 透射电镜的主要部件及用途

在透射电镜电子光学系统中除物镜、中间镜和投影镜外，还有样品台、消像散器、光栅等主要部件。

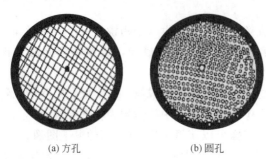

(a) 方孔　　　　　　　(b) 圆孔

图 3-25　铜网放大图

（1）样品台　透射电镜观察用的样品很薄，需放在专用的电镜样品铜网上，然后装入电镜的样品杯或样品杆中送入电镜观察。电镜样品铜网即样品台，用来承载测试样品，铜网直径为 3mm，网上有许多网孔，网孔分为方孔或圆孔（0.075mm）两类，如图 3-25 所示。它可根据需要使样品倾斜和旋转，样品台还与镜筒外的机械旋杆相连。转动旋杆可使样品在两个互相垂直的方向平移，以便观察试样各部分细节。

样品台按样品进入电镜中就位方式分为顶插式和侧插式两种。

对于顶插式样品台，电镜样品先放入样品杯，然后通过传动机构进入样品室，再下降至样品台中定位，使样品处于物镜极靴中间某一精确位置。顶插式样品台的特点是物镜上、下极靴中间隙可以比较小，因此球差小，物镜分辨力较高；倾斜角度可 ±20°，但在倾斜过程中，观察点的像稍有位移。

对于侧插式样品台，电镜样品先放在插入杆前端的样品座上，并用压环固定，插入杆从镜筒侧面插入样品台，使得样品杆的前端连同样品处于物镜上、下极靴间隙中，侧插式样品台的特点是上、下极靴间的间隙较大，因此球差较大，相对来说物镜的分辨力要比顶插式差些，但最大倾角可达 ±60°，在倾斜过程中观察点的像不发生位移，放大倍数也不变。

除了上述可使样品平移和倾斜的样品台外，还有可满足各种用途的样品台。例如加热台，可以把样品加热，最高温度达 1273K；冷却台，可以将样品冷却，最低温度可接近 10K；拉伸台，可以对样品进行拉伸。应用这些特殊功能的样品台时，可以直接观察材料在各种特定条件下发生的动态变化。

（2）消像散器　消像散器是一个产生附加弱磁场的装置，用来矫正透镜磁场的非对称性，从而消除像散，物镜下方都装有消像散器。

消像散器可以是机械式的，也可以是电磁式的。机械式的是在电磁透镜的磁场周围放置几块位置可以调节的导磁体，用它们来吸引一部分磁场，把固有的椭圆形磁场矫正成接近旋转对称的磁场。电磁式的是通过电磁极间的吸引和排斥来矫正椭圆形磁场，如图 3-26 所示。图 3-26 中两组四对电磁体排列在透镜磁场的外围，每对电磁体均采取同极相对的安置方式。通过改变这两组电磁体的激磁强度和磁场方向，就可以把固有的椭圆形磁场矫正成轴对称磁场，起到了消除像散的作用。消像散器一般都安装在透镜的上、下极靴之间。

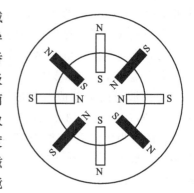

图 3-26　消像散器示意

（3）光栅 在透射电子显微镜中有许多固定光栅和可动光栅，它们的作用主要是挡掉发散的电子，保证电子束的相干性和照射区域。其中聚光镜光栅、物镜光栅和选区光栅是三种主要的可动光栅。

① 聚光镜光栅 聚光镜光栅的作用是限制照明孔径角。在双聚光镜系统中，光栅常装在第二聚光镜的下方。光栅孔的直径为 $20\sim400\mu m$；进行一般分析观察时，聚光镜的光栅孔直径可为 $200\sim300pm$；若进行微束分析时，则应采用小孔径光栅。

② 物镜光栅 物镜光栅又称为衬度光栅，通常被安放在物镜的后焦面上。常用物镜光栅孔的直径是 $20\sim120\mu m$。电子束通过薄膜样品后会产生散射和衍射。散射角（或衍射角）较大的电子被光栅挡住，不能继续进入镜筒成像，从而会在像平面上形成具有一定衬度的图像。光栅孔越小，被挡去的电子越多，图像的衬度就越大，这就是物镜光栅又叫作衬度光栅的原因。加入物镜光栅使物镜孔径角减小，能减小像差，得到质量较高的显微图像。物镜光栅的另一个主要作用是在后焦面上套取衍射束的斑点（即副焦点）成像，即所谓暗场像。

利用明暗场显微图像的对照分析，可以方便地进行物相鉴定和缺陷分析。物镜光栅都用无磁性的金属（铂、锡等）制造。由于小光栅孔很容易受到污染，高性能的电镜中常用抗污染光栅或称自洁光栅。这种光栅常做成四个一组，每个光栅孔的周围开有缝隙，使光栅孔受电子束照射后热量不易散出。由于光栅孔常处于高温状态，污染物就不易沉积上去。四个一组的光栅孔被安装在一个光栅杆的支架上，使用时，通过光栅杆的分挡机构按需要依次插入，使光栅孔中心位于电子束的轴线上（光栅中心和主焦点重合）。

③ 选区光栅 选区光栅又称场限光栅或视场光栅，为了分析样品上的一个微小区域，应该在样品上放一个光栅，使电子束只能通过光栅孔限定的微区。对这个微区进行衍射分析叫作选区衍射分析。由于样品上待分析的微区很小，一般是微米数量级。制作这样大小的光栅孔在技术上还有一定的困难，加之小光栅孔极易被污染，因此，选区光栅一般都放在物镜的像平面位置。这样布置达到的效果与光栅放在样品平面处是完全一样的，但光栅孔的直径可以做得比较大。如果物镜放大倍数是 50 倍，则一个直径等于 $50\mu m$ 的光栅就可以选择样品上直径为 $1\mu m$ 的区域。

选区光栅同样是用无磁性金属材料制成的，一般选区光栅孔的直径位于 $20\sim400\mu m$ 范围之间，和物镜光栅一样，它同样可制成大小不同的四孔一组的光栅片，由光栅支架分挡推入镜筒。

3.3.2.3 透射电镜的主要性能指标

透射电镜的主要性能指标是分辨力、放大倍数和加速电压。

（1）分辨力 分辨力是透射电镜的最主要性能指标，它表征了电镜显示亚显微组织、结构细节的能力。透射电镜的分辨力以两种指标表示：一种是点分辨力，它表示电镜所能分辨的两个点之间的最小距离；另一种是线分辨力，它表示电镜所能分辨的两条线之间的最小距离。透射电镜的分辨力指标与选用何种样品台有关。目前，选用顶插式样品台的超高分辨力透射电镜的点分辨力为 $0.23\sim0.25nm$，线分辨力 $0.104\sim0.14nm$。如图 3-27 所示为测量线分辨力的照片。

（2）放大倍数 透射电镜的放大倍数是指电子图像对于所观察试样区的线性放大率。对放大倍数指标，不仅要考虑其最高和最低放大倍数，还要注意放大倍数调节是否覆盖从低倍到高倍的整个范围。最高放大倍数仅仅表示电镜所能达到的最高放大率，也就是其放大极限。实际工作中，一般都是在低于最高放大倍数下观察，以便获得清晰的高质量电子图像。目前高性能

图 3-27　线分辨力的照片

透射电镜的放大倍数变化范围为 100～80 万倍，即使在 80 万倍的最高放大倍数下仍不足以将电镜所能分辨的细节放大到人眼可以辨认的程度。例如，人眼能分辨的最大分辨力为 0.2mm，若要将 0.1nm 的细节放大到 0.2mm，则需要放大 200 万倍。因此，对于很小细节的观察都是用电镜放大几十万倍在荧光屏上成像，通过电镜附带的长工作距离立体显微镜进行聚焦和观察，或用照相底版记录下来，经光学放大成人眼可以分辨的照片。上述的测量点分辨力和线分辨力照片都是这样获得的。

（3）加速电压　电镜的加速电压是指电子枪的阳极相对于阴极的电压，它决定了电子枪发射的电子的波长和能量。加速电压高，电子束对样品的穿透能力强，可以观察较厚的试样，同时有利于电镜的分辨力和减小电子束对试样的辐射损伤。透射电镜的加速电压在一定范围内分成多挡，以便使用者根据需要选用不同加速电压进行操作，通常所说的加速电压是指可达到的最高加速电压。目前普通透射电镜的最高加速电压般为 100kV 和 200kV，对材料研究工作，选择 200kV 加速电压的电镜更为适宜。

3.3.2.4　电子衍射

电子衍射是目前材料显微结构研究的重要手段之一，电子衍射可以分为低能电子衍射（电子加速电压为 10～500V）和高能电子衍射（电子加速电压大于 100kV），电子衍射可以是独立的仪器，也可以配合透射电镜使用，透射电镜中的电子衍射为高能电子衍射。其中可以采用两种衍射方法：一种是选区电子衍射，在实验过程中选择特定的像区进行电子衍射；另一种为选择衍射，即选择一定的衍射束成像，选择单光束用于晶体的衍衬像，选择多光束用于晶体的晶格像。

电子衍射几何学与 X 射线衍射完全一样，都遵循劳厄方程和布拉格方程所规定的衍射条件及几何关系。

电子衍射与 X 射线衍射的主要区别在于电子波的波长短，受物质的散射强（原子对电子的散射能力比 X 射线高 1 万倍）。电子波的波长决定了电子衍射的几何特点，它使单晶的电子衍射谱和晶体倒易点阵的二维截面完全相似。

电子衍射的光学特点如下：第一，衍射束强度有时几乎与透射束相当，因此有必要考虑它们之间的相互作用，使电子衍射花样分析，特别是强度分析变得复杂，不能像 X 射线那样从测量强度来广泛地测定晶体结构；第二，由于散射强度高，导致电子穿透能力有限，因而比较适用于研究微晶、表面和薄膜晶体。

电子衍射同样可以用于物相分析，电子衍射物相具有下列优点。

① 分析灵敏度非常高，小到几十甚至几纳米的微晶也能给出清晰的电子图像。适用于试样总量很少（如微量粉料、表面薄层）、待定物在试样中含量很低（如晶界的微量沉淀、第二相在晶体内的早期预沉淀过程等）和待定物颗粒非常小（如结晶开始时生成的微晶、黏土矿物等）的情况下的物相分析。

② 可以得到有关晶体取向关系的资料，如晶体生长的择优取向，析出相与基体的取向

关系等。当出现未知的新结构时，其单晶电子衍射谱可能比 X 射线多晶衍射谱易于分析。

③ 电子衍射物相分析可与形貌观察结合进行，得到有关物相的大小、形态和分布等资料。在强调电子衍射物相分析的优点时，也应充分注意其弱点。由于分析灵敏度高，分析中可能会引起一些假象，如制样过程中由水或其他途径引入的各种微量杂质，试样在大气中放置时落下尘粒等，都会给出这些杂质的电子衍射谱。所以除非一种物相的电子衍射谱经常出现，否则不能轻易断定这种物相的存在。同时，对电子衍射物相分析结果要持分析态度，并尽可能与 X 射线物相分析结合进行。

3.3.2.5 电子衍射基本公式和有效相机常数

（1）**电子衍射基本公式** 电子衍射操作是把倒易点阵的图像进行空间转换并在正空间中记录下来。用底片记录下来的图像称为衍射花样。如图 3-28 所示为电子衍射花样的形成。由图 3-28 可以看到，待测样品安放在厄瓦尔德球的球心 O 处，当入射电子束 I_0 照射到试样晶体面间距为 d 的晶面组（hkl）满足布拉格条件时，与入射束交成 2θ 角度方向上得到该晶面组的衍射束。透射束和衍射束分别与距离试样为 L 的照相底板 MN 相交，得到透射斑点 Q 和衍射斑点 P，它们间的距离为 R。

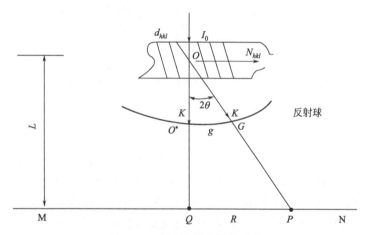

图 3-28 电子衍射花样的形成

由图 3-28 中几何关系得

$$R = L \tan 2\theta \tag{3-16}$$

由于电子波的波长很短，电子衍射的 2θ 很小，一般仅为 $1° \sim 2°$，所以有 $\tan 2\theta \approx \sin 2\theta \approx 2\sin\theta$。

代入布拉格公式为

$$2d \sin\theta = \lambda \tag{3-17}$$

得电子衍射基本公式为

$$Rd = L\lambda \tag{3-18}$$

L 称为衍射长度或电子衍射相机长度，在一定加速电压下，λ 值确定，则有

$$K = L\lambda \tag{3-19}$$

K 称为电子衍射的相机常数，它是电子衍射装置的重要参数。如果 K 值已知，则晶面组（hkl）的晶面面间距为

$$d_{hkl} = \frac{L\lambda}{R} = \frac{K}{R} \tag{3-20}$$

由式（3-20）可以看出，R 与 $1/d_{hkl}$ 互为正比关系，该式在分析电子衍射过程中具有重要的意义。

（2）有效相机常数　物镜是透射电镜的第一级成像透镜。由晶体试样产生的各级衍射束首先经物镜会聚于物镜后焦面成第一级衍射谱，再经中间镜及投影镜放大后在荧光屏或照相底板上得到放大了的电子衍射谱，如图 3-29 所示。

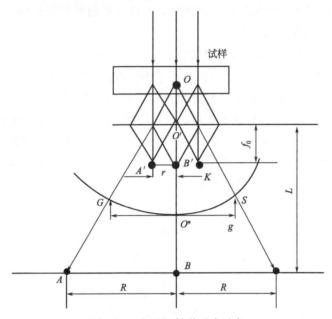

图 3-29　电子衍射谱形成示意

根据三角形相似原理，$\triangle OAB \sim \triangle O'A'B'$，因此，衍射操作时的相机长度 L 和 R 在电镜中与物镜的焦距 f_0 和 r（副焦点 A' 到主焦点 B' 的距离）相当。电镜中进行电子衍射操作时，焦距 f_0 起到了相机长度的作用。由于 f_0 将进一步被中间镜和投影镜放大，故最终的相机长度应是 $f_0 M_I M_P$（M_I 和 M_P 分别为中间镜和投影镜的放大倍数），于是有

$$L' = f_0 M_I M_P \tag{3-21}$$

式中　L'——常数，定义为有效相机长度。

根据式（3-18），可得

$$R' = \frac{f_0 M_I M_P \lambda}{d} = \frac{\lambda L'}{d} \times \frac{K'}{d} \tag{3-22}$$

由式（3-22）可得

$$K' = \lambda L' \tag{3-23}$$

式中　K'——有效相机常数，

由此可见，透射电子显微镜中得到的电子衍射图谱仍然满足与式（3-23）相似的基本公式，但是式中 L' 并不直接对应于样品至照相底版的实际距离。只要记住这一点，习惯上可以不加区别地使用 L 和 L' 这两个符号，并用 K 代替 K'。

因为 f_0、M_I 和 M_P 分别取决于物镜、中间镜和投影镜的激磁电流，所以有效相机常数 K' 也将随之而变化。为此，必须在三个透镜的电流都固定的条件下，标定它的相机常数，使 R 和 d 之间保持确定的比例关系。目前的电子显微镜，由于计算机引入了控制系统，因此相机常数及放大倍数都随透镜激磁电流的变化而自动显示出来，并直接曝光在

底片边缘。

3.3.2.6 透射电镜中的电子衍射方法

（1）选区电子衍射 透射电镜中通常采用选区电子衍射，就是选择特定像区的各级衍射束成谱。选区是通过置于物镜像平面的专用选区光栅（或称现场光栅）进行的。在图3-30所示的选区光栅孔情况下，只有试样 AB 区的各级衍射束能通过选区光栅最终在荧光屏上成谱，而 AB 区外的各级衍射束均被选区光栅挡住而不能参与成谱。

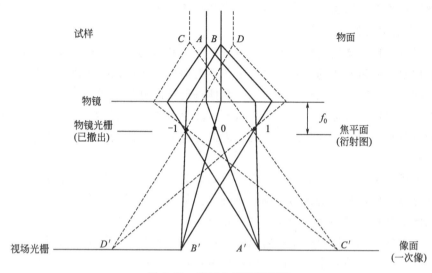

图 3-30 选区电子衍射原理

因此所得到的衍射谱仪与试样 AB 区相对应。通过改变选区光栅孔大小，可以改变选区大小，使衍射谱与所选试样像区一一对应。

通常物镜放大倍数为 $50 \sim 200$ 倍，利用孔径为 $50 \sim 100 \mu m$ 的选区光栅即可对样品上 $0.5 \sim 1 \mu m$ 的区域进行电子衍射分析。由于物镜存在球差以及选区成像时物镜的聚焦误差（失焦），选区范围会有一定误差，选区的最小范围不能小于 $0.5 \sim 1 \mu m$。

（2）微束电子衍射 微束电子衍射是利用经聚光镜系统会聚的、很细的电子束对试样进行衍射。微束电子衍射的电子束直径最小可达 $50nm$，因而不需要使用选区光栅就能得到微区电子衍射，也不会有衍射与选区不相对应的情况。

（3）高分辨力电子衍射 电子衍射的分辨力 η 定义为

$$\eta = \frac{r}{L} \propto \frac{r}{R} \tag{3-24}$$

式中 r——荧光屏或照相底板上衍射斑点半径；

R——衍射斑点至透射斑点的距离。

r 对 L 或 R 的比值越小，分辨力越高。在选区衍射情况下，物镜后焦面上的第一级衍射谱的分辨力 r'/f_0（r' 为其衍射斑点半径）与荧光屏或照相底板上的衍射谱的分辨力 r/L 相同（$r = r'M'$，$L = f_0 M'$）。由于 f_0 很小，所以衍射分辨力不高。

（4）高分散性电子衍射 高分散性电子衍射的目的是拉开大间距晶面衍射斑点或小角度衍射束斑点与透射斑点之间的距离，以便于分辨和分析。进行高分散性电子衍射时，物镜关闭，试样产生的小角度衍射束经第一中间镜成第一级衍射谱，再经第二中间镜投影在荧光屏上成谱。高分散性电子衍射增大了有效相机长度，从而增大了衍射斑点至透射斑点的距离

R，提高了分散性。

（5）会聚束电子衍射　会聚束电子衍射是近年发展起来的一种电子衍射，其优点之一是可以给出有关晶体结构的三维信息，如空间点阵、点群及空间群。会聚束电子衍射是用会聚成一定会聚角的电子束对试样进行衍射，会聚角由第二聚光镜光栅孔直径决定。会聚束经晶体试样衍射后成透射束的明场圆盘和衍射束的暗场圆盘，这些衍射盘中的强度分布细节及其对称性给出晶体结构的三维信息。会聚束电子衍射可用于晶体对称性（包括点群、空间群）的测定，微区点阵参数的精确测定，薄晶厚度和晶体势函数的测定。

3.3.2.7　电子衍射谱的标定简介

电子衍射图也称为衍射花样，电子衍射分析中最基本的工作是标定电子衍射图中各斑点的指数，根据对待分析晶体的了解程度，电子衍射谱的标定可以分为以下三种情况。

（1）晶体点阵已确定　例如，要对已知晶体进行缺陷分析或成高分辨力像时，首先要对所获得的电子衍射谱进行标定，确定晶体取向，然后才能根据需要选择一定的衍射束成像。由于晶体的点阵类型及点阵常数是已知的，因此标定的原理比较简单，但有时仍需要进行烦琐的计算与核对。

（2）晶体虽然未知，但已有一定范围　例如，对所研究的试样有所了解，已经知道可能会有哪几种晶体，标定的目的是为了确定哪种晶体的电子衍射谱。在这种情况下，需要一种晶体一种晶体地试算，最终确定物相，这就是电子衍射物相分析。

（3）晶体点阵未知　这时电子衍射谱的标定是比较困难的，因为不能从一张电子衍射谱给出的二维信息中唯一地确定三维晶体的点阵常数，在这种情况下，需要转动晶体得出两个或更多个晶带的电子衍射谱，再用几何构图等方法得出三维晶体的点阵常数，同时标定衍射中衍射斑点的指数。

无论上述哪一种情况，电子衍射谱标定都是计算量大而又烦琐的工作，因此近年来大都用计算机处理。

（1）单晶电子衍射谱　单晶电子衍射得到的衍射花样是一系列按一定几何图形配置的衍射斑点，通常称为单晶电子衍射谱。电子衍射图的本质是落在厄瓦尔德球面上所有倒易点构成的图形的投影放大像。单晶衍射谱就是与厄瓦尔德球相截的二维倒易平面的倒易点阵的投影放大像。如图 3-31 所示为 $Na_{0.44}MnO_2$ 的单晶电子衍射谱。

单晶电子衍射谱具有一定几何图形与对称性，这可从倒易点阵的对称性加以分析。与正空间中的布拉格平面点阵一样，二维倒易平面上倒易点阵的配置只有平行四边形、矩形、有心矩形、正方形和正六角形五种，因此单晶衍射谱也只有这五种几何图形。倒易空间与正空间有相同的点群，而二维点群有 10 种：$1,2,3,4,6,m$，$2mm$，$3mm$，$4mm$，$6mm$。电子衍射谱相当于一个二维倒易点阵平面，在此平面上的对称中心就是一个二次旋转轴，因此，上述 10 种点群中只有包括二次旋转

图 3-31　$Na_{0.44}MnO_2$ 的单晶电子衍射谱

轴的 6 种类型才能在电子衍射谱中出现：2mm，4mm，6mm。点群 1、3 均不出现，因为加上电子衍射谱会有二次旋转轴，1 就变成 2，3 就变成 6 次旋转轴了。表 3-8 列出了电子衍射谱的几何图形，相应的点群及其可能所属的晶系。

表 3-8　电子衍射谱的几何图形

电子衍射花样	所属二维倒易点阵	可能的所属晶系
2（180°）	平行四边形	三斜、单斜、正交、四方、六方、三角、立方
2mm（90°）	矩形	单斜、正交、四方、六方、三角、立方
2mm（90°）	有心矩形	单斜、正交、四方、六方、三角、立方
4（90°）　4mm（45°）	正方形	四方、六方
6（60°）　6mm（35°）	正六角形	六方、三角、立方

（2）多晶电子衍射图　多晶电子衍射图的几何特征和粉末法的 X 射线衍射图非常相似，由一系列不同半径的同心圆环所组成，如图 3-32 所示为 $LiNi_{0.5}Mn_{1.5}O_4$ 的多晶电子衍射图。产生这种环形花样的原因是：多晶试样为许多取向不同的细小晶粒的集合体，在入射电子束照射下，对每一颗小晶体来说，当其面间距为 d 的（hkl）晶面簇的晶面组符合衍射条件时，将产生衍射束，并在荧光屏或照相底板上得到相应的衍射斑点。当有许多取向不同的小晶粒，其（hkl）晶面簇的晶面组符合衍射条件时，则形成以入射束组成为顶角的衍射束构成的圆锥面，它与荧光屏或照相底板的交线，就是半径为 $R = LX/d$ 的圆环。因此，多晶衍射谱的环形花样实际上是许多取向不同的小单晶的衍射的叠加。d 值不同的（hkl）晶面簇，将产生不同的圆环，从

图 3-32　$LiNi_{0.5}Mn_{1.5}O_4$ 的多晶电子衍射图

而形成由不同半径同心圆环构成的多晶电子衍射谱。

（3）超点阵衍射图　当晶体内部的原子或离子产生有规律的位移或不同种原子产生有序接列时，将引起其电子衍射结果的变化，即可以使本来消光的斑点出现，这种额外的斑点称为超点阵斑点。

（4）孪晶斑点　材料在凝固、相变和变形过程中，晶体内的一部分相对于基体按一定的对称关系生长，即形成了孪晶。其衍射花样是两套不同晶带单晶衍射斑点的叠加，而这两套斑点的相对位向势必反映基体和孪晶之间存在着的对称取向关系。图 3-33 给出单斜相 ZrO_2 的孪晶衍射斑点。

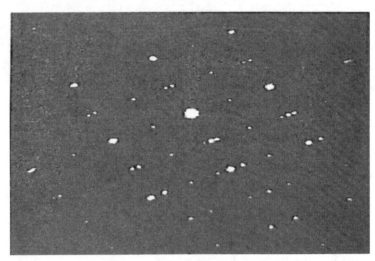

图 3-33　单斜相 ZrO_2 的孪晶衍射斑点

3.3.2.8　透射电子显微像

透射电镜的工作原理是电子枪产生的电子束经 1～2 级聚焦光镜会聚后均匀照射到试样上的某一待观察微小区域上，入射电子与试样物质相互作用，由于试样很薄，绝大部分电子穿透试样，其强度分布与所观察试样区的形貌、组织、结构一一对应。透射出试样的电子经物镜、中间镜、投影镜的三级磁透镜放大在观察图形的荧光屏上，荧光屏把电子强度分布转变为人眼可见的光强分布。于是在荧光屏上显示与试样形貌、组织、结构相对应的图像。

一般把图像的光强度差别称为衬度，电子图像的衬度按其形成机制有质厚衬度、衍射衬度和相对衬度，它们分别适用于不同类型的试样、成像方法和研究内容。

测试透射电镜需具备两个方面的前提：一是制备出适合透射电镜观察用的试样，也就是要能制备出厚度仅为 100～200mm 甚至几十纳米的对电子束"透明"的试样；二是建立阐明各种电子图像的衬度理论。

3.3.2.9　透射电镜制样方法

透射电镜观察用的试样，对材料研究来说大致有三种类型：经悬浮分散的超细粉末颗粒；用一定方法减薄的材料薄膜；用复型方法将材料表面或断口形貌（浮雕）复制下来的复型膜。粉末颗粒试样和薄膜试样因其是所研究材料的一部分，属于直接试样；复型膜试样仅是所研究形貌的复制品，属于间接试样。

（1）粉末样品制备　用超声波分散器将需要的粉末在溶液（不与粉末发生作用）中分散

成悬浮液，用滴管滴几滴在覆盖有碳加强火棉胶支持膜的电镜铜网上。待其干燥（或用滤纸吸干）后，再蒸上一层碳膜，即成为电镜观察到的分散情况，可用光学显微镜进行观察。也可把载有粉末的铜网再做一次投影操作，以增加图像的立体感，并可根据投影"影子"的特征来分析粉末颗粒的立体形状。

（2）块状样品制备　块状材料是通过减薄的方法（需要先进行机械或化学方法的预减薄）制备成对电子束透明的薄膜样品。减薄的方法有超薄切片、电解抛光、化学抛光和离子轰击等。超薄切片减薄方法适用于生物试样。电解抛光减薄方法适用于金属材料。化学抛光减薄方法适用于在化学试剂中能均匀减薄的材料，如半导体、单晶体、氧化物等。无机非金属材料大多数为多相、多组分的非导电材料，上述方法均不适用。直至 20 世纪 60 年代初产生了离子轰击减薄装置后，才使无机非金属材料的薄膜制备成为可能。

离子轰击减薄是将待观察的试样按预定取向切割成薄片，再经机械减薄抛光等过程预减薄至 30~40μm 的薄膜。把薄膜钻取或切取成尺寸为 2.5~3mm 的小片，装入离子轰击减薄装置中进行离子轰击减薄和离子抛光。离子轰击减薄的原理如下。在高真空中，两个相对的冷阴极离子枪，提供高能量的氩离子流，以一定角度对旋转的样品的两面进行轰击。当轰击能量大于样品材料表层原子的结合能时，样品表层原子受到氩离子击发而溅射，经较长时间的连续轰击和溅射，最终样品中心部分穿孔。穿孔后的样品在孔的边缘处极薄，对电子束是透明的，就成为薄膜样品。如图 3-34 所示为离子轰击减薄方法制备的薄膜样品的断面示意。

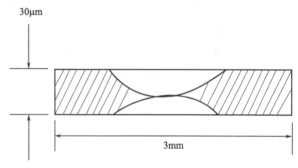

图 3-34　离子轰击减薄方法制备的薄膜样品的断面示意

3.4　粒度分析

颗粒尺寸（粒径）、粒径分布及颗粒的大小用其在空间范围所占据的线性尺寸表示。球形颗粒的直径就是粒径（particle diameter）。非球形颗粒的粒径则可用球体、立方体或长方体的代表尺寸表示。其中，用球体的直径表示不规则颗粒的粒径应用最普遍，称为当量直径（equivalent diameter）。

通常称为粉体的是多颗粒的集合体，由大量单颗粒组成，一般将颗粒的平均大小称为粒度（partiele sisel），习惯上可将粒径和粒度两词通用。颗粒系统的粒径相等时（如标准颗粒），可用单一粒径表示其大小。这类颗粒称为单粒度体系或称单分散体系（monodisperse）。实际粉体大都由粒度不等的颗粒组成，是多粒度体系或称多分散体系（polydisperse）。为了知道多粒度体系中各个粒径范围的颗粒占总颗粒的分数，需用粒径分布（particle diameter distribution）又称粒度分布来表征，即是用简单的表格、绘图和函数形式表示颗粒群粒径的分布状态，常表示成频率分布和累积分布的形式。频率分布表示各个粒径相对应的颗粒百分含量（微分型）；累积分布表示小于（或大于）某粒径相对应的颗粒占全部颗粒的百分含量与该粒径的关系（积分型）。百分含量的基准可用颗粒个数、体积、质量为基准，此外还有用长度和面积为基准的。如表 3-9 所示，频率分布和累积分布都采用了两种基准：个数基准和质量基准。

表 3-9 颗粒的频率分布和累积分布

粒径/μm	频率分布/%		累积分布/%			
	质量分数	颗粒分数	质量分数		颗粒分数	
			大于该粒径范围	小于该粒径范围	大于该粒径范围	小于该粒径范围
<20	6.5	19.5	100.0	6.5	100.0	19.5
20~25	15.8	25.6	93.5	22.3	80.5	45.1
25~30	23.2	24.1	77.7	45.5	54.9	69.2
30~35	23.9	17.2	54.5	69.4	30.8	86.4
35~40	14.3	7.6	30.6	83.7	13.6	94.0
40~45	8.8	3.6	16.3	92.5	6.0	97.6
>45	7.5	2.4	7.5	100.0	2.4	100.0

颗粒粒径的频率分布和累积分布也常表示成图形形式，如图 3-35 所示。用图形形式表示粒径分布比较直观。

粒径分布还常用粒度分布的函数如正态分布、对数正态分布等表示。

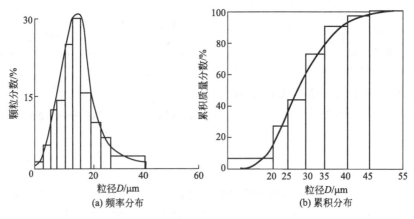

(a) 频率分布　　　(b) 累积分布

图 3-35　颗粒粒径的分布

3.5　热分析

3.5.1　热分析概述

热分析 (thermal analysis) 是指在程序控制温度下测量物质的物理性质随温度变化的函数关系。其技术基础在于物质在加热或冷却过程中，随着其物理状态或化学状态的变化，通常伴有相应的热力学性质（如热焓、比热容、热导率等）或其他性质（如质量、力学性质、电阻等）的变化，因而通过对某些性质（参数）的测定可以分析研究物质的物理变化或化学变化过程。

热分析定义的突出特点是概括性很强，只要稍加代换总定义中的某几个字（即将物理性质具体化为诸如质量、温差等物理量），就很容易得到各种热分析方法的定义。比如：热重法 (thermogravimetry, TG)，即在程序温度下，测量物质的质量与温度的关系的技术；差热分析（differential thermal analysis，DTA），即在程序温度下，测量物质和参比物的温度差与温度关系的技术。

热分析一般术语如下。

（1）热分析曲线（curve）　在程序温度下，使用差热分析仪器扫描出的物理量与温度或时间的关系。

（2）升温速率（dT/dt 或 β，heating rate）　程序温度对时间的变化率。其值不一定为常数，且可正可负。单位为 K/min 或 C/min。当温度-时间曲线为线性时，升温速率为常数。温度可以用热力学温标（K）或摄氏温标（℃）表示。时间单位为秒（s）、分（min）或小时（h）。

（3）差或示差（differential）　在程序温度下，两个相同的物理量之差。

（4）微商或导数（derivaive）　在程序温度下，物理量对温度或时间的变化率。

（5）热分析简称（abbreviations）　由英文命名词头大写字母组成（字母间不加圆点）。

（6）热分析（subscripts）　避免用多字母表示。关系到物体的用大写下标表示，如 m_S 表示试样的质量，T_R 表示参比物的温度。涉及出现的现象用小写下标，如 T_g 表示玻璃化温度，T_c 表示结晶温度，T_m 表示熔化温度，T_s 表示试样的熔点等。

3.5.2　热重分析

3.5.2.1　热重分析的基本原理

热重法（TG）是测量试样的质量变化与温度或时间关系的一种技术。如熔融、结晶和玻璃化转变之类的热行为试样无质量变化，而分解、升华、还原、热解、吸附、蒸发等伴有质量改变的热变化可用热重法来测量。热重分析使用的仪器通称热天平。把试样的质量作为时间或温度的函数记录分析，得到的曲线称为热重曲线。热重法的基本原理：在程序温度（升温/降温/恒温及其组合）过程中，观察样品的质量随温度或时间的变化过程。

热重曲线的纵轴方向表示试样质量的变化，横轴表示时间或温度。如果纵坐标用试样余重的百分数表示，则构成如图 3-36 所示的曲线。

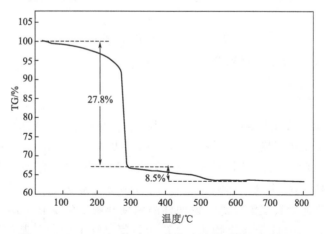

图 3-36　$ZnMn_2O_4/Mn_2O_3$ 复合材料前驱体的热重曲线

3.5.2.2　实验条件

一般采用热重分析仪测试其热重曲线。其中，实验条件对 TC 和 DTG 曲线的影响主要有升温速率、气氛和样品，这些条件对热重曲线的影响都很大。

（1）升温速率　升温速率的快慢会影响到 T_i 和 T_f，升温速率越快，温度的滞后越大，进而使 T_i 至 T_f 的分解温度区间增大。为了得到较好的热重曲线，一般把升温速率定为 5～10℃/min。

（2）气氛　气氛对热重曲线的影响包括气氛的种类和气氛的类型。一般常见的气氛有空气、氧气、氮气、氦气、氩气等气体，需要根据不同的要求来选择不同的气氛，单一的热分解过程需选择氮气和氦气等惰性气氛，热氧化过程则需选择空气或氧气等气氛。不同的气氛所测得的 TG 和 DTG 曲线是不同的。此外，气氛还分为动态气氛与静态气氛，一般选择动态气氛，以便及时带走分解物；静态气氛只能用于分解前的稳定区域，或在强调减少温度梯度和热平衡时使用，气氛类型对热重曲线也有一定影响。

（3）样品　样品的用量、粒度和装填情况都会影响热重曲线。为了得到较好的热重结果，一般要求测试样品的粒度不宜太大、装填的紧密程度应适中。样品量过大，会使挥发物不宜逸出，并影响热重曲线变化的清晰度。因此，试样用量应在热重测试的灵敏度范围内尽量减少。

此外，同样的样品，不同厂家、不同型号的仪器所得到的结果也会有所不同，所以进行热重分析时，为了得到最佳的可比性，应尽可能稳定每次的实验条件，以便尽可能减少误差，使分析结果更能说明问题。

3.5.3　差热分析法

差热分析法（differential thermal analysis，DTA）是在程序温控下，测量样品与参比物温度差和温度关系的一种分析技术，下面分别介绍热分析的基本原理、实验条件和测试技术。

3.5.3.1　基本原理

差热分析（DTA）的样品与参比物同时置于加热炉中，以相同的条件升温或降温，其中参比物在受热过程中不发生热效应。因此，当样品发生相变、分解、化合、升华、失水、熔化等热效应时，样品与参比物之间就产生差热，利用差热电偶可以测量出反映该温度差的差热电势，并经微伏直流放大器放大后输入记录器，即可得到差热曲线。

数学表达式为

$$\Delta T = T_s - T_r = f(T \text{ 或 } t) \tag{3-25}$$

式中　T_s，T_r——试样及参比物温度；

　　　　T——程序温度；

　　　　t——时间。

如图 3-37 所示是典型的吸热 DTA 曲线，纵坐标为试样与参比物的温度差（ΔT），向上表示放热，向下表示吸热，横坐标为温度（T）或时间（t）。

差热分析曲线反映的是测试过程中的热变化，物质发生的任何物理和化学变化，其 DTA 曲线上都有相应的峰出现。如图 3-37 所示，AB 及 DE 为基线，是 DTA 曲线中 ΔT 不变的部分；B 点称为起始转变温度点，说明样品温度开始发生变化；BCD 为吸热峰，是指样品发生吸热反应，温度低于参比物质，ΔT 为负值（峰形凹起于基线）；若为放热反应，则图 3-37 中出现放热峰，温度高于参比物质，ΔT 为正值（峰形凸起于基线），$B'D'$ 为峰宽，为曲线离开基线与回至基线之间的温度（或时间）差；C 点为样品与参比物温差最大的点，它所对应的温度为峰顶温度，通常用峰顶温度作为鉴别物质或其变化的定性依据；CF 为峰高，是自峰顶 C 至补插基线 BD 间的距离；$BGCDB$ 的面积为峰面积，计算峰面积的方

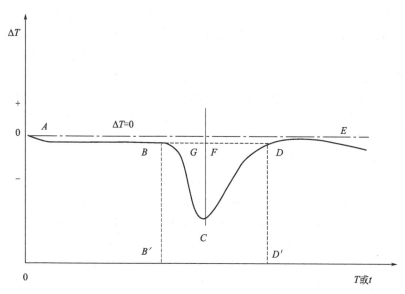

图 3-37　典型的吸热 DTA 曲线

法有很多，具体方法可参考其他热分析书籍。

　　DTA 法可用来测定物质的熔点。实验表明，在一定的范围内，样品量与峰面积呈线性关系，而后者又与热效应成正比，故峰面积可表征热效应的大小，是计量反应热的定量依据。在给定条件下，峰的形状取决于样品的变化过程。因此从峰的大小、峰宽和峰的对称性等还可以得到有关动力学的信息。根据 DTA 曲线中的吸热或放热峰的数目、形状和位置还可以对样品进行定性分析，并估测物质的纯度。

　　差热分析时，将试样和参比物对称地放在样品架的样品池内，并将其置于炉子的恒温区内。当加热或冷却时，若样品没有热效应，则样品与参比物没有温差，$\Delta T = 0$，此时记录曲线为一条水平线；若样品有热效应，则样品与参比物有温差，$\Delta T \neq 0$。如果是放热反应，ΔT 为正值，曲线偏离基线移动，直至反应结束，再经过试样与参比物之间的热平衡过程而逐渐恢复到 $\Delta T = 0$，形成一个放热峰；如果是吸热反应，ΔT 为负值，曲线偏离基线移动，结果形成一个吸热峰。差热分析物理化学或化学变化的热效应见表 3-10。

表 3-10　差热分析物理化学或化学变化的热效应

物理现象	反应热		化学现象	反应热	
	吸热	放热		吸热	放热
晶型转变	+	+	化学吸附	－	+
熔融	+	－	去溶剂化	+	－
蒸发	+	－	脱水	+	－
升华	+	－	分解	+	－
吸附	－	+	氧化降解	－	+
解吸	+	－	氧化还原反应	+	+
吸收	+	－	固态反应	+	+

注：＋表示可检测；－表示观察不到。

3.5.3.2　实验条件

（1）操作条件的影响　升温速率是对 DTA 曲线产生最明显影响的实验条件之一，升温速率增大时，峰顶温度通常向高温方向移动，峰的大小和位置都有变化。气氛对 DTA 曲线也有很大的影响，不同性质的气氛（氧化气氛、还原气氛或惰性气氛）对 DTA 测定有较大影响。气氛对试样的影响决定了气氛对 DTA 测定的影响。气氛对 DTA 测定的影响主要表现在对那些可逆的固体热分解反应，而对不可逆的固体热分解反应影响不大。压力对 DTA 测定也有影响，对于不涉及气相的物理变化（晶型转变熔融、结晶），转变前后的体积基本不变或变化不大，故压力对转变温度的影响很小，DTA 峰温基本不变；相反，有气相变化的物理变化（热分解、升华、汽化、氧化）的 DTA 测试受压力的影响很大。

（2）试样　试样的影响包括试样量、参比物和稀释剂的影响。试样用量越多，内部传热时间越长，所形成的温度梯度越大，DTA 峰形就会扩张。而且试样用量过多，还会使分辨率下降，峰顶温度会移向高温，即温度滞后会更严重。作为参比物，必须在所使用的温度范围内是热惰性的，且与试样比热容和热导率相同或相近，一般都采用 $\alpha\text{-}Al_2O_3$（高温煅烧过的氧化铝粉体）。满足以上两个条件才能使 DTA 基线不漂移或漂移较小。

表 3-11 列举了一些用于差热分析的常见参比物质。对于无机样品，氧化铝、碳化硅常用作参比物，而对有机样品，一般用有机聚合物，例如硅油。

表 3-11　用于差热分析的常见参比物质

化合物	温度极限/℃	反应性
碳化硅	2000	可能是一种催化剂
玻璃粉	1500	惰性的
氧化铝	2000	与卤代化合物反应
硅油	1000	惰性的
石墨	3500	在无 O_2 气氛中是惰性的
铁	1500	约 700℃ 时晶型变化

为使试样和参比物的热导率相匹配，还需使用稀释剂。一般稀释剂可选择表 3-11 所列的物质，但要求试样存在时稀释剂必须是惰性的。此外，稀释剂还可使试样量维持恒定。

总之，DTA 的影响因素是多方面的、复杂的，有的也是很难控制的。因此，用 DTA 进行定量分析，一般误差很大，比较困难。如果只做定性，主要看峰形和要求不很严格的反应温度，则很多因素可以忽略，只考虑试样量和升温速率即可。

3.5.3.3　测试技术

首先要做的是基线调整，因为基线呈向上突起时，其峰高、峰宽乃至求取的峰面积均会带有一定的任意性，难以判断有怎样的热量变化。为避免这种情况，需调整在使用温度范围内的基线。操作方法主要是调整平衡旋钮，以便在使用温度范围内的时间坐标（以一定速率升温表示的温度坐标）变成趋于平行的基线。

其次就是选择试样容器，这里容器的选择要根据所测样品而定，预定温度在 500℃ 以下时用铝容器，超过 500℃ 时则使用铂容器。如果发现容器可能与样品发生反应，则应使用氧化铝容器。根据试样的状态，还应加盖卷边或密封。

最后要注意的就是取样。对取样的要求则是前述影响因素部分所提及的几点，特别要注意尽量使试样内部的温度分布均一，试样容器与传感器的接触要良好，对于固相、液相向气相的反应（分解、脱水反应等），要注意控制其反应速率。

3.5.4　示差扫描量热法

随着科学技术的发展，要求开发出快速准确、试样用量少以及不受测试条件、环境影响的热分析技术。示差扫描量热法（DSC）就是为满足上述要求而出现的新的热分析方法，DSC的前身是差热分析（DTA）。

3.5.4.1 示差扫描量热法基本原理

示差扫描量热法是在程序控制温度条件下，测量输入给样品和参比物的功率差与温度关系的一种热分析方法。针对差热分析法是间接以温差（ΔT）变化表达物质物理或化学变化过程中热量的变化（吸热和放热），且由于差热分析曲线影响因素很多，难于定量分析的问题，发展了示差扫描量热法。

试样和参比物必须分别装填在加热器中，且应有单独的传感器（热电偶或热敏电阻），以电阻丝供热，控制升温速率，以使试样和参比物保持相同的温度。由于热阻的存在，参比物与样品之间的温度差（ΔT）与热流差成一定的比例关系。样品热效应引起参比物与样品之间的热流不平衡，所以在一定的电压下，输入电流之差与输入的能量成比例，得出试样与参比物的热容之差或反应热之差 ΔE。将 ΔT 对时间积分，可得到热焓。

$$\Delta H = K \int_0^t \Delta t \, dt \qquad (3-26)$$

式中　K——修正系数，也称仪器常数。

纵坐标表示试样相对于参比物能量的吸收比例，该比例取决于示差扫描量热法试样的热容。横坐标表示时间（t）或温度（T）。

DSC与DTA的工作原理有着明显的差别：DTA只能测试 ΔT 信号，无法建立 ΔH 与 ΔT 之间的联系；DSC能测试 ΔT 信号，并可以建立 ΔH 与 ΔT 之间的联系，即

$$\Delta H = K \int_0^t \Delta T \, dt \qquad (3-27)$$

3.5.4.2 示差扫描量热仪

目前有两种示差扫描量热法，即功率补偿式示差扫描量热法和热流式示差扫描量热法。

（1）功率补偿式示差扫描量热仪　与差热分析仪比较，示差扫描仪有功率补偿放大器，而且样品池（坩埚）与参比物池（坩埚）下装有各自的热敏元件和补偿加热器（丝）。热分析过程中，当样品发生吸热（或放热）时，通过对样品（或参比物）的热量补偿作用（供给电能），维持样品与参比物温度相等（$\Delta T = 0$）。补偿的能量（大小）即相当于样品吸收或放出的能量（大小）。

对于功率补偿式示差扫描量热法

$$\Delta H = K' \Delta W \qquad (3-28)$$

式中　ΔH——热焓变化量；

　　　ΔW——功率（补偿电）的变化量；

　　　K'——校正常数。

典型的示差扫描量热曲线以热流率（dH/dt）为纵坐标，以时间（t）或温度（T）为横坐标，即 dH/dt（或 T）曲线，如图3-38所示。图中，曲线离开基线的位移即代表样品吸热或放热的速率（mJ/s），而曲线中峰或谷包围的面积即代表热量的变化。因而示差扫描量热法可以直接测量样品在发生物理或化学变化时的热效应。

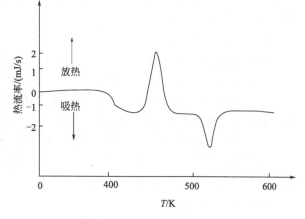

图 3-38　典型的 DSC 曲线

考虑到样品发生热量变化（吸热或放热）时，此种变化传导到温度传感装置（热电偶、热敏电阻等）以实现样品（或参比物）的热量补偿外，尚有一部分传导到温度传感装置以外的地方，因而示差扫描量热曲线上吸热峰或放热峰面积实际上仅代表样品传导到温度传感器装置的那部分热量变化，样品真实的热量变化与曲线峰面积的关系为

$$m\Delta H = KA \tag{3-29}$$

式中　m——样品质量；

　　　ΔH——单位质量样品的熔变；

　　　A——与 ΔH 相应的曲线峰面积；

　　　K——修正系数，也称仪器常数。

由此可知，对于已知 ΔH 的样品，通过测量与 ΔH 相应的 A 值，则可按此式来得仪器常数 K。

（2）热流式示差扫描量热仪　热流式示差扫描量热仪的特点是利用导热性能好的康铜盘把热量传输到样品和参比物，并使它们受热均匀。

样品和参比物的热流差是通过样品和参比物平台下的热电偶进行测量的。样品温度由镍铬板下方的镍铬-镍铝热电偶直接测量，这样热流型 DSC 仍属于 DTA 测量原理，但它可以定量地测定热效应，主要是该仪器在等速升温的同时还可以自动改变差热放大器的放大倍数，以补偿仪器常数 K 随温度升高所减少的峰面积。

3.5.4.3　影响示差扫描量热分析的因素

影响 DSC 的因素与差热基本类似，鉴于 DSC 主要用于定量测量，因此某些实验因素的影响更为主要。

（1）试样特性的影响

① 样品用量的影响　试样用量是一个不可忽视的因素。通常用量不宜过多，因为过多会使试样内部传热慢、温度梯度大，导致峰形扩大和辨别力下降，但可以观察到细微的转变峰。当采用较少的样品时，用较高的扫描速度，可得到最大的分辨力和最规则的峰形，可使样品与可控制的气氛更好地接触，更好地去除分解产物。

② 粒度的影响　粒度的影响比较复杂。通常由于大颗粒的热阻较大而导致测试试样的熔融温度和熔融热熔偏低，但是当结晶的试样研磨成细颗粒时，往往由于晶体结构的歪曲和结晶度的下降也可以导致类似的结果。对于带静电的粉末试样，由于粉末颗粒间的静电引力会引起粉末形成聚集体，这也会引起熔融热熔的变大。

③ 试样的几何形状　在高聚物的研究中，发现试样几何形状对示差扫描量热分析的影响十分明显。对于高聚物，为了获得比较精确的峰温值，应该增大试样与试样盘的接触面积，减少试样的厚度，并采用慢的升温速率。

（2）实验条件的影响

① 升温速率　升温速率主要影响 DSC 曲线的峰温和峰形。一般升温速率越大，峰温越高，峰形越大，也越尖锐，与升温速率对差热的影响基本类似。

② 气体性质　在实验中，一般对所通气体的氧化还原性和惰性比较注意。气氛对 DSC 定量的分析中峰温和热熔值影响很大。在氦气中所测得的起始温度和峰温都比较低，这是因为氦气热导性近似为空气的 5 倍；相反，在真空中相应温度变化要慢得多，所以测得的起始温度和峰温都比较高。同样，不同气氛对热熔值的影响也存在着明显的差别，如在氦气中所测得的热熔值只相当于其他气氛的 40% 左右。

3.5.4.4　应用举例

$ZnMn_2O_4$ 是一种潜在的水系锌离子电池正极材料，采用碳微球模板辅助水热法可以合

成中空多孔的 $ZnMn_2O_4$。为了选择最佳的烧结温度，对 $ZnMn_2O_4$ 前驱体进行了 TG-DSC 分析，其曲线如图 3-39 所示。显然，质量损失主要经历了三个阶段。在 20～210 ℃ 之间，约有 20% 的质量损失，主要是因为表面吸附水，即结晶水的减少，同时还有表面含氧化合物分解；在 210～380 ℃ 这个阶段，第二和第三个质量损失约为 60%，对应于在 DSC 曲线中在 219 ℃ 和 345 ℃ 附近的两个尖锐的放热峰，主要是由于碳球模板的燃烧致使复合物质量下降，之后随着温度的增加质量几乎不变；在 600 ℃ 对应于 DSC 曲线上有一个相变的放热峰。因此，烧结温度至少在 600 ℃ 以上。

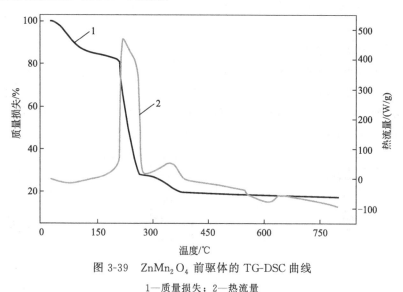

图 3-39 $ZnMn_2O_4$ 前驱体的 TG-DSC 曲线

1—质量损失；2—热流量

3.6 电化学性能测试

3.6.1 循环伏安测试

循环伏安（CV）法可以探测物质的电化学活性，测量物质的氧化还原电位，考察电化学反应的可逆性和反应机理，以及用于反应速率的半定量分析等，因此，循环伏安法已成为研究材料电化学性质的最基本手段之一。循环伏安法一般采用三电极体系，首先选择不发生电极反应的某一电位为初始电位 E_1，控制电极电位按指定的方向和速度随时间线性变化，当电极电位扫描至某一电位 E_2 时，再以相同的速度逆向扫描至 E_1，同时测定相应电流随电极电位的变化关系。根据 CV 图中的峰电位和峰电流，可以分析研究电极在该电位范围内发生的电化学反应，鉴别其反应类型、反应步骤或反应机理，判断反应的可逆性，以及研究电极表面发生的吸附、钝化、沉积、扩散、偶合等化学反应。由于该方法具有迅速、方便、提供信息较多的特点，因此，它是电化学研究方法中的重要测试方法和技术手段。

在循环伏安（CV）法中电位扫描速度对于所获得的信号有非常大的影响，如果电位扫描速度过快，那么双层电容的充电电流和溶液欧姆电阻对的作用会明显增大，不利于分析所获取的电化学信息；如果扫描速度太慢，则由于电流的降低，检测的灵敏度也会降低。然而采用循环伏安法研究稳态电化学过程时，电位扫描速度必须足够慢，以保证体系处于稳态。通常在锂离子电池体系中，由于锂离子在材料中的扩散速率非常缓慢，因此，一般使用比较慢的电位扫描速度。

在对电极充放电循环的研究中，利用循环伏安曲线的氧化还原峰可以推测电极材料在充放电过程中的充放电平台；利用氧化还原电量（峰面积）的比值，可以判断电极反应的可逆性。

循环伏安法中，峰电流 I_p 的大小可通过 Randles-Savcik 方程计算。

$$I_p = 2.69 \times 10^5 n^{\frac{3}{2}} A D^{\frac{1}{2}} v^{\frac{1}{2}} c_0 \quad (25\ ℃) \tag{3-30}$$

式中 I_p——峰电流，mA；

n——发生氧化还原反应的电荷转移数；

A——电极面积；

c_0——离子的起始浓度；

v——循环伏安测试时的扫描速度；

D——离子扩散系数。

$ZnMn_2O_4/Mn_2O_3$ 在不同扫描速度下的循环伏安曲线以及峰电流和扫描速度的平方根之间的关系如图 3-41 所示。

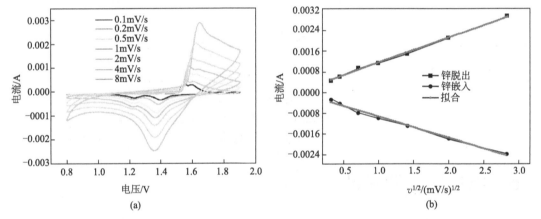

图 3-40 $ZnMn_2O_4/Mn_2O_3$ 在不同扫描速度下的循环伏安曲线 （a）
以及峰电流和扫描速度的平方根之间的关系 （b）

3.6.2 交流阻抗测试

交流阻抗（alternative impedance，AI）法即通常所说的电化学阻抗谱测试（electrochemical Impedance Spectrum，EIS），它是电化学研究方法中最常用的测试方法之一。它的工作原理是在平衡电极电位附近，施加一个小振幅的正弦波交流激发信号（电压或电流信号），当体系达到交流稳定状态后，测量所研究电极体系的电位/电流或阻抗/导纳，通过分析测量体系中输出的阻抗、相位和时间的变化的关系，从而获得电极反应的一些相关信息，如欧姆电阻、吸脱附、电化学反应、表面膜（如 SEI 膜）以及电极过程动力学参数等。由于以小振幅的电信号对体系进行扰动，一方面避免了对体系产生大的影响，另一方面也使扰动与响应之间近似成线性关系，从而可以简化各种参数的数学处理过程。此外，该方法为频域测量方法，可以通过所得到的很宽频率范围内的阻抗谱来研究电极系统，所以在研究动力学信息及电极界面结构方面较常规电化学方法有很大优势。

从交流阻抗谱图可以获得电极表面化学反应的丰富信息，但是由于分析交流阻抗数据时要通过电极体系等效电路的拟合来获得有关的反应参数，给阻抗谱分析带来一定的难度和数据的不确定性。为了确保交流阻抗实验数据分析的可靠性，需要准确选择符合所研究电极体系的等效电路。近年来，交流阻抗法被广泛应用于电池材料的研究。图 3-41 给出了 $LiNi_{0.5}Mn_{1.5}O_4$ 材料在循环前的交流阻抗谱图。Nyquist 谱图由两部分组成：半圆部分和直线部分。其中，半圆部分的高频区，对应的是 Li^+ 脱嵌过程中的电化学转移阻抗以及表面膜的电容，主要说明了 Li^+ 在表面膜中的迁移情况；半圆的曲率半径越小，电化学转移阻抗越小；直线部分的低频区，其直线斜率反映了 Li^+ 在材料内部的扩散情况，斜率越高，扩散速率越快。目前普遍认为，若谱图中由两个半圆和一条直线组成，则高频区的半圆反映了 Li^+ 通过电极界面膜（SEI 膜）的阻抗，中频区的半圆反映了电极/电解液界面的传荷阻抗和双电层电容，低频区的斜线与锂离子在电极材料中的扩散有关。

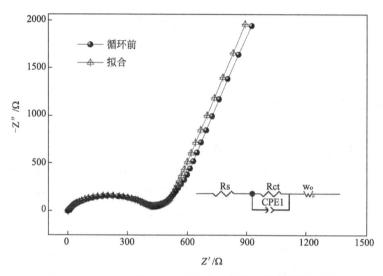

图 3-41 $LiNi_{0.5}Mn_{1.5}O_4$ 材料在循环前的交流阻抗谱图

对锂离子电池体系而言，由于电极与电解液之间的相互作用，电解液可能在电极表面发生氧化或者还原反应，形成钝化膜，造成电极界面阻抗的增大，导致电池性能的衰退。利用电化学阻抗谱，可以跟踪界面阻抗随实验条件的变化，有助于了解电极/电解液界面的物理性质，即发生的电化学反应。由于电极/电解液界面 SEI 形成、生长以及消失可以通过电化学阻抗谱高频区半圆的出现、增大和减小来体现，所以阻抗谱是研究 SEI 膜的有力工具。

参考文献

[1] 肖玮. 锂离子电池 Fe_2O_3/石墨烯复合负极材料的水热制备及性能研究 [D]. 长沙：中南大学，2013.
[2] 王晓春，张希艳. 材料现代分析与测试技术 [M]. 北京：国防工业出版社，2010.
[3] 武汉大学. 分析化学 [M]. 武汉：高等教育出版社，2006.
[4] 强亮生，赵九蓬，杨玉林. 新型功能材料制备技术与分析表征方法 [M]. 哈尔滨：哈尔滨工业大学出版社，2017.
[5] 朱明华，胡坪. 仪器分析 [M]. 北京：高等教育出版社，2007.
[6] 杨勇. 固态电化学 [M]. 北京：化学工业出版社，2016.
[7] 张昭，彭少方，刘栋昌 [M]. 无机精细化工工艺学. 北京：化学工业出版社，2013.

第4章

锂离子电池材料

4.1 锂离子电池概述

锂是自然界最轻的金属元素，具有较低的电极电位 [$-3.045V$，相对于标准氢电极 (SHE)] 和高的理论比容量 ($3860mA \cdot h/g$)，因此，以锂为负极组成的电池具有电池电压高和能量密度大等特点。锂一次电池的研究始于 20 世纪 50 年代，70 年代进入实用化，常见的实用化的锂一次电池有 $Li-MnO_2$、$Li-I_2$、$Li-Ag_2CrO_4$、$Li-CuO$、$Li-SOCl_2$、$Li-(CF_x)n$、$Li-SO_2$ 等。由于其优异的性能，这些锂一次电池已广泛应用于军事和民用小型电器中，如导弹点火系统、大炮发射设备、潜水艇、鱼雷、飞机、心脏起搏器、电子手表、计算器、录音机、无线电通信设备、数码相机等。

锂二次电池使用金属锂作负极带来了许多问题，特别是在反复的充放电过程中，金属锂表面容易形成锂枝晶，锂枝晶生长到一定程度后容易刺透在正负极之间起电子绝缘作用的隔膜，造成电池内部短路，引起安全问题。解决的方法主要是对电解液、隔膜进行改进，解决枝晶问题。另外，人们提出采用新的电极材料代替金属锂，避免锂枝晶的形成。20 世纪 80 年代初，Goodenough 合成了能够可逆脱嵌锂的 LMO_2（M＝Co、Ni、Mn）层状化合物，后来逐渐发展成为锂二次电池的正极材料，这类材料的发现改变了锂二次电池锂源为负极的思想。

1980 年，M. Armand 提出了"摇椅式"锂二次电池的设想，即正负极材料采用可以储存和交换锂离子的层状化合物，充放电过程中锂离子在正负极之间穿梭，从一边"摇"到另一边，往复循环，相当于锂的浓差电池。随后 Murphy 和 Scrosat 等通过以 $Li_6Fe_2O_3$ 或 $LiWO_2$ 为正极，TiS_2、WO_2、NbS_2 或 V_2O_5 为负极，$LiClO_4$ 和碳酸丙烯酯（PC）为电解液的小型原锂电池的研究证实了锂离子摇椅式电池实现的可能性。

日本索尼公司通过对碳材料仔细的研究，1990 年宣布成功开发出了以炭作为负极的锂二次电池，于 1991 年 6 月投放市场。后来，这种不含金属锂的锂二次电池被称为锂离子电池。索尼公司的电池负极材料为焦炭，正极材料为 $LiCoO_2$，电解液为锂盐溶于碳酸丙烯酯和碳酸乙烯酯的混合溶剂。相对于当时广泛使用的其他一次电池体系，索尼公司报道的锂二次电池具有高电压、高容量、循环性好、自放电率低、对环境无污染等优点。因此一经推出，立即激发了全球范围内研究和开发锂二次电池的热潮。目前，人们还在不断研发新的电池材料，改善设计和制造工艺，提高其性能。

4.1.1　锂离子电池的工作原理

锂离子电池是指分别用两个能可逆地嵌入与脱嵌锂离子的化合物作为正负极构成的二次电池。人们将这种靠锂离子在正负极之间转移来完成电池充放电工作的独特机理的锂离子电池形象地称为摇椅式电池。锂离子电池的工作原理如图 4-1 所示，以 $LiCoO_2$ 为例，反应式如下。

正极反应：
$$LiCoO_2 \Longrightarrow Li_{1-x}Co_2 + xLi^+ + xe \tag{4-1}$$

负极反应：
$$C + xLi^+ + xe \Longrightarrow Li_xC \tag{4-2}$$

电池总反应：
$$LiCoO_2 + C \Longrightarrow Li_{1-x}Co_2 + Li_xC \tag{4-3}$$

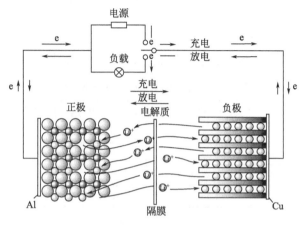

图 4-1　锂离子电池的工作原理

◯ Li；◯ O；● 金属；▬ 石墨

锂离子电池的工作原理就是指其充放电原理。当对电池进行充电时，电池的正极上有锂离子生成，生成的锂离子经过电解液运动到负极。而作为负极的碳呈层状结构，它有很多微孔，到达负极的锂离子就嵌入到碳层的微孔中，嵌入碳层的锂离子越多，充电容量越高。同样道理，当对电池进行放电时（即使用电池的过程），嵌在负极碳层中的锂离子脱出，又运动回到正极，回到正极的锂离子越多，放电容量越高。

4.1.2　锂离子电池的组成

锂离子电池的结构一般包括以下部件：正极、负极、电解液、隔膜、正极引线、负极引线、中心端子、绝缘材料、安全阀、PTC（正温度控制端子）、电池壳。几种常见的锂离子电池结构图如图 4-2 所示。

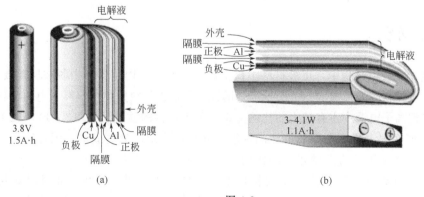

图 4-2

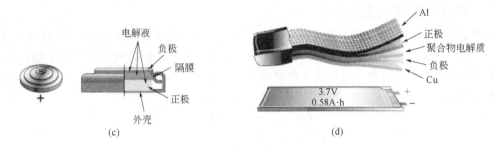

图 4-2 几种常见的锂离子电池结构

4.1.3 锂离子电池的优缺点

锂离子电池与其他电池相比具有许多优点，有关性能比较见表 4-1。

表 4-1 四种二次电池的基本性能比较

电池种类	工作电压/V	比能量/(W·h/kg)	比功率/(W/kg)	循环寿命/次	自放电率/(%/月)
铅酸电池	2.0	30~50	150	150	30
镍镉电池	1.2	45~55	170	170	25
镍氢电池	1.2	70~80	250	250	20
锂离子电池	3.6	120~200	300-1500	1000	2

锂离子电池的优点如下。

(1) 工作电压高　达到 3.6V，是镍镉电池（Ni-Cd）或镍氢（Ni-MH）电池的 3 倍。

(2) 能量密度高　目前锂离子电池质量比能量达到 180W·h/kg，是镍镉电池的 4 倍，镍氢电池的 2 倍。

(3) 能量转换效率高　锂离子电池能量转换率达到 96%，而镍氢电池为 55%～65%，镍镉电池为 55%～75%。

(4) 自放电率小　锂离子电池自放电率小于 2%/月。

(5) 循环寿命长　索尼公司 18650 型锂离子电池能循环 1000 次，容量保持率达到 85% 以上。

(6) 无记忆效应　可以随时充放电。

锂离子电池也有一些不足之处，主要表现如下。

① 大功率充放电性能较差。

② 必须有特殊的保护电路，以防止过充。

4.2　正极材料

在锂离子电池充放电过程中，正极材料不仅要提供正负极嵌锂化合物中脱嵌所需要的锂，而且还要负担负极材料表面形成的 SEI 膜所需要的锂，即正极材料是整个锂离子电池的锂离子源。正极材料在锂离子电池中占有较大的比例 [正、负极材料的质量比为（3∶1）～（4∶1）]，故正极材料的性能在很大程度上影响电池的性能，并直接决定电池的成本。因此正极材料的选择和研究对锂离子电池具有非常重要的作用。

大多数可作为锂离子电池的活性正极材料是含锂的过渡金属化合物，而且以氧化物为主。锂离子电池正极材料一般为嵌入化合物（intercalation compound，也有人称为插入化合物），作为理想的正极材料，嵌入化合物应具有以下性能。

① 金属离子 M^{n+} 在嵌入化合物 $Li_xM_yX_z$ 中应有较高的氧化还原电位，从而使电池的输出电压较高。

② 在嵌入化合物中大量的锂能够发生可逆脱嵌，以获得高容量。

③ 在整个脱嵌过程中，主体结构没有或很少发生变化，以确保良好的循环性能。

④ 氧化还原电位随 x 的变化应该尽可能小，这样电池的电压不会发生显著变化，可保持较平稳的充电和放电。

⑤ 嵌入化合物应有较好的电子电导率（σ_e）和离子电导率（σ_{Li^+}），这样可减少极化，并能进行大电流充放电。

⑥ 嵌入化合物在整个电压范围内应化学稳定性好，不与电解质等发生反应。

⑦ 锂离子在电极材料中有较大的扩散系数，便于快速充放电。

⑧ 从实用角度而言，插入化合物应该具有价格便宜、对环境无污染等特点。

目前常用的正极材料主要分为层状结构、尖晶石结构、聚阴离子型结构（包括橄榄石结构和 NASICON 结构）。

4.2.1 层状结构正极材料

4.2.1.1 钴酸锂

层状结构的典型代表为 $LiCoO_2$，1958 年，W. D. Johnston 等提出了钴酸锂（$LiCoO_2$）的晶体结构，1979 年 Goodenough 发明了锂离子嵌入式正极活性材料 $LiCoO_2$。钴酸锂作为第一代商品化的锂离子电池正极材料是目前最应用成熟的正极材料。$LiCoO_2$ 具有 α-$NaFeO_2$ 层状岩盐结构，属六方晶系，空间群为 $R\overline{3}m$，如图 4-3 所示。其中 $6c$ 位上的 O 为立方密堆积，$3a$ 位上的 Li 和 $3b$ 位上的 Co 分别交替占据其八面体孔隙，在 [111] 晶面方向上呈层状排列，$a=0.2816nm$，$c=1.4056nm$，c/a 一般为 4.991。其中 O-Co-O 的层面结合借助于 Li^+ 的静电引力，层状 CoO_2 的框架结构为锂离子迁移提供了二维通道。但是实际上由于 Li^+ 和 Co^{3+} 与氧原子层的作用力不一样，氧原子的分布并不是理想的密堆结构，而是有所偏离，呈现三方对称性。在充电和放电过程中，锂离子可以从所在的平面发生可逆脱嵌/嵌入反应。锂离子在键合强的 CoO_2 层间进行二维运动，锂离子电导率高，扩散系数为 $10^{-9} \sim 10^{-7}cm^2/s$。另外，共棱的 CoO_6 八面体分布使 Co 与 Co 之间以 Co-O-Co 形式发

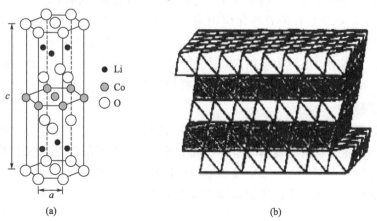

Li
Co
O

(a)   (b)

图 4-3 层状 $LiCoO_2$

生相互作用，电子电导率 σ_e 也比较高。

$LiCoO_2$ 为半导体，室温下的电导率为 $10^{-3} S/cm$，电子导电占主导作用。锂在 $LiCoO_2$ 中的室温扩散系数为 $10^{-12} \sim 10^{-11} cm^2/s$，锂完全脱出对应的理论比容量为 $274 mA \cdot h/g$，但实际容量只有理论值的一半，约为 $140 mA \cdot h/g$，因为 Li^+ 从 Li_xCoO_2 中最多嵌入和脱出 0.5 个单元。当 $x \geqslant 0.5$ 时，Li_xCoO_2 的结构将发生变化，钴离子从原来平面迁移出去，导致电池的不可逆容量明显减少。故在实际应用的锂离子电池中，$0 \leqslant x \leqslant 0.5$，$LiCoO_2$ 具有平稳的电压平台（3.9V），此时设置的电池电压上限为 4.2V 时，电池容量损失小，结构稳定性好。当充电电压大于 4.3V（Li/Li^+）时会出现结构坍塌，造成实际容量为理论容量的一半。为了进一步发挥其容量作用，延长截止电压，可以采用掺杂、包覆等手段改善循环稳定性。

$LiCoO_2$ 正极材料常用固相法制备。固相反应一般是在高温下进行的，但是在高温条件下离子和原子通过反应物、中间体发生迁移需要活化能，对反应不利，必须延长反应时间，才能制备出电化学性能比较理想的电极材料。$LiCoO_2$ 晶体结构内阳离子无序严重，电化学性能差，高温热处理有助于提高材料性能。此外，采用的制备方法还有溶胶-凝胶法、沉降法、喷雾干燥法等，这些方法的优点是 Li^+、Co^{3+} 间接触充分，基本上实现了原子级水平的反应。

虽然 $LiCoO_2$ 是目前主要的商业化正极材料，但是钴元素是国家战略资源，储存量有限。商业钴的价格昂贵、有毒性，对电池成本控制、广泛应用和环境保护不利。另外，纯相 $LiCoO_2$ 材料性能还不尽如人意，其充电截止电压大于 4.3V，循环性能很差。为了进一步改善 $LiCoO_2$ 的性能或降低材料成本，可以对 $LiCoO_2$ 材料进行体相掺杂和表面包覆处理。主要的掺杂元素有 Ni、Fe、Mn、Mg、Cr、Al 和稀土元素等。Uchida 等研究表明，在 $LiCoO_2$ 中掺入 20% 的 Mn，可以有效地提高材料的可逆性和循环寿命。Chung 等研究了 Al 掺杂对 $LiCoO_2$ 微结构的影响，认为 Al 掺杂可以有效地抑制 Co 在 4.5V 时的溶解，以及减小了 Li^+ 嵌入时 c 轴和 a 轴的变化，提高了材料的稳定性。Mg 掺杂可提高 $LiCoO_2$ 材料的电子电导率，但并未提高材料的高倍率充放电性能，反而有所降低。主要的表面处理材料有：MgO、Al_2O_3、SnO_2 等氧化物，例如 $LiCoO_2$ 材料被 MgO 包覆后，其结构稳定性得到提升，充电电压达到 1.3V、4.5V，其可逆容量分别为 $145 mA \cdot h/g$ 和 $175 mA \cdot h/g$；包覆 Al_2O_3 后，可以有效防止 $LiCoO_2$ 中 Co 的溶解，提高材料结构稳定性。

总之，$LiCoO_2$ 材料是目前商品化应用最主要的锂离子电池正极材料，具有许多优点，如加工容易、循环性能好、热稳定性好等。但是，$LiCoO_2$ 的安全性能差，价格昂贵，并且有毒性，所以在大型动力电池中应用少，主要应用于小容量电池。为了进一步适应新时代对电极材料和电池的要求，对高电压 $LiCoO_2$ 材料的相关研究工作还在进行中。

4.2.1.2 三元材料

单一正极材料有各自缺陷，可以通过多种正极材料协同作用达到最优性能。多元材料是近几年发展的新型正极材料，具有容量高、成本低、安全性好等优点，在小型锂离子电池中逐步占据了一定市场份额，在动力电池领域中也具备良好发展前景。

与钴的昂贵价格和具有毒性相比，镍和锰的价格相对较低，并且对环境友好，自然资源丰富。$LiCoO_2$、$LiNiO_2$ 和 $LiMnO_2$ 都属于层状结构嵌锂化合物，且 Ni、CO、Mn 属于同一周期相邻元素，核外电子排布相似，原子半径相近。众多研究者期盼采用 Ni、CO、Mn

相互掺杂，以获得性能更好的正极材料。1998 年首次提出层状三元材料 Li-Ni-Co-Mn-O 能够充当锂离子电池的正极材料。$LiNi_xCo_yMn_{1-x-y}O_2$ 是一种高容量正极材料，集合了 $LiNiO_2$、$LiCoO_2$、$LiMnO_2$ 的优点，其平均电压平台为 3.75V。在该化合物中，Ni 为 +2 价，Co 为 +3 价，Mn 为 +4 价，Co^{3+} 有利于提高材料的电子电导率，并减少阳离子混合占位；Ni^{2+} 可提高材料的容量，Mn^{4+} 能稳定材料的结构，提高材料的安全性，还能降低材料的成本。该材料的可逆容量可以达到 150～190mA·h/g，具有较好的循环性能和高的安全性能，目前已在新一代高能量密度的小型锂离子电池中得到应用。2001 年，Ohzuku 等研究出 $LiCo_{1/3}Ni_{1/3}Mn_{1/3}O_2$ 材料具有非常好的电化学性能，与 $LiCoO_2$ 相比，它具有更高的可逆比容量、更好的循环性能及成本低、对环境危害小等优势。目前研究较多的三元正极材料有 $LiCo_{1/3}Ni_{1/3}Mn_{1/3}O_2$（NCM333）、$LiCo_{0.4}Ni_{0.2}Mn_{0.4}O_2$（NCM424）、$LiCo_{0.5}Ni_{0.2}Mn_{0.33}O_2$（NCM523）、$LiCo_{0.6}Ni_{0.2}Mn_{0.2}O_2$（NCM622）、$LiCo_{0.8}Ni_{0.1}Mn_{0.1}O_2$（NCM811）等，下面重点介绍 NCM333。

（1）三元正极材料 NCM333 的结构　$LiCo_{1/3}Ni_{1/3}Mn_{1/3}O_2$ 具有单一 α-$NaFeO_2$ 型层状岩盐结构（图 4-4），属于 $R\bar{3}m$ 空间群，理论容量是 278mA·h/g；其晶格参数 a = 0.2862nm，c = 1.4227mm；锂离子位于岩盐结构 3a 位，过渡金属离子位于 36 位，氧离子位于 6c 位，其中 Ni、CO、Mn 的价态分别是 +2 价、+3 价、+4 价，而且伴随少量 Ni^{3+}、Mn^{3+}，如图 4-4 所示。Co 的电子结构与 $LiCoO_2$ 中的 Co 一致，而 Ni 及 Mn 的电子结构却不同于 $LiNiO_2$ 和 $LiMnO_2$ 中 Ni 及 Mn 的电子结构，这说明 $LiCo_{1/3}Ni_{1/3}Mn_{1/3}O_2$ 的结构稳定，是 $LiCoO_2$ 的异结构。在 $Li_{1-x}Co_{1/3}Ni_{1/3}Mn_{1/3}O_2$ 中，在 $0 \leqslant x \leqslant 1/3$ 范围内主要是 Ni^{2+}/Ni^{3+} 的氧化还原反应，在 $1/3 \leqslant x \leqslant 2/3$ 范围内是 Ni^{3+}/Ni^{4+} 的氧化还原反应，在 $2/3 \leqslant x \leqslant 1$ 范围内是 Co^{3+}/Co^{4+} 的氧化还原反应。锰在整个过程中不参与氧化还原反应，电荷的平衡通过氧的电子得失来实现。因此，在充放电过程中，没有姜-泰勒效应（Jahn-Teller effect），Mn^{4+} 提供稳定的母体，能解决循环和储存稳定性问题，不会出现层状结构向尖晶石结构的转变。它具有层状结构较高容量的特点，又保持层状结构的稳定性。在 3.75～4.54V 电压间充放电，$LiCo_{1/3}Ni_{1/3}Mn_{1/3}O_2$ 材料有两个电压平台，比容量能够达到 250mA·h/g，为理论容量的 91%。3.9V 左右为 Ni^{2+}/Ni^{3+} 的氧化还原反应，在 3.9～4.1V 之间为 Ni^{3+}/Ni^{4+} 的氧化还原反应。当高于 4.1V 时，Ni^{4+} 不再参与反应。Co^{3+}/Co^{4+} 与上述两个平台都有关。充到 4.7V 时 Mn 只是作为一种结构物质而不参与反应。

（2）三元正极材料 NCM333 的合成方法　$LiCo_{1/3}Ni_{1/3}Mn_{1/3}O_2$ 的制备方法主要有固相

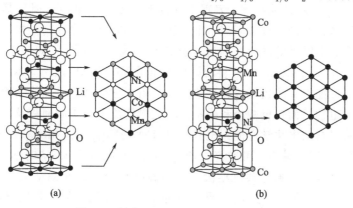

(a)　　　(b)

图 4-4　层状 $LiCo_{1/3}Ni_{1/3}Mn_{1/3}O_2$ 结构

法、共沉淀法、喷雾干燥法、溶胶-凝胶法和简单燃烧法等。

① 固相法是将计量比例的锂盐、镍和钴及锰的氧化物或盐混合,在高温下处理。由于固相法中 Ni、Co、Mn 的均匀混合需要相当长时间,因此一般要在 1000℃ 以上处理才能得到性能良好的 $LiNi_{1/3}Co_{1/3}Mn_{1/3}O_2$ 正极材料。

② 共沉淀法制备三元材料,是在含有金属镍、钴和锰阳离子的盐溶液中加入沉淀剂,使得原料中的目标金属离子形成不溶性沉淀物,再经过滤、洗涤、干燥等后续处理步骤得到所需材料。沉淀法可根据实验条件调控产物的粒度、形貌,有效组分可达到分子、原子级别的均匀混合,且具有合成反应温度低等优点,成为目前制备三元正极材料的主要方法。从一般意义上讲,要让多元材料中的多种离子同时均相沉淀,形成单一的或多种金属离子分布均匀的沉淀产物是很困难的。因为每种金属离子在同一种沉淀剂作用下的浓度积常数各不相同,所以在同一体系中,各离子的沉淀速率和沉淀程度均不一致,导致沉淀产物各离子分布不均且易偏离化学计量比。为了达到多元沉淀物的均一性,目前均采用在沉淀体系里添加配合剂的方法,最常见的是加氨水,使溶液中各金属离子能够均匀沉淀下来。常见的共沉淀制备三元材料的方法有氢氧化物沉淀和碳酸盐沉淀两种。

在氢氧化物沉淀法制备过程中,以 NaOH 和适量 $NH_3 \cdot H_2O$ 作为沉淀剂,镍、钴和锰的硫酸盐作为原料合成 $(Ni_{1/3}Co_{1/3}Mn_{1/3})(OH)_2$ 前驱体,前驱体的粒度大小、形貌特征、结构特征均与反应条件如 pH 值、搅拌速率,$NH_3 \cdot H_2O$ 浓度等相关。

③ 喷雾干燥法是将锂盐、镍和钴以及锰的盐溶解在一起,然后采用喷雾干燥的方法得到混合均匀的固体,再将该固体在高温下处理,得到理想的 $LiNi_{1/3}Co_{1/3}Mn_{1/3}O_2$。其电化学性能比简单的固相法制备的材料要好。例如,在 3~4.5V 电压区间,以 $0.2mA/cm^2$ 放电,容量达到 195mA·h/g,并且具有良好的大电流充放电性能。

(3) 三元正极材料 NCM333 的改性 $LiNi_{1/3}Co_{1/3}Mn_{1/3}O_2$ 材料综合了 $LiNiO_2$、$LiCoO_2$、$LiMnO_2$ 三类材料优点,拥有可逆比容量高、电化学性能好、成本低、对环境危害小等优点。但是,$LiNi_{1/3}Co_{1/3}Mn_{1/3}O_2$ 材料主要受制于电导率低、高电位性能和高倍率性能等问题。$LiNi_{1/3}Co_{1/3}Mn_{1/3}O_2$ 材料的电化学性能同样可以通过改性研究进一步提高,主要包括改进合成工艺,如采用新方法、对其掺杂和表面修饰,进一步提高其电化学性能。Todorov 等研究高能球磨法辅助高温固相法制备 $LiNi_{1/3}Co_{1/3}Mn_{1/3}O_2$ 材料、高温烧结前对原料球磨活化,使原料充分混合,可以粉碎物料使颗粒分布均匀,合成的样品可逆比容量高、结构稳定性好。朱继平等分析了 Li∶M（M = $Ni_{1/3}Co_{1/3}Mn_{1/3}$）摩尔比对 $LiNi_{1/3}Co_{1/3}Mn_{1/3}O_2$ 材料性能影响,发现 Li∶M 摩尔比为 1.08∶1 时,其性能最好。原料中加入适当过量锂盐,有助于减少阳离子混排程度,也有助于弥补高温损失的锂含量,可提高材料电化学性能。朱继平等同时也研究了掺杂金属离子 Mg^{2+}、Al^{3+} 等和包覆金属氧化物 CuO 等对 $LiNi_{1/3}Co_{1/3}Mn_{1/3}O_2$ 材料的影响,结果表明 $LiNi_{1/3}Co_{1/3}Mn_{1/3}O_2$ 材料的首次放电比容量和循环性能得到了较好改善。这主要是由于掺杂减小了晶体结构中阳离子混排程度,提高了电子导电性,而包覆减小和限制了其在电解质中的接触面积及溶解,提高材料的稳定性,从而改善材料的电化学性能。也有研究者对 $LiNi_{1/3}Co_{1/3}Mn_{1/3}O_2$ 材料进行硅掺杂,掺杂后,a 和 c 增加,阻抗减少,可逆容量增加。当终止电压为 4.5V 时达 175mA·h/g,而且循环性能也有明显改善。通过共沉淀法再经高温固相合成的 F 掺杂 $Li[Ni_{1/3}Co_{1/3}Mn_{1/3}]O_{2-z}F_z (z=0~0.15)$,晶胞参数 a、c 和晶胞单元的体积均随掺杂量的增加而增加。尽管初始容量有所下降,但是循环性能和安全性能明显提高,充电电压提高到 4.6V 也不产生危险。而进一步掺杂 Mg 得到层状 $Li[Ni_{1/3}Co_{1/3}Mn_{1/3-x}Mg_x]O_{2-y}F_y$ 化合物。Mg 和 F 的共同作用使其结晶性、形貌和振实密度都有很大改善，而且该材料的电化学性质如比容量、循环性能均有明显提高，热稳定性能也得到明显改善。

4.2.1.3 高镍三元材料

三元正极材料中，镍是主要的氧化还原反应元素，因此，提高镍含量可以有效提高电池的比容量。从电池能量密度和电动汽车续航里程来看，含镍的三元系优势明显，特别是用高镍三元系 NCA（$LiNi_{0.8}Co_{0.15}Al_{0.05}O_2$）和 NCM811（$LiNi_{0.8}Co_{0.1}Mn_{0.1}O_2$）材料制作的电池。NCA 和 NCM811 是目前研究及应用非常热门的两种锂离子电池正极材料。

NCA 和 NCM811 两种正极材料，镍含量基本没差异，容量基本接近。对于普通三元材料，生产过程中只需要空气气氛，而 NCA 需要纯氧气气氛，纯氧的成本较高，且对制造氧气生产供应设备要求极高；同时 NCA 对温度和湿度敏感性较强，需要生产环境相对湿度控制在 10% 以下，加大了生产和管理的成本；另外，NCM811 相对 NCA 的 Co 含量更低，这意味着 NCM811 具有更好的成本及能量密度优势。排除容量、工作电压和成本的担忧，NCA 材料较 NCM811 具有更好的容量保持率。特别是 Al 的掺入则可以在一定程度上改善材料的结构稳定性，从而改善循环稳定性。此外，Co、Al 的复合能促进 Ni^{2+} 的氧化，减少 $3a$ 位 Ni^{2+} 含量，抑制材料晶体结构从 H2 到 H3 的不可逆相变，从而提高材料本身的循环稳定性。Mn 的掺入可以引导锂和镍层间混合，并且可以改善材料的高温性能，提高发生放热反应温度到 220℃，而 NCA 的放热反应温度到 180℃。高镍 NCA 材料荷电状态下的热稳定较差，导致电池的安全性下降。另外，充放电过程中严重的产气，导致电池鼓胀变形，循环及搁置寿命下降，给电池带来安全隐患，所以通常使用 NCA 正极材料制作 18650 型圆柱电池，以缓解电池鼓胀变形问题。特斯拉 Mpdel S 采用与松下公司共同研发的高容量 3.1A·h NCA 锂电池组，由 7000 颗 18650 型圆柱电池组成。此外需要考虑的是，尽管 NCM811 和 NCA 的化学结构具有相似性，但 NCM811 和 NCA 正极材料通常采用不同的合成路线生产。将 Al 引入到 NC 结构中通常是通过热处理来实现的，而 Mn 更容易通过共沉淀法加入。

在使用过程中，NCA 材料的主要问题是容量衰减。一方面，充电时 Ni^{2+} 和 Li^+ 的半径非常接近，部分 Ni^{2+} 会占据 Li^+ 的空位，发生离子混排，造成材料的不可逆容量损失；另一方面，材料中的 Ni 在处于高氧化态时（Ni^{3+} 或 Ni^{4+}）具有很强的不稳定性，高温下会导致材料结构发生改变，并容易与电解液发生副反应，造成容量衰减。目前，主要的改善方法是通过掺杂 Mg、Mn 等元素来合成 $LiNi_{1-x-y-z}Co_xAl_yM_zO_2$ 四元材料，以及对三元材料进行表面包覆来对材料的性能进行改善。掺杂可以稳定材料的晶格结构，降低阳离子混排程度，减少充放电过程中的不可逆容量损失，是从"材料内部"来提高性能。而表面包覆则可以降低电极材料与电解液的直接接触面积，减少电解液中的 HF 对材料的腐蚀作用，进而抑制副反应的发生，是从"材料外部"来解决问题。

因高镍正极材料存在阳离子混排和充放电过程中相变等缺点，掺杂改性和包覆改性能够有效改善这些问题，在抑制副反应发生和稳定结构的同时，提高循环、倍率、导电、高温、高压以及存储等性能方面，仍将是研究的热点。高镍正极材料能否作为未来电动汽车的候选，材料的表面改性效果可能是一个最具有决定性的因素。此外，如何将高镍正极材料大规模产业化，完成高能量密度锂离子动力电池的开发，将是未来研究的重点。

4.2.1.4 富锂锰基材料

（1）富锂锰基材料的结构 富锂锰基层状固溶体正极材料[$Li_{1+x}M_{1-x}O_2$ 或 xLi_2MnO_3·（1

$-x$)LiMO$_2$(M=Mn、Ni、Co)]具有高比容量（＞250mA·h/g），高能量密度，良好的热稳定性，较宽的充放电电压范围，且主要以资源相对丰富的锰为主含量而备受关注，被认为是新一代锂离子电池正极材料的主流产品。

富锂锰基材料主要是 Li$_2$MnO$_3$ 与层状材料 LiMO$_2$（M=Ni、Co、Mn、Fe、Cr）形成的固溶体。然而，到目前为止，研究者们对于富锂锰基材料的结构一直存在争议，主要存在两种观点，一种观点是富锂锰基材料为单一固溶体结构，可由化学式 Li(Li$_x$TM$'_{1-x}$)O$_2$(TM$'$ = Mn+TM，TM=Mn、Ni、Co 等)表示。该材料主体三维结构为 LiTMO$_2$，由过渡金属（TM）八面体层和 Li 层交替组成，与 LiCoO$_2$ 的层状结构相似，具有 α-NaFeO$_2$ 结构，属于六方晶系 R-3m 空间群。在材料 TM 八面体层内部，存在部分无序结构，即部分 Mn^{n+} 被 Li$^+$ 取代，形成 Li-Mn-Mn-Li 排布结构，该结构化学式可表示为：Li$_2$MnO$_3$。该观点认为，富锂锰基材料是具有部分无序结构的单一固溶体材料。另一种观点认为富锂锰基材料是 Li$_2$MnO$_3$ 和 LiTMO$_2$ 两相共存的结构，可由化学式 xLi$_2$MnO$_3$·$(1-x)$LiTMO$_2$ 表示，如图 4-5 所示。材料中 TM 八面体层中的 Li$^+$ 和其周围的 6 个 Mn^{n+} 形成有序 LiMn$_6$ 结构，经过三维扩展，该 LiMn$_6$ 区域形成 Li$_2$MnO$_3$ 纳米微区；相应地，TM 八面体层中 TM 离子经过三维扩展形成 LiTMO$_2$ 纳米微区，xLi$_2$MnO$_3$·$(1-x)$LiTMO$_2$ 材料中 Li$_2$MnO$_3$ 和 LiTMO$_2$ 两相组分含量决定两相微区的无序度和尺寸。

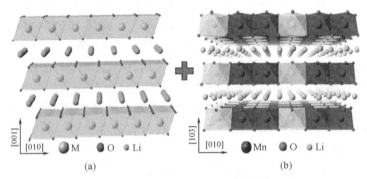

图 4-5　LiTMO$_2$ 和 Li$_2$MnO$_3$ 晶体结构示意

(a) LiTMO$_2$；(b) Li$_2$MnO$_3$

对于上述两种观点，其研究分歧在于 Li$_2$MnO$_3$ 和 LiTMO$_2$ 间是否存在晶相分离。随着材料精细结构表征手段不断发展，越来越多的研究人员利用先进原子尺度显微技术观测到 Li$_2$MnO$_3$ 和 LiTMO$_2$ 晶相分离现象，所以目前多数研究者认为该材料为两相共存结构。无论是基于单一固溶体或是两相共存结构，富锂锰基材料区别于层状 LiTMO$_2$ 材料的特征在于 Li$_2$MnO$_3$ 组分的存在，而 Li$_2$MnO$_3$ 与 LiTMO$_2$ 具有极高的结构相似性是引发上述讨论的主要原因。与层状 LiTMO$_2$ 材料相似，Li$_2$MnO$_3$ 同样为 α-NaFeO$_2$ 衍生结构，由 Li/TM 原子占据 Na 原子位置，Mn 原子占据 Fe 原子位置。区别于 LiTMO$_2$，Li$_2$MnO$_3$ 组分中过渡金属 Mn 层中有 1/3 的位置被 Li 原子占据，形成有序的 LiMn$_2$ 金属层。同时 Li$_2$MnO$_3$ 中的 O 原子六方密堆积结构发生轻微扭曲，使其对称性由 LiTMO$_2$ 六方晶系 R-3m 空间群转变为单斜晶系 $C2/m$ 空间群。由于与 LiTMO$_2$ 结构相似，Li$_2$MnO$_3$ 可表示为：[Li]$_{3a}$(Li$_{1/3}$Mn$_{2/3}$)$_{3b}$O$_2$。其中，Li$^+$ 具有两种空间位置：Li 层中的 Li$^+$ 占据四面体($3a$)位置；LiMn$_2$ 金属层中的 Li$^+$ 占据八面体（$3b$）位置。

该类材料的充电曲线与传统层状材料的充电曲线不同。在充电电压小于 4.5V 时，材料

中对应于 $LiMO_2$ 中过渡金属离子的氧化过程，此时遵循传统层状嵌锂材料的机理，其反应如式（4-4）所示。充到 4.5V 以上时，充电曲线出现一个很长的 L 形平台，对应于文献报道的 Li_2MnO_3 的不可逆脱锂脱氧过程，并形成具有电化学活性的 MnO_2，其反应如式（4-5）所示。这个新形成的层状结构为 Li^+ 随后的放电嵌回提供大量的锂空位，使材料比容量高于传统层状材料的比容量。同时 Li_2MnO_3 组分在充放电过程中还能起到稳定材料结构的作用。充电过程中结构的相变可从图 4-6 得到解释。

$$xLi_2MnO_3 \cdot (1-x)LiMO_2 \longrightarrow xLi_2MnO_3 \cdot (1-x)MO_2 + (1-x)Li^+ \qquad (4-4)$$

$$xLi_2MnO_3 \cdot (1-x)MO_2 \longrightarrow xMnO_2 \cdot (1-x)MO_2 + xLi_2O \qquad (4-5)$$

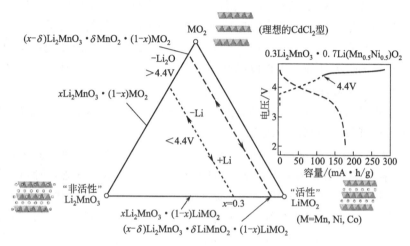

图 4-6 富锂锰基材料首次充放电锂离子脱嵌相变关系

（2）富锂锰基材料的制备方法　富锂锰基材料常用的制备方法有高温固相法、溶胶-凝胶法、共沉淀法、水热法、微波核层法、喷雾干燥法等。

① 高温固相法由于其工艺及设备简单，制备条件容易控制，适合于大规模工业化生产，是合成锂离子电池正极材料的主要合成方法，几乎所有的正极材料都可以用高温固相法制备。高温固相法的主要过程就是将锂盐与其他过渡金属化合物按照化学计量比充分混匀，在给定温度下煅烧一定时间，冷却至室温，粉碎得到产品。在烧结过程中，往往伴随着脱水、热分解、相变、共熔、熔解、溶解、析晶和晶体长大等多种物理、化学和物理化学变化。由于高温固相法用于合成多元材料时，不同批次材料在元素分布、组成、结构、粒度分布等方面存在较大差异，导致材料一致性差，因此电化学性能不稳定，部分学者在原料混合时添加各种溶剂或水做分散剂，来改善原料混合不匀的缺陷。

② 溶胶-凝胶法（sol-gel）是 20 世纪 60 年代发展起来的一种制备材料的新方法。该方法是将无机物或者金属醇盐经溶液、溶胶、凝胶而固化，再将凝胶低温热处理得到固体氧化物的一种方法。制备过程包括溶胶的制备，溶胶-凝胶的转化，凝胶的干燥等步骤。溶胶-凝胶法具有合成温度低，目标产物组分易控制，且达到分子水平上的均匀，所合成的富锂材料化学均匀性好，纯度高等特点。溶胶-凝胶法的不足之处就是部分醇盐对人体有害，且所使用原料成本高，合成出来的产物粒径和形貌不易控制，同时，该方法处理周期较长，不适合大规模产业化。

③ 共沉淀法可根据实验条件调控产物的粒度和形貌，有效组分可达到分子、原子级别的均匀混合，且具有合成反应温度低等优点，成为目前制备多元正极材料的主要方法。共沉

淀法制备富锂锰基正极材料是以锰盐、镍盐、钴盐等为原料，利用镍、钴、锰盐物理化学性质相似的特点，加入合适的沉淀剂（OH^-、CO_3^{2-} 等），使其在共沉淀体系中发生化学反应，得到富锂锰基正极材料。对于高锰的前驱体，由于二价锰在碱性条件下极易氧化成高价态锰形成 Mn^{3+}（$MnOOH$）或者 Mn^{4+}（MnO_2），会导致形成非均相沉淀物。因此对于高锰含量的前驱体合成，需要控制锰的价态稳定在＋2 价。与氢氧化物沉淀法相比，碳酸盐沉淀法能够让＋2 价的锰稳定在溶液中并沉淀下来，不存在被氧化现象，由此得到均相沉淀物。

（3）富锂锰基材料的改性研究　富锂锰基正极材料作为一种新型的锂离子电池正极材料，20 世纪 90 年代以来才被广泛研究。富锂锰基材料在充放电过程中表现出较高的充放电比容量和较好的循环稳定性，但其实际应用仍存在几个问题：①材料性能的稳定性，不同文献报道材料性能存在很大差异；②首次放电不可逆容量较大；③低电子电导率和离子电导率使它无法获得很好的倍率性能；④在放电充电过程中材料会发生结构变化，导致功率密度显著降低，严重阻碍了实际应用。

针对富锂锰基材料的这些问题，各研究组分别采取了表面改性、表面包覆、体相掺杂以及低电压循环与处理等措施来进行改善。

Li_2MnO_3 最先是作为制备层状 MnO_2 的前驱体被研究，即 Li_2MnO_3 与酸反应，Li_2O 从 Li_2MnO_3 结构中脱出得到具有电化学活性的 MnO_2。基于这个理念，针对富锂锰基材料的首次不可逆容量（即充电过程中，4.5V 处的高电压平台使非电化学活性的 Li_2MnO_3 脱锂、脱氧并得到活化，导致锂空位缺失，造成首次不可逆容量的损失），通过对富锂锰基材料进行酸处理，可以从 Li_2MnO_3 结构中除去 Li_2O 并同时得到具有电化学活性的 MnO_2，达到减少首次不可逆容量的目的。但酸处理会导致材料的表面发生了离子交换，破坏了材料的表面结构，影响材料的循环性能。

表面包覆可以保护材料免受由电解质分解的 HF 的侵蚀，抑制充放电过程中电极活性物质表面的副反应，从而达到提高材料稳定性的目的。另外，表面包覆导电性能更好的材料，可以提高材料载流子的扩散速率，改善材料的倍率性能。针对富锂锰基材料倍率性能差的缺陷，很多学者采用包覆导电性更好的材料来改善材料的电化学性能。目前，主要的包覆材料有氧化物、氟化物、磷酸盐等。

除了表面包覆能够改善正极材料的性能之外，离子掺杂也是改善正极材料的有效方法。研究者们为了提高正极材料的热稳定性、循环性能和倍率性能等，通常对其进行掺杂改性。掺杂改性通常有阴离子掺杂和阳离子掺杂两种方式。目前，阳离子掺杂的元素主要有 Co、Cr、Na、Ti 等。阳离子掺杂在不改变晶体结构类型的前提下，能够明显地降低材料的阻抗，从而改善正极材料的电化学性能。阴离子掺杂主要是代替正极材料的氧原子，与金属元素形成较强的化学键，提高正极材料的稳定性，从而提升正极材料的循环性能。

4.2.2 尖晶石结构正极材料

4.2.2.1 $LiMn_2O_4$

（1）结构　$LiMn_2O_4$ 的合成与晶体结构的研究始于 20 世纪 50 年代，但以二次电池为目的而进行的研究却始于 20 世纪 80 年代。$LiMn_2O_4$ 为尖晶石结构（图 4-7），属于 $Fd3m$ 空间群，氧原子呈立方密堆积排列，位于晶胞 $32e$ 的位置，锰占据八面体空隙 $16d$ 位置，而锂占据四面体 $8a$ 位置。空的四面体和八面体通过共面与共边相互连接，形成锂离子扩散的三

维通道。锂离子在尖晶石中的化学扩散系数为 $10^{-14}\sim$
$10^{-2}\,m^2/s$。$LiMn_2O_4$ 的理论比容量为 $148mA\cdot h/g$，实
际比容量约为 $120mA\cdot h/g$。充电过程中主要有两个电
压平台：4V 和 3V。前者对应于锂从四面体 $8a$ 位置发
生脱嵌，后者对应于锂嵌入到空的八面体 $16c$ 位置。锂
在 4V 附近的嵌入和脱嵌保持尖晶石结构的立方对称性。
而在 3V 区的嵌入和脱嵌则存在立方体 $LiMn_2O_4$ 和四面
体 Li_2MnO_4 之间的相转变，锰从 +3.5 价还原为 +3.0
价。该改变由于 Mn 氧化态的变化导致杨-泰勒效应，在
$LiMn_2O_4$ 的 MnO_6 八面体中，沿 c 轴方向 Mn—O 键变
长，而沿 a 轴和 b 轴方向则变短。由于杨-泰勒效应比较
严重，c/a 比例变化达到 16%。晶胞单元体积增加

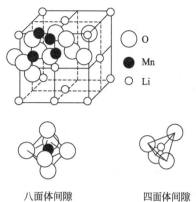

图 4-7 尖晶石的结构示意

6.5%，足以导致表面的尖晶石粒子发生破裂。由于粒子与粒子之间的接触发生松弛，因此，
在 $1<x<2$ 的范围内不能作为理想的 3V 锂离子电池正极材料。

锂离子从尖晶石 $LiMn_2O_4$ 中的脱出分两步进行，锂离子脱出一半发生相变，锂离子在
四面体 $8a$ 位置有序排列形成 $Li_{0.5}Mn_2O_4$ 相，对应于低电压平台。进一步脱出，在 $0<x<$
0.1 时，逐渐形成 γ-MnO_2 和 $Li_{0.5}Mn_2O_4$ 两相共存，对应于充放电曲线的高电压平台。对
于 $LiMn_2O_4$ 而言，锂离子完全脱出时，晶胞体积变化仅有 6%，因此，该材料具有较好的
结构稳定性。

（2）制备方法 $LiMn_2O_4$ 制备主要采用高温固相反应法，其他制备方法与钴酸锂、镍
酸锂相似，包括溶胶-凝胶法、机械化学法、共沉淀法、配体交换法、微波法加热、燃烧法
以及一些非经典方法，如脉冲激光沉积法（pulsedlaser deposition）、等离子体增强化学气相
沉积法（plasma enhanced chemical vapor deposition，PECVD）、射频磁控溅射法（radio
frequency magne-tron sputtering）等。

固相反应合成方法是以锂盐和锰盐或锰的氧化物为原料，充分混合后在空气中高温煅烧
数小时，制备出正尖晶石 $LiMn_2O_4$ 化合物，再经过适当球磨、筛分以便控制粒度大小及其
分布，工艺流程可简单表述为：原料—混料—焙烧—研磨—筛分—产物。一般选择高温下能
够分解的原料。常用的锂盐有：$LiOH$、Li_2CO_3 等，使用 MnO_2 作为锰源。在反应过程中，
释放 CO_2 和氮的氧化物气体，消除碳元素和氮元素的影响。原料中锂锰元素的摩尔比一般
选取 1:2，通常是将两者按规定比例进行干粉研磨，然后加入少量环己烷、乙醇或水作为
分散剂，以达到混料均匀的目的。焙烧过程是固相反应的关键步骤，一般选择的合成温度范
围是 600～800℃。

此方法制备的产物存在以下缺点：物相不均匀，晶粒无规则形状，晶界尺寸较大，粒度分
布范围宽口煅烧时间较长。通常而言，固相反应制备的尖晶石 $LiMn_2O_4$ 的电化学性能很差，
这是由于锂盐和锰盐未充分接触，导致了产物局部结构不均匀。如果在烧结的预备过程中，对
原料进行充分研磨，并且在烧结结束后的降温过程中严格控制淬火速度，则其初始比容量可以
达到 110～120mA·h/g 以上。循环 200 次后的充放电比容量仍能保持在 100mA·h/g 以上。

（3）改性研究 尖晶石 $LiMn_2O_4$ 相对于钴系、镍系正极材料有以下优点：热稳定性
好、环保、过渡金属资源丰富、原料廉价等。但电池在充放电过程中 Mn^{3+} 的 Jahn-Teller
效应，使晶胞发生非对称性膨胀和收缩，引起尖晶石结构由立方对称向四方对称转变，导致

结构扭曲，使材料的循环性能恶化。而且材料中 Mn 易溶解在电解质中，引起 $LiMn_2O_4$ 容量衰减。另外，$LiMn_2O_4$ 在存储过程中（特别是高温条件下），容量衰减严重。为解决这些问题，诸多学者提出了掺杂和表面修饰等方法。其中体相掺杂主要通过提高锰离子的价态，抑制 Mn^{3+} 的 Jahn-Teller 效应，或掺杂元素具有较高的八面体场择位能，有较强的金属-氧键能，抑制尖晶石相变，稳定尖晶石结构。掺杂阳离子的种类比较多，如锂、硼、镁、铝、钛、铬、铁、钴、镍、铜、锌、镓、钇等；掺杂的阴离子有氧、氟、碘、硫等。Li 过量可以提高 Mn 的化合价，减少材料的 Jahn-Teller 效应，形成锂过量的非化学计量比的材料，可以有效提高材料的循环稳定性。Cr^{3+} 半径与 Mn^{3+} 相近，能以稳定的 $d3$ 结构存在于晶体的八面体配位中，可提高材料的结构稳定性。表面修饰主要是表面包覆，目前应用最多的就是包覆 Al_2O_3，可提高材料的高温循环性能和安全性。

4.2.2.2 $LiNi_{0.5}Mn_{1.5}O_4$

$LiNi_{0.5}Mn_{1.5}O_4$ 可以看作是 Ni 掺杂的 $LiMn_2O_4$。为了解决 $LiMn_2O_4$ 在充放电过程中 Mn^{3+} 的 Jahn-Teller 效应、锰溶解以及高温存储性能差的问题，人们研究了不同的过渡金属掺杂的 $LiM_xMn_{2-x}O_4$（M＝Co、Cr、Ni、Fe、Cu 等）。其中 $LiNi_{0.5}Mn_{1.5}O_4$ 具有高达 4.7V 的工作电压和三维的锂离子扩散通道，受到研究者的广泛关注。$LiNi_{0.5}Mn_{1.5}O_4$ 的理论比容量为 146.7mA·h/g，与锰酸锂（$LiMn_2O_4$）的比容量接近，材料高达 4.7V 的电压平台与高温下的循环稳定性比原有的锰酸锂（$LiMn_2O_4$）有了质的提升。如图 4-8 所示为 $LiNi_{0.5}Mn_{1.5}O_4$ 结构示意。$LiNi_{0.5}Mn_{1.5}O_4$ 具有 $P4332$ 和 Fd-$3m$ 两种空间群结构。对于 $P4332$ 结构，Li 占据四面体 $8a$ 位置，Ni 占据 $4b$ 位置，Mn 占据 $12d$ 位置，O 占据 $8c$ 和 $24e$ 位置。在 Fd-$3m$ 结构中，Li 占据 $8a$ 位置，Ni 和 Mn 占据 $16d$ 位置，O 占据 $32e$ 位置。正是由于 $LiNi_{0.5}Mn_{1.5}O_4$ 材料具有不同的结构类型，在合成过程中易形成 $Li_xNi_{1-x}O$ 相和 NiO 相等杂相，导致部分三价锰产生，引起材料的结构不稳定，致使电化学性能恶化。

目前，$LiNi_{0.5}Mn_{1.5}O_4$ 的制备方法很多，常见的有固相法、共沉淀法、溶胶-凝胶法、复合碳酸盐法、超声波喷雾高温分解法等。然而，该材料最大的缺点是很难制备高纯 $LiNi_{0.5}Mn_{1.5}O_4$，在高温煅烧过程中容易造成氧缺陷，产生 $Li_xNi_{1-x}O$ 和 NiO 杂相。因此，产品在 4V 时存在锰的 Mn^{3+}/Mn^{4+} 充放电平台，充放电过程中相变非常严重，从而导致材料容量严重衰减。另外，该材料由于充放电平台较高，使得在电极表面的电解液不停地被氧

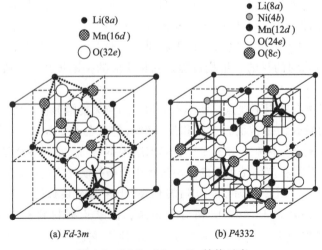

图 4-8 $LiNi_{0.5}Mn_{1.5}O_4$ 结构示意

化分解，阻碍锂离子的正常脱嵌，造成容量衰减，尤其是高温、高倍率下容量衰减特别严重。为了降低 $LiNi_{0.5}Mn_{1.5}O_4$ 的容量衰减，应尽量减少 Mn^{3+} 含量，目前人们主要通过改进制备方法、体相掺杂和表面包覆，以基本消除 Jahn-Teller 效应，减少材料与电解液的接触面积，抑制 Ni、Mn 溶解，从而改善该材料的循环性能。诸多文献表明，通过掺杂 Ti、Cr、Al、Zr、Mg、Fe、Co 等金属离子，包覆 ZnO、SnO_2、Li_3PO_4、ZrO_2 等氧化物可以极大提高 $LiNi_{0.5}Mn_{1.5}O_4$ 的综合电化学性能。随着 $LiNi_{0.5}Mn_{1.5}O_4$ 制备技术逐渐走向成熟，人们发现该材料的高温和高倍率下的循环性能及高温储存性能仍然不十分理想，对该材料容量衰减的原因存在不同的观点。Markovsky 等人认为其容量衰减是由极化所引起的。Talyosef 等人证明 $LiNi_{0.5}Mn_{1.5}O_4$ 在容量衰减过程中存在结构和形貌的变化，正极表面有锰和镍的溶出，生成的锰、镍的氧化物附着在正极的表面，增大电极极化；同时，少量 $LiNi_{0.5}Mn_{1.5}O_4$ 颗粒吸附在铝集流体上成为非活性物质，与导电剂和黏结剂脱离，增加与电解液反应的活性点，而且溶出的 Mn^{2+} 和 Ni^{2+} 在负极还原降低了电池的库仑效率。Aurbach 等人也证实了 Talyosef 的观点，并提出，高温条件下 $LiPF_6$ 热稳定性差也是导致高温循环过程中容量衰减快的原因。Lucht 等人认为 $LiNi_{0.5}Mn_{1.5}O_4$ 在高温储存过程中电解液的溶剂组分容易与材料反应，同时，$LiPF_6$ 热分解产物附着在正极材料的表面。Hugues 等人进一步对 $LiNi_{0.5}Mn_{1.5}O_4$ 高温循环和高温储存后材料的表面物质进行了检测和分析，结果证明高温循环后正极材料表面存在无机物氟化锂和有机物烷基锂（$ROCO_2Li$）、聚醚、聚碳酸酯，但不存在碳酸锂，而高温储存后正极材料表面主要是氟化锂、碳酸锂和聚碳酸酯，而且 $LiPF_6$ 和 $LiBF_4$ 电解液对比，$LiNi_{0.5}Mn_{1.5}O_4$ 在 $LiPF_6$ 电解液中会产生更多的有机物。Chen 等人却提出了不同的观点，他们认为，正极材料中的非活性物质（包括铝集流体、隔膜）是导致高电压材料首次循环库仑效率低的重要原因，高电压下铝箔的稳定性以及在上面形成的薄而致密的铝保护膜能有效降低电解液的进一步分解。Yoon 等人对 $LiNi_{0.5}Mn_{1.5}O_4$ 在高电压下容量衰减机理进行了全面的评价，分析指出：在高电压下，电池组分中的电解液、铝集流体、导电剂、黏结剂和活性物质本身在高电压下都不稳定，容易参与氧化反应，电解液体系中形成的 HF 容易催化锰和镍的溶解，形成的产物增加了电极的极化，同时，电极和集流体界面、导电剂和活性材料接触界面导电网络的瘫痪或故障是导致容量衰减的根本原因。其实质是电解液的分解产物覆盖了这些导电网络的活性点，以及 $LiNi_{0.5}Mn_{1.5}O_4$ 在循环过程中活性物质的膨胀引起与导电剂和黏结剂的不可逆接触损失。Demeaux 等人进一步证明导电剂炭黑在高电压下还能催化碳酸酯类溶剂的分解、形成聚碳酸酯等一系列副反应，降低材料的循环性能。综上所述，目前对 $LiNi_{0.5}Mn_{1.5}O_4$ 容量衰减机理存在不同的观点，其根本原因有待深入研究。

为了进一步改善 $LiNi_{0.5}Mn_{1.5}O_4$ 的循环性能，广大科研工作者开始关注高电压电解液。一方面，开发耐 5V 高电压电解液，希望大大突破商业化电解液 4.3V 的瓶颈；另一方面，开发新型添加剂，在正极表面更好地参与成膜反应，防止电解液与正极材料的直接接触，进一步抑制电解液分解。在新型电解液体系方面，Sun 等人研究 0.7mol/L LiTFSI/MEMS 体系对 $LiCr_{0.015}Mn_{1.985}O_4$/Li 循环性能的影响，发现该电解液体系分解电压较高，与材料相容性较好。Abouimrane 等人探讨了 LTO/LNMO 全电池在 1mol/L $LiPF_6$/TMS：EMC（1：1）电解液体系中的循环性能，结果发现该电池循环 1000 次后仍然有较高的容量。唯一不足的是，砜基电解液与隔膜的润湿性较差。在新型添加剂方面，Xu 等人研究了 TPFPP 对 $LiNi_{0.5}Mn_{1.5}O_4$/Li 电池循环性能的影响，结果表明，加入 0.5% 的 TPFPP，$LiNi_{0.5}Mn_{1.5}O_4$/Li 容量保持率由

70.3%提高到 85.0%。Dalavi 等人将 0.25% 的 LiBOB 加入商业电解液中，结果证明 $LiNi_{0.5}Mn_{1.5}O_4/Li$ 循环 15 次后，容量保持率由 71% 提高到 94%。

4.2.3 聚阴离子型正极材料

在探求高电化学性能能源的过程中，聚阴离子型化合物如 $LiFePO_4$、$LiFeBO_3$、$LiFeSO_4F$、Li_2FeSiO_4、$Li_3V_2(PO_4)_3$、$LiMnPO_4$、$LiCoPO_4$、$LiNiPO_4$、$LiVPO_4F$ 等，由于热稳定性较高更适用于锂离子电池的大规模应用。

聚阴离子型正极材料是含有四面体或八面体阴离子结构单元 $(XO_m)^{n-}$（X＝P、S、As、Mo 和 W）的化合物的总称。这一类材料包括 NASICON 结构的 $Li_xM_2(XO_4)_3$（M＝Ni、Co、Ti、V，X＝S、P、As、Mo），以及橄榄石结构的 $LiMXO_4$（M＝Fe、Co、Mn 与 Ni，X＝P、Mo、W、S）。这些材料均具有开放式的 3D 结构，有利于 Li^+ 的传输，所有的 MO_6 八面体单元均与 XO_4 四面体单元的顶角相连，XO_4 四面体单元也同样与 MO_6 八面体单元的顶角相连，这些结构单元通过强共价键连成了三维网络结构并形成了良好的传输通道，有利于碱金属离子的脱出与嵌入，所以目前 NASICON 结构与橄榄石结构的聚阴离子型材料是锂离子二次电池的研究重点。相对于其他正极材料，聚阴离子型正极材料具有晶体框架结构稳定、放电平台易于调节等特点。但是这类材料的电子电导率比较低，因此材料的大电流放电性能较差。

4.2.3.1 LiFePO₄

磷酸亚铁锂（$LiFePO_4$）为近年来新开发的锂离子电池电极材料，主要用于动力锂离子电池，作为正极活性物质使用，人们习惯称其为磷酸铁锂。自 1996 年首次披露橄榄石结构 A_yMPO_4（A 为碱金属，M 为 Co、Fe 两者的组合）作为锂离子电池正极材料之后，1997 年美国德克萨斯州立大学 John. B. Goodenough 等报道了 $LiFePO_4$ 可逆的嵌入、脱出锂的特性。但是，前期并未引起人们太多的关注，因为该材料的电子、离子电导率差，不适宜大电流充、放电。自 2002 年发现该材料经过掺杂后，导电性有了显著提高，大电流充、放电性能有了大幅度改善；同时，由于其原材料来源广泛、价格低廉且无环境污染，该材料受到了极大的重视，并引起研究人员广泛关注。$LiFePO_4$ 理论比容量为 170mA·h/g，实际值（0.2C）已超过 150mA·h/g；工作电压适中，相对于金属锂而言为 3.45V，电压平台特性好，非常平稳；结构稳定，循环寿命长，在 100% 放电深度条件下，可以循环 3000 次以上。因此，$LiFePO_4$ 正极材料有望成为目前中大容量、中高功率锂离子电池首选的正极材料。

（1）结构 $LiFePO_4$ 晶体是有序的橄榄石型结构，属于正交晶系，空间群为 *Pbnm*，晶胞参数为 $a=6.008\times10^{-10}m$，$c=4.694\times10^{-10}m$。在 $LiFePO_4$ 晶体中，氧原子呈微变形的六方密排堆积，磷原子占据的是四面体空隙，锂原子和铁原子占据的是八面体空隙。锂离子从 $LiFePO_4$ 中完全脱出时，体积缩小 6.81%。与其他锂离子电池正极材料相比，它的本征电导率低（$10^{-12}\sim10^{-9}S/cm$），Li 在 $LiFePO_4$ 中的化学扩散系数也较低。恒流间歇滴定技术（GITT）和交流阻抗技术（EIS）测定的值为 $1.8\times10^{-16}\sim2.2\times10^{-14}cm^2/s$，较低的电子电导率和离子扩散系数是限制该类材料实际应用的主要因素。如图 4-9 所示是 $LiFePO_4$ 的结构示意。$LiFePO_4$ 中强的 P-O 共价键形成离域的三维立体化学键，使得 $LiFePO_4$ 具有很强的热力学和动力学稳定

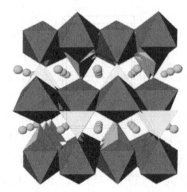

图 4-9 $LiFePO_4$ 的结构示意

性，密度也较大（$3.6g/cm^3$）。这是由于 O 原子与 P 原子形成较强的共价键，削弱了与 Fe 的共价键，稳定了 Fe^{3+}/Fe^{2+} 的氧化还原能级，使 Fe^{3+}/Fe^{2+} 电位变为 3.4V（Li^+/Li）。此电压较为理想，因为它不会高到分解电解质，又不会低到牺牲能量密度。

$LiFePO_4$ 作为正极材料，它的充放电反应机理不同于其他传统的正极材料。在充放电的过程中，随着锂离子的脱嵌，正极材料经历着一个两相反应，即 $LiFePO_4$ 和 $FePO_4$ 两相之间的相互转化。充电时，Li^+ 从 $FePO_4$ 层间迁移出来，经过电解质进入负极；同时 Fe^{2+} 被氧化为 Fe^{3+}，电子经过相互接触的导电剂汇集到集流极，从外电路到达负极；放电过程则相反。其反应机理如下。

充电过程：　　　　　　　$LiFe(II)PO_4 = Fe(III)PO_4 + Li^+ + xe$　　　　　　（4-6）

放电过程：　　　　　　　$Fe(III)PO_4 + Li^+ + xe = LiFe(II)PO_4$　　　　　　（4-7）

$FePO_4$ 晶体结构与 $LiFePO_4$ 相似，也为正交的 *Pbnm* 空间群。这种结构上的相似性使得 $LiFePO_4$ 电极材料具有较好的循环稳定性。另外 $LiFePO_4$ 和 $FePO_4$ 的晶体结构比较稳定，即使在 400℃ 的高温下晶体结构也能保持不变，因此该材料具有较好的高温循环可逆性，而且提高其使用温度还可以改善其高倍率放电性能。

（2）合成方法　为了合成具有优异电化学性能的 $LiFePO_4$ 材料，最关键的是防止 Fe^{2+} 的氧化以及最大限度地抑制晶粒的过度生长。因此，工艺路线的选择将是改善材料微观结构以及电化学性能的重要途径。到目前为止，关于 $LiFePO_4$ 的制备方法主要有高温固相法、碳热还原法、水热法、溶胶-凝胶法等。

① 高温固相法　高温固相法是传统的合成陶瓷材料的方法，也是最早、最常用的一种制备 $LiFePO_4$ 粉体的合成方法。该方法采用的锂源常采用 $LiOH \cdot H_2O$、Li_2CO_3、$LiNO_3$、$Li(PO_4)_3$ 等；铁源多为 $Fe(CO_2)_2 \cdot 2H_2O$、$Fe(C_2O_4)_2 \cdot 2H_2O$、$Fe(C_2H_3O_2)_2$ 等；磷酸盐多来自含磷铵盐，如 $NH_4H_2PO_4$、$(NH_4)_2HPO_4$ 等。其工艺路线大致为：各原料按一定比例经球磨机充分研磨混合后，在惰性气氛（如氩气、氮气或者还原气氛，如氮气和氢气的混合气，氩气和氢气的混合气等）下，于 300～400℃ 下进行预烧，然后再在较高温度下（如 400～800℃）煅烧 10～24h。$LiFePO_4$ 的碳包覆步骤往往在预烧后进行。该合成方法比较简单，比较适合于工业化生产，但是产物的纯度不好控制，并且 $LiFePO_4$ 晶粒的生长和团聚不可控，产物的粒径粗大且分布广，材料的电化学性能较差。

② 碳热还原法　在固相合成法中，使用的 Fe 源只有二价的 $FeC_2O_4 \cdot 2H_2O$ 或者 $Fe(OOCH_3)_2$，价格较为昂贵，因此，研究者使用廉价的三价铁作为 Fe 源，通过高温还原的方法成功制备了覆碳的 $LiFePO_4$ 复合材料。用 Fe_2O_3 或其他三价铁取代 $FeC_2O_4 \cdot 2H_2O$ 作为 Fe 源，反应物中混合过量的碳，利用碳在高温下将 Fe^{3+} 还原为 Fe^{2+}，合理地解决了在原料混合加工过程中可能引起的氧化反应，使制备过程更为合理，同时改善了材料的导电性。在高于 650℃ 的温度下成功合成了纯相的 $LiFePO_4$，其放电比容量可以达到 $156mA \cdot h/g$。该方法的主要缺点是合成条件苛刻，合成时间较长，目前碳热还原技术基本上被美国 Valence 公司和日本索尼公司的专利覆盖。

③ 水热法　水热法是一种快速的、易于操作的合成方法。水热法也是制备 $LiFePO_4$ 较为常见的方法，在高压釜里，采用水溶液作为反应介质，通过对反应容器加热，创造一个高温、高压的反应环境，使得通常难溶或不溶的物质溶解并且重结晶，经过滤、真空干燥得到 $LiFePO_4$。Yang 等利用 $FeSO_4$、$LiOH$ 和 H_3PO_4 为主要原料，将 pH 值调到 7.56，在反应

釜中于 120℃ 反应 5h 以上，最后得到了 $LiFePO_4$。在低电流密度（$0.05mA/cm^2$）的条件下，该材料的比容量与仅有 68mA·h/g，经过后续碳包覆处理，比容量增加到 136mA·h/g。Dokko 等人以 LiOH、$(NH_4)_3PO_4$ 和 $FeSO_4$ 为原料，以 2.5∶1∶1 的比例混合溶解，然后加入一定量的抗坏血酸，于 170℃ 水热反应 12h，热处理得到 $LiFePO_4$，材料的放电比容量达到 150mA·h/g。水热合成的流程简单，制备的物相均一，粉体粒径较小，但是该方法所需大型的耐高温、高压的反应器，这种设备的设计制造难度较大，成本较高，因此不利于大规模的推广使用。

④ 溶胶-凝胶法　溶胶-凝胶法具有前驱体溶液化学均匀性好（可达分子级水平），凝胶热处理温度低，粉体颗粒粒径小而且分布均匀，粉体焙烧性能好，反应过程易于控制，设备简单等优点。但干燥收缩大，工业化生产难度较大，合成周期较长，同时合成时用到大量有机试剂，造成了成本的提高及原料浪费。溶胶-凝胶法制备 $LiFePO_4$ 的典型流程为：先在 LiOH 和 $Fe(NO_3)_3$ 中加入还原剂（例如抗坏血酸），然后加入磷酸。通过氨水调节 pH 值，将 60℃ 下获得的凝胶进行热处理，即得到纯净的 $LiFePO_4$。主要是利用了还原剂的还原能力，将 Fe^{3+} 还原成 Fe^{2+}，既避免了使用昂贵的 Fe^{2+} 盐作为原料，降低了成本，又解决了前驱体对气氛的要求。

（3）改性研究　$LiFePO_4$ 具有价格便宜、安全、环保等多种优势，是应用前景很好的锂离子电池正极材料，特别是在对成本、循环寿命、安全要求非常苛刻的动力电池领域的应用。但另一方面，由于 $LiFePO_4$ 特定的结构所决定的一些缺点，严重地制约了其应用与发展。在 $LiFePO_4$ 的结构中，由于没有连续的 FeO_6 共边八面体网络，因此造成材料的低电子电导率；同时由于八面体之间的 PO_4 四面体限制了晶格的体积变化，从而造成了 $LiFePO_4$ 材料极低的电子电导率和离子扩散速率的缺点，导致高倍率充放电性能较差。因此，提高电子电导率以及离子扩散速率成为研究的重点。

为了提高 $LiFePO_4$ 的离子电导率和离子扩散系数，目前采用了多种改性方法，如采用碳或金属粉末表面包覆的方法来提高材料的电接触性质，采用掺杂的方法提高本征电子电导率，还可以通过控制材料的粒径，缩短离子迁移路径，以提高离子的扩散速率。通过加入碳的方法来提高材料的电导率是锂离子电池电极材料研究中广泛采用的一种方法。添加的碳包括炭粉末、碳凝胶及由碳衍生有机物在反应过程热裂解而原位生成的碳。采用加入金属粉末导电剂的主要优点有：①提高了材料的电子电导率，从而提高了材料的电化学性能；②增加了材料的密度和减小材料的体积，从而提高了锂离子电池的质量能量密度和体积能量密度。另外，加入纳米级金属粉末可以为晶体的形成提供成核点，有利于获得发育完善且颗粒较小的晶体，从而有利于提高活性材料的电化学性能。加入碳的方式有两种：一种是在制备 $LiFePO_4$ 过程中加入；另一种是将反应所得的 $LiFePO_4$ 粉末与碳有机衍生物混合后，高温热处理而引入碳。添加碳的方式较添加金属粉末的明显优点是：除了形成核生长点之外，碳种还原剂可以将 Fe^{3+} 原为 Fe^{2+}，避免 Fe^{2+} 被氧化为 Fe^{3+} 而形成杂质。添加少量的碳不会明显减小材料的密度和体积，但却大大提高了材料的电导率，明显改善了材料的电化学性能。通过掺杂金属离子提高锂离子电池正极材料的电化学性能的方法在其他正极材料中应用广泛。利用碳和金属等导电材料分散或者包覆的方法，主要是提高活性物质粒子之间的电接触，增加了复合材料的电导率，而对于材料的本征电导率基本没有影响。因此，提高颗粒内部电导率，也即提高材料的本征电导率仍然是解决材料电导率低的关键问题。Chung 等通过异价元素（Mg、Zr、Ti、Nb、W 等）代替 $LiFePO_4$ 的 Li^+ 进行体相掺杂，掺杂后的材料电子电导率提高了 8 个数量级，从未掺杂前的 $10^{-10} \sim 10^{-9}$ S/cm 提高到 10^{-2} S/cm。Valence 公司利用碳热还原法合成 Mg 掺杂的 $LiFe_{0.9}Mg_{0.1}PO_4$ 材料理论比容量为 156mA·h/g，具有很好的结构稳定性。中国科学院物理研究所研究发现，掺杂 1% 的 Cr 可使 $LiFePO_4$ 的电子电导率提高一个数量级，但掺杂并未使得正极材料 $LiFePO_4$ 的高倍率充放电性能得到改善。分子动力学研究表明，$LiFePO_4$ 是一维离子导体，Cr 在锂位掺杂阻塞了 Li^+ 通道，虽然电子电导率提高，但离子电导率却降低，因而影响了倍率性能。最近，王德宇通过对钠在锂位或铁位掺杂的研究发现，包覆的材料倍率性能较好。主要原因是既提高了材料颗粒的点接触和本征电子电导率，又没有降低离子的输运性能。

4.2.3.2　$LiMnPO_4$

（1）结构　$LiMnPO_4$ 是有序的橄榄石结构，与 $LiFePO_4$ 一样，属于正交晶系，D_{2h}^{16}-$Pmnb$ 空间群，每个单胞含有 4 个单位的 $LiMnPO_4$。$LiMnPO_4$ 晶格参数为：$a = 6.018 \times 10^{-10}$ m，$b = 10.455 \times 10^{-10}$ m，$c = 4.750 \times 10^{-10}$ m，其脱嵌锂电压在 4.1V 左右，电化学活性不高。$LiMnPO_4$ 成本低，资源丰富，结构稳定，热稳定性高，引起了研究者的广泛关注。

$LiMnPO_4$ 的合成方法与 $LiFePO_4$ 的合成方法基本一致，在此不再赘述。

（2）改性研究　由于 $LiMnPO_4$ 的电化学活性不高，导致了 $LiMnPO_4$ 的电化学性能不尽人意，为了解决这一问题，研究者们采用了一些改进方法。索尼公司研究发现，通过在合成原料中添加炭黑的工艺制备出具有细小颗粒的掺杂 Fe 的 $LiFe_{1-x}Mn_xPO_4$ 材料，结果表明，适量掺杂 Fe 的材料具有较好的脱嵌 Li^+ 性能，当 $x = 0.5$ 时，容量达到最大值。Li^+ 脱出包括两个步骤：3.5V 电压平台脱锂，Fe^{2+} 被氧化成 Fe^{3+}；接着 4.1V 平台脱锂，Mn^{2+} 被氧化成 Mn^{3+}。在充放电过程中 $LiFe_{1-x}Mn_xPO_4$ 的局部结构变化是完全可逆的，并且在 $0 \leqslant x \leqslant 1$ 时，Mn^{3+} 的局部结构没有任何明显的变化。这表明即使在 Mn 含量很高时，Li^+ 从材料结构中的脱出也没有内在的本质障碍。Padhi 等系统地研究了 $LiFe_{1-x}Mn_xPO_4$（$x = 0.25$、0.5、0.75、1.0）的电化学充放电性质，研究发现，随着 Mn 含量的升高，4.1V 的平台逐渐变长。但当 Mn 的含量大于 0.75 时，总容量迅速降低。即适量的 Mn 掺杂可以改善材料性能，过量 Mn 掺杂反而使材料性能降低。

4.2.3.3　$Li_3V_2(PO_4)_3$

$Li_3V_2(PO_4)_3$ 是一种具有 NASICON 结构的聚合阴离子型锂离子电池正极材料。由于其具有高的可逆比容量（理论容量可达 197mA·h/g）、高的充放电电压（平均放电电压在 3.6V 以上）和稳定的结构以及比 $LiFePO_4$ 高的离子电导率，近来受到了人们的广泛关注。

$Li_3V_2(PO_4)_3$ 相对于钒的氧化物，磷酸根离子对氧离子的取代，使化合物的三维结构发生了变化，增强了化合物的结构稳定性，并使得 Li^+ 扩散通道变大，有利于 Li^+ 的脱嵌。$Li_3V_2(PO_4)_3$ 晶体有两种空间结构，即单斜晶型和正交型。两者都有相同的"笼状"结构单元 $V_2(PO_4)_3$，但金属八面体 VO_6 与磷酸根离子四面体 PO_4 的连接方式和 Li 存在的位置不同。正交型的 β-$Li_3V_2(PO_4)_3$ 与 β-$Li_3Fe_2(PO_4)_3$ 结构相似，同属于 R 晶体群，且只有 1 个 Li^+ 晶体学位置，电化学性能比单斜晶系 α-$Li_3V_2(PO_4)_3$ 差，不宜用作锂离子电池正极材料。

单斜晶系 α-$Li_3V_2(PO_4)_3$ 属于 $P2_1/n$ 晶体群，PO_4 四面体与 VO_6 八面体通过共用顶点氧原子，组成三维骨架结构，每个 VO_6 八面体有 6 个 PO_4 四面体，而每个 PO_4 四面体周围有 4 个 VO_6 八面体（图 4-10）。晶胞中有 3 个 Li^+ 晶体位置，其中，Li(1)占据正四面

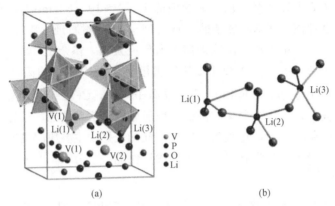

图 4-10　单斜晶系的 $Li_3V_2(PO_4)_3$ 的晶格结构

体位置，Li(2)和 Li(3)与 5 个 V—O 键相连，占据类四面体位置，共 12 个 Li^+。V 有两个位置：V(1)和 V(2)，V—O 键长分别为 2.003mm 和 2.006mm。

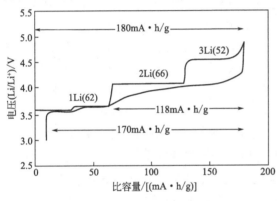

图 4-11　电化学电位谱图

单斜晶系的 $Li_3V_2(PO_4)_3$ 的充放电机理比较复杂，$Li_3V_2(PO_4)_3$ 结构中每个单元的三个 Li^+ 都可以在正负极之间脱嵌，如果 Li^+ 从晶格中全部脱出，其理论比容量可达 197mA·h/g。其恒流间歇滴定图具有四个平台（3.61V、3.69V、4.1V 和 4.6V）（图 4-11），其中点阵中不同位置的 Li^+ 和 V^{n+} 的电势不同，这使得相转变间的能量也不同。V^{3+}/V^{4+} 氧化反应与前三个电位平台的锂离子脱嵌相对应，而 V^{4+}/V^{5+} 氧化还原反应与 4.6V 电位区的第三个锂离子脱嵌相对应。

　　$Li_3V_2(PO_4)_3$ 的制备方法主要有高温固相法和溶胶-凝胶法。制备磷酸钒锂的高温固相法又可以分为氢气还原法和高温炭热还原法。氢气还原法所采用的原料主要是 V_2O_5、Li_2CO_3、$NH_4H_2PO_4$ 或 $(NH_4)_2HPO_4$，首先将各种原料按化学计量比混合均匀，再置于惰性气氛条件下，在 300~350℃预焙烧 4~8h，除去反应中生成的水和氨气，消除水和气体对高温反应的影响，然后将预焙烧产物在一定压力下压制成片状，再将片状物在氢气或氢气-惰性气体混合气氛下高温（≥850℃）反应 8~16h，冷却后再将产物研磨混合均匀，再压制成片状，再重复高温焙烧的操作。高温碳热还原法采用的原料与氢气还原法差不多，只不过是将炭代替氢气作为还原剂，炭作为还原剂的主要好处就是可以为 $Li_3V_2(PO_4)_3$ 晶相的形成提供成核点，从而抑制 $Li_3V_2(PO_4)_3$ 晶核的长大，有利于获得颗粒较小的样品，并且残留的炭有助于提高材料的电导率。

　　从前面对 $Li_3V_2(PO_4)_3$ 的结构分析可知，在 $Li_3V_2(PO_4)_3$ 中，由于金属离子相隔较远，以至于减小了电子的迁移速率，使得该材料的电子电导率较低，从而影响材料的大倍率充放电性能。解决的主要方法包括在制备 $Li_3V_2(PO_4)_3$ 过程中加入导电性物质，如 Cu、Ag、Au 等金属粉末及乙炔黑、高比表面活性炭等碳质化合物及单质。同样也可以通过掺杂金属离子等方法来提高材料的电子电导率。

4.2.4 其他类型正极材料

其他正极材料种类比较多样，如铁的化合物、铬的氧化物、钼的氧化物等。铁的化合物如磁铁矿（尖晶石结构）、赤铁矿（α-Fe_2O_3，刚玉型结构）和 $LiFeO_2$（岩盐型结构），研究得比较多的为 α-$FeSO_4$ 和 $LiFeO_2$。铬的氧化物 Cr_2O_3、CrO_2、Cr_5O_{12}、Cr_2O_5、Cr_6O_{15} 和 Cr_3O_8 等均能发生锂的嵌入和脱嵌。其他材料包括钼的氧化物如 Mo_4O_{11}、Mo_8O_{23}、Mo_9O_{26}、MoO_3 和 MoO_2，还有如钙钛矿型 $La_{0.33}NbO_3$，尖晶石结构的 $Li_xCu_2MSn_3S_8$（M＝Fe、Co）、$Cu_2FeSn_3S_8$、$Cu_2FeTi_3S_8$、$Cu_{3.31}GeFe_4Sn_{12}S_{32}$，以及含镁的钠水锰矿和黑锌锰矿复合的正极材料，反萤石型 Li_6CoO_4、Li_5FeO_4 和 Li_6MnO_4 等。

除 4d 过渡金属的化合物外，5d 过渡金属的氧化物也能发生锂的可逆嵌入和脱嵌。层状岩盐型氧化物 Li_2PtO_3 的体积容量比 $LiCoO_2$ 更大，同时体积变化也比 $LiCoO_2$ 少，因此更耐过充电，100 次循环后也没有明显变化。Li_2IrO_3 菱形结构也可以发生锂的可逆嵌入和脱嵌。

4.3 负极材料

自从锂离子电池诞生以来，研究的有关负极材料主要包括碳材料和非碳材料。碳材料又分为石墨化碳和无定形碳。其中，石墨化碳包括天然石墨、人造石墨和石墨化碳纤维；无定形碳包括软碳和硬碳等。非碳材料主要有硅基材料、锡基材料、新型合金、氧化物、氮化物和其他材料。作为锂离子电池负极材料，要求具有以下性能。

① Li^+ 在负极基体中的插入氧化还原电位尽可能低，接近金属锂的电位，从而使电池的输出电压高。

② 在基体中大量的锂能够发生可逆嵌入和脱嵌以得到高容量密度，即可逆的 x 值尽可能大。

③ 在整个嵌入和脱嵌过程中，锂的嵌入和脱嵌应可逆且主体结构没有或很少发生变化，以确保良好的循环性能。

④ 氧化还原电位随锂的变化应该尽可能少，这样电池的电压不会发生显著变化，可保持平稳的充电和放电。

⑤ 插入化合物应有较好的电子电导率（σ_e）和离子电导率（σ_{Li^+}），这样可以减少极化并能进行大电流充放电。

⑥ 主体材料具有良好的表面结构，能够与液体电解质形成良好的 SEI（solid electrolyte interface）膜。

⑦ 插入化合物在整个电压范围内具有良好的化学稳定性，在形成 SEI 膜后不与电解质等发生反应。

⑧ Li^+ 在主体材料中有较大的扩散系数，便于快速充放电。

⑨ 从实用角度而言，主体材料应该便宜，对环境无污染。

4.3.1 嵌入型负极材料

4.3.1.1 碳

碳材料具有充放电可逆性好、容量大和放电平台低等优点。近年来研究的碳材料主要包括石墨、碳纤维、石油焦、无序碳和有机裂解碳。石墨化碳负极材料随原料不同而有很多种类，典型的为石墨化中间相碳微球（MCMB）、天然石墨和石墨化碳纤维。

（1）石墨材料 天然石墨导电性好，结晶度好，具有良好的层状结构，更适合 Li^+ 的嵌入和脱出，并且其矿藏资源丰富、价格低廉，因此成为当前锂电池主要的负极材料。

石墨作为锂离子电池负极材料时，锂发生嵌入反应，形成不同阶的化合物 Li_xC_6［阶的定义为相邻两个嵌入原子层之间所间隔的石墨层的数量，例如 1 阶的 Li-GIC 意味着相邻两个 Li 嵌入层之间只有一个石墨层，即-Li-C-Li-C-结构（LiC_6）］。石墨材料导电性好，结晶度较高，有良好的层状结构，适合锂的嵌入和脱嵌，形成锂和石墨层间化合物 Li-GIC，充放电比容量可达 300mA·h/g 以上，充放电效率在 90% 以上，不可逆比容量低于 50mA·h/g。

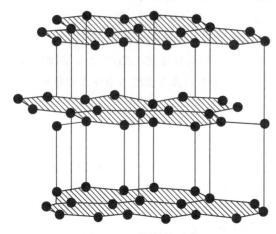

图 4-12 石墨结构示意

锂在石墨中脱嵌反应发生在 $0 \sim 0.25V$（Li^+/Li），具有良好的充放电平台，可与提供锂源的正极材料 $LiCo_2$、$LiNiO_2$、$LiMn_2O_4$ 等匹配，组成的电池平均输出电压高，是目前锂离子电池应用最多的负极材料。石墨包括人工石墨和天然石墨两大类。人工石墨是将石墨化炭（如沥青、焦炭）在氮气气氛中于 1900～2800℃ 经过高温石墨化处理制得，石墨结构示意图如图 4-12 所示。

常见的人工石墨有中间相碳微球和石墨纤维。无定形石墨纯度低，石墨晶面距（d_{002}）为 0.336nm。主要为 $2H$ 晶面排序结构，即按 ABAB…顺序排列，可逆比容量仅为 260mA·h/g，不可逆比容量在 100mA·h/g 以上。鳞片石墨晶面间距（d_{002}）为 0.335nm，主要为 $2H+3R$ 晶面排序结构，即石墨层按 ABAB…及 ABCABC…两种顺序排列。含碳 99% 以上的鳞片石墨，可逆比容量可达 300～350mA·h/g。

（2）MCMB 系负极材料 20 世纪 70 年代初，日本的 Yamada 首次将沥青聚合过程中的中间相转化期间所形成的中间相小球体分离出来并命名为中间相碳微球（MCMB）或 MFC（mesophase fine carbon）。MCMB 由于具有层片分子平行堆砌的结构，又兼有球形的特点，球径小而分布均匀，已经成为很多新型碳材料的首选基础材料，如锂离子电池的电极材料、高比表面活性碳微球、高密度各向同性碳石墨材料、高效液相色谱柱的填充材料等。

由于中间相碳微球与其他碳材料相比，具有直径小、形状规则（呈球形片层结构且表面光滑）等特点，使得其具有更高的压实密度，更低的第一次充电过程中的电量损失，石墨片层更不容易塌陷等优点。1993 年，大阪煤气公司首先将 MCMB（中间相碳微球）用在了锂离子电池中。MCMB 的石墨化程度、表面粗糙度、材料的结构、孔隙率、堆积密度与合成工艺密切相关。这些物理性质对电化学性质又有着明显的影响。目前在锂离子电池中广泛使用的 MCMB 热处理温度为 2800～3200℃，粒径为 8～20μm，表面光滑，堆积密度为 1.2～1.4g/cm³。材料的可逆比容量可达到 300～320mA·h/g，第一周充放电效率为 90%～93%。

（3）热解碳负极材料 将各种碳的气相、液相、固相前驱体热处理得到的碳材料称为热解碳。在碳负极材料的研究过程中，人们对许多热解碳进行了研究。根据材料石墨化的难易程度，分为软碳和硬碳。软碳指热处理温度达到石墨化温度后，处理的材料具有较高的石墨化程度。硬碳指热处理温度达到石墨化温度时，材料仍然为无序结构。一般而言，软碳的前驱体中含有苯环结构，例如苯、甲苯、多并苯、沥青、煤焦油等。硬碳的前驱体多种多样，包括多种聚合物、树脂类、糖类以及天然植物，如竹子、棉线、树叶等。

无定形碳材料中没有长程有序的晶格结构，原子的排列只有短程序，介于石墨和金刚石结构之间，sp^2 和 sp^3 杂化的碳原子共存，同时有大量的缺陷结构。但是软碳和硬碳在结构上存在着细微的差别。低温处理的软碳由于热处理温度低，存在着石墨微晶区域和大量的无序区。硬碳材料中基本不存在 3～4 层以上的平行石墨片结构，主要为单层石墨片结构无序排列而成，材料中因此存在大量直径小于 1nm 的微孔。

石墨材料的充放电曲线，随着锂的嵌入量不同，电位曲线呈现不同的台阶。相对而言，石墨材料的电位曲线比较平坦。软碳（低温热解碳）的嵌锂过程可以分为两部分：一部分是石墨微晶嵌锂过程，锂离子插入片层间，形成插入化合物，为高于 0V 的充放电平台；另一部分和无定形区有关，这些区域含有较多的边缘碳原子，这些悬键和 H 元素相结合。硬碳材料的充放电曲线，包括在乱层石墨结构中嵌锂的斜坡段与在微孔中嵌锂的低电位平台。

这三类材料基本概括了目前所研究的碳负极材料的结构特点。其中石墨类的可逆比容量略低，但初始充放电效率高（＞90%），且材料的堆积密度较高（＞1.2g/cm³，如 MCMB、CMS）。软碳和硬碳材料第一次循环的不可逆比容量的损失都较大，效率较低（＜85%），可逆比容量一般在 400～1000mA·h/g。就上述三类材料而言，改性石墨类主要用在高能量密度锂电池中，硬碳类主要用在高功率锂离子电池中，软碳目前还没有得到应用。

4.3.1.2　$Li_4Ti_5O_{12}$

（1）结构　$Li_4Ti_5O_{12}$ 可写成 $Li(Li_{1/3}Ti_{5/3})O_4$。空间点阵群为 $Fd3m$，晶胞参数 a 为 0.836nm，为不导电的白色晶体，在空气中可以稳定存在。其中 O^{2-} 构成 FCC 的点阵，位于 $32e$ 的位置，部分 Li 则位于 $8a$ 的四面体间隙中，同时部分 Li^+ 和 Ti^{4+} 位于 $16d$ 的八面体间隙中。当锂插入时还原为深蓝色的 $Li_2(Li_{1/3}Ti_{5/3})O_4$，反应方程式如下。

$$Li(Li_{1/3}Ti_{5/3})O_4^+ + Li^+ + e \Longleftrightarrow Li_2(Li_{1/3}Ti_{5/3})O_4 \tag{4-8}$$

当外来的 Li^+ 嵌入到 $Li_4Ti_5O_{12}$ 的晶格时，Li^+ 先占据 $16c$ 位置。与此同时，在 $Li_4Ti_5O_{12}$ 晶格中原来位于 $8a$ 的 Li^+ 也开始迁移至 $16c$ 位置，最后所有的 $16c$ 位置都被 Li^+ 所占据。因此，可逆容量的大小主要取决于可逆容纳 Li^+ 的八面体空隙数量的多少。由于 Ti^{3+} 的出现，反应产物 $Li_2(Li_{1/3}Ti_{5/3})O_4$ 的电子电导性较好，电导率为 10^{-2}S/cm。反应式（4-8）过程的进行是通过两相共存实现的，通过紫外可见光谱和 X 射线已经证明。产物 $Li_2(Li_{1/3}Ti_{5/3})O_4$ 的晶胞参数 a 变化很小，仅从 0.836nm 增加到 0.837nm，因此称为零应变电极材料。

（2）制备　$Li_4Ti_5O_{12}$ 通常采用固相法制备，如将 TiO_2 和 Li_2CO_3 在高温（750～1000℃）下反应。为了补偿在高温下 Li_2CO_3 的挥发，通常使 Li_2CO_3 过量约 8%。但是如果与机械法结合，先用高能球磨法得到 TiO_2 和 Li_2CO_3 的非晶相混合物，然后加热烧结得到尖晶石相 $Li_4Ti_5O_{12}$，则可以缩短反应时间，降低烧结温度，在 450℃ 时就出现相转变。同时，烧结后的产物粒度较小，分布比较均匀，并减小在高温下由于挥发而导致 Li 的损失。

在高温热处理时，使用助烧添加剂也可以降低热处理温度，提高离子电导率。例如，热处理时加入质量分数为 15% 的 $0.44LiBO_2 \cdot 0.56LiF$ 助烧添加剂。该添加剂是一种玻璃型成相，可以将多孔的粉状结构转换为网格结构。由于它仅与 $Li_4Ti_5O_{12}$ 发生轻微反应或不反应，因此 $Li_4Ti_5O_{12}$ 的晶体结构没有发生明显改变。

由于 Ti 为 +4 价，很容易形成溶液，因此采用溶胶-凝胶法可以缩短热处理时间，降低热处理温度。该过程为：先将四异丙醇钛 Ti [OCH (CH$_3$)$_2$]$_4$ 添加到乙酸锂的乙醇溶液中，然后缓慢滴加氨水，得到白色凝胶。在 60℃ 下干燥后，通过高温处理得到结晶性很好的 Li$_4$Ti$_5$O$_{12}$。但是，其锂离子扩散系数为 3×10^{-12} cm^2/s，比在 LiMn$_2$O$_4$ 中的扩散系数 ($10^{-11} \sim 10^{-10}$ cm^2/s) 要低，也比固相法得到 Li$_4$Ti$_5$O$_{12}$ 的扩散系数要低 (2×10^{-8} cm^2/s)，这可能与测量方法有关。然而，同样是采用溶胶-凝胶法制备的纳米 Li$_4$Ti$_5$O$_{12}$ 晶体具有良好的快速充放电能力，在 250C 倍率下也能进行充放电。当制备的粒子大小在亚微米级 (例如 700nm) 时，1C 倍率下循环 100 次以后，容量还保持 99%。当粒子为 9nm 时，充放电速率可以高达 250C，而且在较高的充放电速率下容量基本上能够达到理论容量。

综上所述，Li$_4$Ti$_5$O$_{12}$ 作为锂离子电池负极材料具有以下优点：在锂离子嵌入/脱嵌过程中晶体结构的稳定性好，为零应变过程，具有良好的循环性能和放电电压平台，具有相对金属锂较高的电位 (1.56V)，因此可选的有机液体电解质比较多，避免了电解液的分解现象和界面保护钝化膜的生成。Li$_4$Ti$_5$O$_{12}$ 的原料 (TiO$_2$ 和 Li$_2$CO$_3$、LiOH 或其他锂盐) 来源也比较丰富，同时也具有优良的热稳定性。因此，Li$_4$Ti$_5$O$_{12}$ 可作为一种理想的替代碳负极材料。

(3) 改性　Li$_4$Ti$_5$O$_{12}$ 作为锂离子电池的负极材料，导电性能很差，且相对于金属锂的电位较高而容量较低，因此需要对其改性。目前，改性的方法主要有掺杂、包覆等方法。

通常提高 Li$_4$Ti$_5$O$_{12}$ 电导率的方法是进行掺杂改性，对材料进行金属离子的体相掺杂，形成固溶体或者是引入导电剂以提高导电性。

为了改善 Li$_4$Ti$_5$O$_{12}$ 的电导性，朱继平等用 Mg 取代 Li 进行改性。由于 Mg 是 +2 价金属，而 Li 为 +1 价，这样部分 Ti 由 +4 价转变为 +3 价，明显提高了材料的电子导电性能。当 1mol Li$_4$Ti$_5$O$_{12}$ 单元中掺杂有 1/3mol Mg 单元时，电导率从 10^{-13} S/cm 以下提高到 10^2 S/cm，但可逆容量有所下降。对于 x 接近 1 的 Li$_{4-z}$Mg$_x$Ti$_5$O$_{12}$ 的容量为 130mA·h/g，这可能是因为 Mg 占据了尖晶石结构中四面体的部分 8a 位置所致。

中国科学院硅酸盐研究所在 Li$_4$Ti$_5$O$_{12}$ 的掺杂方面做了一些研究工作，通过合成 Li$_{3.95}$M$_{0.15}$Ti$_{4.9}$O$_{12}$ (M=Al、Ga、Co) 和 Li$_{3.9}$M$_{0.1}$Ti$_{4.85}$O$_{12}$ 材料，测定了不同元素掺杂的电化学性能。结果发现，Al^{3+} 的引入能明显提高可逆比容量与循环性能，Ga^{2+} 引入能稍微提高比容量，但没有改善循环稳定性，而 Co^{3+} 和 Mg^{2+} 的引入反而在一定程度上降低其电化学性能。

可以将 Li$_4$Ti$_5$O$_{12}$ 中的 Ti^{4+} 用其他三价过渡金属离子代替，例如 Fe、Ni、Cr 等。Fe 来源丰富，没有毒性，用 Fe^{3+} 取代替换部分 Ti^{4+} 后，晶体仍然为尖晶石结构，在第一次循环时 0.5V 左右处出现一个新的锂插入平台，但是在脱插的过程中没有发现对应的平台；而且掺杂后，可逆比容量增加，达到 200mA·h/g 以上，循环性能也明显改善。例如：当 1mol Li$_4$Ti$_5$O$_{12}$ 掺杂 0.033mol Fe 时，可逆比容量超过 150mA·h/g，25 次循环后基本上没有衰减。当 Li$_4$Ti$_5$O$_{12}$ 中 2/3 Ti^{4+} 和 1/3Li$^+$ 被 Fe^{3+} 取代后，得到的 LiFeTiO$_4$ 的比容量高达 650mA·h/g，但其循环性能不太理想。Ni 和 Cr 的原子半径与 Ti 相近，掺杂后 Li$_{1.3}$M$_{0.1}$Ti$_{1.7}$O$_4$ (M=Ni、Cr) 相对于锂电极的电压为 1.55V；而尖晶石结构 Li(CrTi)O$_4$ 相对于金属锂的开路电压略低一点 (为 1.5V)，循环时的可逆比容量为 150mA·h/g。

除了掺杂外，对 Li$_4$Ti$_5$O$_{12}$ 材料进行表面包覆也是一种常见的改性方法，传统的对

$Li_4Ti_5O_{12}$ 的包覆改性一般是通过有机物或聚合物碳化后包覆。将 $Li_4Ti_5O_{12}$ 放入溶有 $SnCl_2 \cdot nH_2O$ 的乙醇溶液得到的溶胶中，加入氨水搅拌，85℃干燥 5h，500℃恒温 3h，制得了 SnO_2 包覆的 $Li_4Ti_5O_{12}$。结果表明，SnO_2 在 $Li_4Ti_5O_{12}$ 的表面提高了 $Li_4Ti_5O_{12}$ 的可逆比容量和循环稳定性。在 $0.5 \times 10^{-3} A/cm^2$ 的电流密度下循环 16 次后，放电比容量还有 $236 mA \cdot h/g$。

朱继平等将合成的 $Li_4Ti_5O_{12}$ 材料与乙酸铜混合球磨 12h 后，干燥，在空气气氛升温至 500℃，保温 5h，随炉冷却得到 $Li_4Ti_5O_{12}/CuO$。结果表明，包覆氧化铜的钛酸锂具有良好的电化学性能，提高了 $Li_4Ti_5O_{12}$ 在高倍率下的循环稳定性和放电比容量，大倍率放电比容量性能优越。

Ag 具有优良的电子导电性以及可以减小材料极化的特性，研究发现，在 $Li_4Ti_5O_{12}$ 表面通过 $AgNO_3$ 的分解包覆一层 Ag，显著提高了容量以及循环性能，2C 倍率下 50 次充放电后比容量保持在 $184 mA \cdot h/g$。

较新的一种方法是对 $Li_4Ti_5O_{12}$ 进行氟化作用，通过将 F_2 在 $Li_4Ti_5O_{12}$ 表面不同温度下氟化，发现 70℃下和 100℃下的性能最佳，在 600mA/g 大电流密度下比单纯的 $Li_4Ti_5O_{12}$ 表现出更好的性能，也可以在 $Li_4Ti_5O_{12}$ 表面包覆一层氮化钛以提高性能。

4.3.2 合金化负极材料

金属锂在常温下能和很多金属形成金属间化合物，由于锂合金的形成反应通常是可逆的，因此能够与锂形成合金的金属在理论上都能用作负极材料。硅/锡基负极材料是典型的合金反应型负极材料。一般而言，合金类负极材料能够和较多的锂离子反应，因此，合金类负极材料通常具有比较高的质量比容量。

基于合金化的负极材料的电化学反应方程式为

$$M + xLi^+ + xe \Longleftrightarrow Li_x M \qquad (4-9)$$

锂合金可以很好地避免锂枝晶生长，提高了电池的安全性，并且合金负极具有容量高、加工性能好、导电性好、对环境的敏感性没有碳材料明显、不存在溶剂共嵌入问题、具有快速充放电能力等主要优点。

4.3.2.1 硅基材料

Si 和 Li 可以形成几种富锂二元合金，在室温下可以形成 $Li_{3.75}Si$，获得 $3580 mA \cdot h/g$ 的比容量，远远大于商品石墨负极的比容量。硅储量丰富，在地壳中仅次于氧，硅的反应平台低（0.4V 左右），因此是极具发展前景的锂离子电池负极材料。

然而，硅基材料在实际应用过程中面临着一些无法避免的问题。首先，硅作为半导体材料，其电子导电性和离子电导率都比较差，在大电流循环下材料利用率低。其次，硅在合金化反应过程中，大量锂进入晶格会带来巨大的体积膨胀（400%），而在锂离子脱出过程中，体积迅速缩小。在脱嵌锂过程中，材料的体积变化会产生很大的内应力，造成材料破裂和粉化，进而使电池失效。最后，在材料粉化过程中，硅材料表面的 SEI 膜会不断破裂并暴露出新鲜的界面，促使新 SEI 膜的形成，造成大量不可逆容量的损失，循环寿命低下。

目前商业上开发的硅基负极材料通常是将很少量的硅加入大量石墨中或者采用氧化亚硅和石墨的混合材料。虽然这样能够解决硅材料的循环问题，但是硅材料的高容量优势无法完全发挥出来。为了更大程度地提高硅基材料的硅含量，获得更高的比容量，同时取得可观的循环性能，研究者们主要通过以下方法对硅基材料进行改性。

①材料纳米化。使硅材料成为纳米尺度,得到硅纳米颗粒或者硅纳米线,利用纳米尺寸效应可以有效缓解硅基材料体积变化带来的内部应力,抑制电极材料的粉化现象,从而达到改善循环性能的目的。

② 引入非活性的导电金属如铁、钴等形成金属-硅合金材料。非活性金属的加入一方面能够有效提高硅基材料整体的电导率,提高材料的利用率;另一方面能够降低材料整体的体积变化率,抑制电极材料的粉化现象,从而达到改善循环性能的目的。

③ 构建分级多孔结构的硅基材料。多孔的硅基材料能够有利于电解液的浸润,缩短离子和电子的传输距离,提高材料的利用率。由于多孔材料的低密度,多余的空隙能够给材料在体积膨胀过程中提供缓冲的空间,有效降低内部应力,从而保证整个材料在循环过程中保持相对稳定的结构,有效提高轨迹材料的循环性能。

④ 构建包覆结构。设计包覆层是一种简单而高效的方法。包覆层一方面能够缓解材料的体积膨胀,抑制材料的粉化,防止活性材料与导电基体失去接触;另一方面可以提供稳定的 SEI 膜,还能提高电子电导。

4.3.2.2 锡基材料

当锂离子充分嵌入金属 Sn 之后,其理论比容量可达 $990mA \cdot h/g(Li_{2.2}Sn_5)$,几乎为商用石墨负极的 3 倍($372mA \cdot h/g$)。然而单质锡在充电过程中随着 Li-Sn 合金相的形成,导致不均匀的体积变化,金属锡粒子容易粉化导致电极破碎、导电性差,使容量迅速下降,有损于电池的循环性能。

因此,需要对单质锡材料进行改性,在这方面研究很多,主要集中在锡碳复合材料、锡合金以及锡的氧化物等方面。由于碳材料具有其特殊性能,如在脱嵌锂过程中体积变化小、循环稳定、导电性好、化学性质比较稳定、不易与电解液反应、价格低廉并且形态多样化等特点,非常适合与锡进行复合。在锡/碳复合纳米材料中,常见的碳基材料有:非晶无定形碳、纳米碳壳、纳米碳管、石墨烯等。除了将锡与碳进行复合外,另一种方法是将锡与另外一种金属形成合金相。其中形成的合金相分为两类:惰性金属和活性金属,惰性金属指不能与锂发生反应的金属,包括 Fe、Ni、Cu、Co 等金属。在充/放电反应过程中,Sn 与 Li 发生去合金化/合金化反应,而惰性金属不参与反应,这种合金相中的惰性物质阻碍金属锡粒子的长大,提高负极材料的导电性能,从而提高负极材料的电化学性能。另一种活性金属可以和 Li 发生合金化反应,如 Mg、Al、Sb、Si 等金属,这种合金相的储锂容量介于两种活性纯金属之间。两种合金相同样也可以起到缓冲的效果,主要是由于两种金属的脱嵌锂电位不同,发生连续交替反应,即其中在某个电位上不参与反应的金属可以缓冲另一种金属与Li 反应产生的体积变化,提高负极材料的电化学性能。

为了克服单质或合金类负极材料在循环过程中电极不稳的问题,采用氧化物作为锂离子电池负极材料是一种有效措施。常见的锡氧化物有 SnO 和 SnO_2 两种,其理论比容量较高,分别为 $875mA \cdot h/g$ 和 $782mA \cdot h/g$。这两种氧化物储锂的反应机理为:首先,放电时锂离子嵌入与氧结合形成无定形的 LiO_2,同时单质 Sn 被还原出来,一部分 LiO_2 变成所谓的"死锂",不能进行可逆反应;其次,继续嵌入的锂离子与金属 Sn 进行反应。在随后的脱嵌锂过程中,锂与金属锡发生合金化、去合金化反应。

4.3.3 转换型负极材料

转化型负极材料通过一个可逆的转化反应实现锂的存储与释放,其机理可以表示如下。

$$M_aX_b + b \cdot nLi \Longrightarrow aM + bLi_nX(M=Co、Fe、Cu等；X=O、S、F等) \qquad (4-10)$$

充电时，过渡金属化合物 M_aX_b 与 Li 发生氧化还原反应，生成过渡金属单质 M 与锂化合物 Li_nX，放电时则氧化为 M_aX_b 与 Li。由于过渡金属化合物往往有较多的电子可以参与反应（Co、Fe 等可达 3 个电子，Ni、Cu、Zn 等一般是 2 电子），因此一般拥有较嵌入型负极高得多的比容量（2～3 倍）。

4.3.3.1 金属氧化物

在"摇椅式"电池理论刚提出时，首先考虑可充放锂离子电池负极材料的是一些可作为 Li 源的含锂氧化物，如 $LiWO_2$、$Li_6Fe_2O_3$、$LiNb_2O_5$ 等。其他氧化物负极材料还包括具有金红石结构的 MO_2、MnO_2、TiO_2、MoO_2、IrO_2、RuO_2 等材料。

纳米过渡金属的氧化物 MO（M=Co、Ni、Cu 或 Fe）的电化学性能明显不同于微米级以上的粒子，可逆比容量在 $600～800mA \cdot h/g$ 之间，而且容量保持率高，在 50 次循环后仍有 100%，且具有快速充放电能力。锂嵌入时电压平台约为 0.8V，锂脱出时，为 1.5V 左右。其机理与传统的锂嵌入/脱嵌或形成锂合金机理均不一样。在锂嵌入过程中，Li 与 MO 发生还原反应，生成 Li_2O。在脱锂过程中，Li_2O 与 MO 能够再生成 Li 和 MO，即常说的转化机理。

$$MO + 2Li \Longrightarrow Li_2O + M(M=Co、Ni、Cu 或 Fe) \qquad (4-11)$$

微米级 Cu_2O、CuO 等也可以可逆储锂，而且容量也比较高。其机理与上述的纳米级 CoO 等氧化物也相似。对于锡的氧化物 SnO_x（$1 \leqslant x \leqslant 2$）而言，则与上面说到的机理不完全一样。尽管其粒子大小也在纳米范围内，但也表现为同样的可逆过程。

对于 Cr_2O_3 而言，其作为锂离子电池负极材料，与锂的反应式如下。

$$Cr_2O_3 + 6Li^+ + 6e \longrightarrow 2Cr + 3Li_2O \qquad (4-12)$$

当然，上述微米级以下或纳米氧化物也可以进行掺杂。对于 MgO 的掺杂，其储锂机理与没有掺杂的氧化物相比，似乎没有什么异样。虽然掺杂后初始容量有所下降，但是容量保持率或循环性能有所改进。对于氧化锡的掺杂而言，则情况发生明显变化，氧化锡可以发生可逆变化；而 CoO 被还原为 Co 后，不能发生氧化物的可逆变化。

该种无机氧化物负极材料的循环性能、可逆容量除了受到粒子大小的影响外，结晶性和粒子形态对其影响也非常大。通过优化，可以提高氧化物负极材料的综合电化学性能。目前最大的问题在于充电电压和放电电压之间的滞后太大。

4.3.3.2 金属硫化物

金属硫化物具有独特的物理和化学性质，以及较高的放电比容量，通常多倍于碳/石墨基材料，是目前具有较好研究前景的电极材料。层状金属硫化物在作为电极材料时，具备较大的层间距，有助于 Li^+ 的可逆脱嵌，缓解充放电过程带来的结构破坏。与 Si 基、Sn 基或金属氧化物相比，金属硫化物在锂嵌入的过程中拥有更少的体积膨胀，展现出更好的倍率和循环性能。并且通过纳米化结构提供较好的电子传输和较高的表面积/体积比率来缓解体积变化，有望成为新一代电极材料。下面主要以 SnS_2 为例进行介绍。

4.4 电解质材料

电解液是锂离子蓄电池的重要组成部分，在电池内部正、负极之间担负传递离子的作用，是锂离子在电极之间的传输媒介。它在很大程度上影响着电池的比能量、安全性、循环性能、充放电性能等。锂离子电池用电解液一般由电解质锂盐、非水有机溶剂和电解液添加剂所组成。根据锂离子电池电解质的不同存在状态可分为液体电解质和固体电解质，液体电解质包括有机液体电解质、室温离子液体电解质等；固体电解质经历了从无机固体电解质到聚合物电解质的发展过程。

4.4.1 有机液体电解质

有机液体电解质是锂盐溶解在有机非质子溶剂（不含活泼氢）中形成的电解质溶液，一般为 $1mol/L$ 锂盐/混合碳酸酯溶剂构成的体系。通常，锂离子电池适用的有机液体电解质（电解液）应满足以下条件：

① 在较宽的温度范围内具有较高的电导率，最好达到 $10^{-3}S/cm$ 以上，锂离子迁移数尽可能高；

② 液态温度范围（液程）宽，至少在 $-20\sim80℃$ 范围内为液体；

③ 与电极活性物质（如正、负极材料）、隔膜等基本上不发生反应；

④ 与电极材料相容性好，能形成稳定、有效的钝化膜；

⑤ 电化学稳定性好，分解电压高，以减少电池的自放电和工作时电池内压的升高；

⑥ 闪点、燃点高，安全性好；

⑦ 环境友好性，分解产物对环境影响较小。

经过多年的研究和实践，锂离子电池使用的电解液已基本成型。商品化的电解液一般选择 $LiPF_6$ 作为锂盐，溶剂多为碳酸乙烯酯（EC）与碳酸二甲酯（DMC）或碳酸二乙酯（DEC）构成的混合溶剂。下面就有机液体电解质的组成进行介绍。

4.4.1.1 有机溶剂

有机液体电解质常用的溶剂一般是极性非质子有机溶剂，此类溶剂中常含有 C—O、C═O、S═O、C≡N 等极性基团，能有效地溶解锂盐，并提高电解液的电化学稳定性。实际操作过程中，由于使用目的的不同，溶剂的选择可能会存在差异，但是总体应遵循以下原则：

① 溶剂在电池充放电过程中，不与正、负极发生化学反应；

② 高介电常数和低黏度，使锂盐有足够高的溶解度，确保电解液高的电导率；

③ 沸点高（150℃以上），熔点低（-40℃以下），以使锂离子电池具有较宽的工作温度范围和优良的高低温性能；

④ 与电极材料的相容性好，电极在其构成的电解液中能表现出良好的电化学性能；

⑤ 电池循环效率、成本、环境因素等方面的考虑等。

为了同时满足以上要求，通常需要多种溶剂混合使用。例如，为保证电解液的高电导率，一般选择介电常数高、黏度小的有机溶剂。实际上，介电常数高的溶剂黏度大，黏度小的溶剂介电常数低，因此，通常将介电常数高的有机溶剂与介电常数低的有机溶剂混合。多元溶剂体系电解液的使用，也使得溶剂的性质（如介电常数、黏度、电化学窗口等）可以在更大范围内进行优化组合，以选择更优良或具有特殊目的的电解质体系，常见的锂离子电池电解质体系用溶剂如图 4-13 所示。

4.4.1.2 锂盐

锂盐的种类很多，包括无机锂盐（如 $LiClO_4$、$LiPF_6$、$LiAsF_6$ 和 $LiBF_4$ 等）和有机锂盐，如三氟甲基磺酸锂（$LiCF_3SO_3$）、双三氟甲基磺酰亚胺锂 $[LiN(CF_3SO_2)_2]$、二草酸

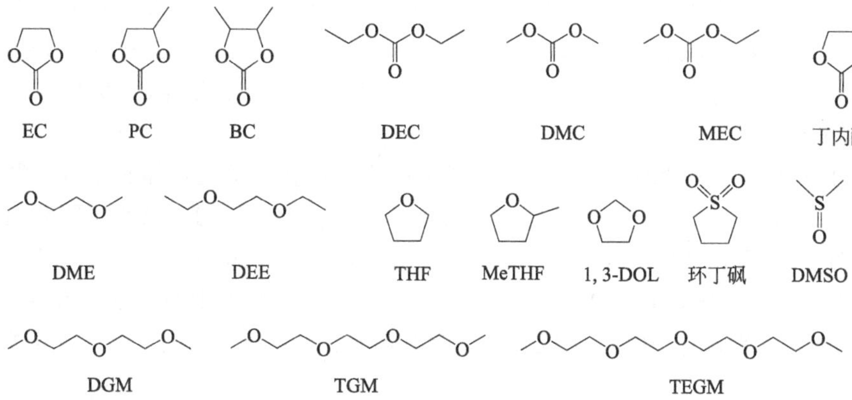

图 4-13　常见的锂离子电池电解质体系用溶剂的分子结构

EC—碳酸乙烯酯；PC—碳酸丙烯酯；BC—碳酸丁烯酯；DMC—碳酸二甲酯；DEC—碳酸二乙酯；

MEC—碳酸甲乙酯；DME—二甲氧基乙烷；DEE—二乙氧基乙烷；THF—四氢呋喃；

MeTHF—甲基四氢呋喃；1,3-DOL—1,3-二氧戊烷；DMSO—二甲亚砜；

DGM—缩二乙二醇二甲醚；TGM—缩三乙二醇二甲醚；TEGM—缩四乙二醇二甲醚

硼酸锂（LiBOB）和二氟草酸硼酸锂（LiDFOB）等，但适用于锂离子电池的锂盐却非常有限。作为锂离子电池使用的锂盐，通常应当具有以下特点：

① 在有机溶剂中具有足够高的溶解度，并且缔合度小，易于解离，保证电解液有较高的电导率；

② 阴离子具有较高的氧化稳定性，在电解液中稳定性好；

③ 易于制备和纯化，生产成本低。

商业化的锂离子电池目前主要采用 $LiPF_6$ 的碳酸酯溶液体系。20℃时，$LiPF_6$-EC＋DMC 电解液离子电导率可达到 9.4×10^{-3} S/cm。$LiPF_6$ 的电化学稳定性较好，不腐蚀铝集流体，在碳负极上能形成稳定的固态电解质相界面膜（SEI 膜），综合性能优于其他锂盐，在商业化锂离子电池锂盐市场中占据统治地位。但就制备工艺来讲，$LiPF_6$ 的制备、提纯工艺苛刻，价格昂贵，其稳定性也不如其他锂盐，本身存在着可逆反应，生成的 PF_5 极易与有机溶剂发生反应；且当体系中存在微量水时，极易水解，产生 HF，腐蚀正极材料。尤其是在含有锰酸锂、三元镍钴锰材料、高电压镍锰酸锂材料的离子电池中，造成不可逆容量损失和循环性能的下降，极大地制约了该类材料在动力锂离子电池中的应用。此外，固态 $LiPF_6$ 热稳定性较差，加热至 60℃即开始分解，产生 LiF 和 PF_5。

$LiClO_4$ 热稳定性好，易于制备和纯化、价格低廉。20℃时，$LiClO_4$-EC/DMC 电解液离子电导率可达 9×10^{-3} S/cm。与其他锂盐相比，缺点在于氯原子处在最高价态，有较强的氧化性，在高温、大电流密度等情况下会与有机溶剂发生强烈反应，带来安全隐患。

$LiBF_4$ 中由于 BF_4^- 半径较小，容易缔合，离子电导率较低，且 $LiBF_4$ 对水分极其敏感，与碳负极相容性较差，影响电池性能。

$LiCF_3SO_3$ 是最早工业化的锂盐之一。与 $LiPF_6$ 相比，$LiCF_3SO_3$ 具有更高的抗氧化能力、优异的热稳定性、无毒以及对环境湿度相对不敏感等优点。不足之处在于，其构成的电解液电导率低，且能够腐蚀铝集流体，在 2.7V 左右铝就会发生溶解，在 3.0V 左右会发生凹陷。

LiN（CF$_3$SO$_2$）$_2$ 也是一种常见的锂盐，具有比 LiCF$_3$SO$_3$ 更大的阴离子半径，因此解离常数更高，其电解液的离子电导率要远远高于 LiCF$_3$SO$_3$ 基电解液，接近于 LiPF$_6$ 电解液的水平。LiN（CF$_3$SO$_2$）$_2$ 具有良好的热稳定性，但是同样能腐蚀集流体铝（腐蚀电位较 LiCF$_3$SO$_3$ 略高）。

硼酸锂盐作为新型锂盐的代表，以硼原子为中心，与含氧的配位体相结合，形成大 π 键共轭体系，有效分散中心离子的负电荷，使阴离子更加稳定，同时又减小了阴阳离子的相互作用力。如图 4-14 所示的含有苯环或者萘环的硼酸锂盐，由于苯环的存在，分子内的共轭强度增大，热力学和电化学稳定性增加，分子极性降低，在有机溶剂中拥有更高的溶解度，电导率可以达到 6×10^{-3} S/cm。但是，该类锂盐也存在合成和提纯较为烦琐、成本较高等问题。

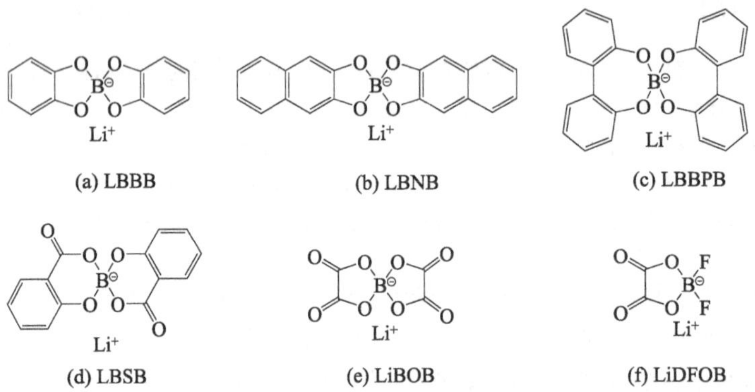

图 4-14　几种硼酸锂盐的分子结构

在众多的有机硼酸锂盐中，LiBOB 和 LiDFOB 最有可能替代目前商业化的 LiPF$_6$，两者的结构式如图 4-14 （e）、（f） 所示。LiBOB 的热稳定性好，热分解温度可达 302℃，在常见的非质子性有机溶剂中有很高的离子电导率。与其他硼酸锂盐类似，LiBOB 也具有很强的吸湿性，吸水后可转化为 LiBOB·H$_2$O 等形式的水合物或分解为无毒的 LiBO$_2$ 等。室温下，LiBOB-PC 电解液体系的电化学稳定窗口可以达到 4.5V 以上，满足现有的绝大部分正极材料的充放电要求。此外，其溶于 PC 构成电解液后，在电极表面能够形成稳定的固体电解质界面膜 （solid electrolyte interface，SEI 膜），有利于保持良好的循环性能。然而其本身仍有一些问题需要解决，比如，在线型碳酸酯中的溶解度有限，对杂质极其敏感等，因此，在实现工业化的道路上还有很长的路要走。

LiDFOB 的出现可以弥补 LiBOB 的一些不足，它在线型碳酸酯中极易溶解，配制的电解液具有更低的黏度和更高的离子电导率，低温下的性能尤为明显。且其作为添加剂使用时形成的 SEI 膜阻抗更小，因而组装的电池较 LiBOB 倍率性能更好。同时，由于其优异的形成 SEI 膜的性能，也可以很好地应用在高电压、高容量锂离子电池和以富锂材料为电极的电池中。

4.4.1.3　有机溶剂

有机溶剂的选择标准：①不与正负极发生电化学反应，稳定性好；②具有较高的介电常数，较小的黏度以使锂盐有足够的溶解度，保证高的电导率；③熔点低，沸点高，蒸气压低，从而使工作温度范围宽；④与电极材料相容性优异。

目前锂离子电池电解液所用高纯有机溶剂包括碳酸酯类、醚类、羧酸酯类和硫酸酯类化合物等。表 4-2 为几种常见有机溶剂的基本物理参数。

表 4-2 几种常见有机溶剂的基本物理参数

中文名称	简称	熔点/℃	沸点/℃	介电常数/[C²/(N·m²)]	黏度/Pa·s
碳酸乙烯酯	EC	36.4	248	89.6	1.86
碳酸丙烯酯	PC	−49.0	242	64.4	2.50
碳酸二甲酯	DMC	4	90	3.11	0.59
碳酸二乙酯	DEC	−43.0	127	2.82	0.75
碳酸甲乙酯	EMC	−55.0	108	2.40	0.65
1,2-二甲氧基乙烷	DME	−58	84	7.2	0.59
γ-丁内酯	γ-GBL	−43	206	42	1.7
乙酸甲酯	MA	−98	58	6.7	0.37
丙酸甲酯	MP	−88	80	6.2	0.43
丁酸甲酯	MB	−84	103	5.5	0.6
乙酸乙酯	EA	−83	77	6.0	0.426
丙酸乙酯	EP	−74	99	5.65	0.502
丁酸乙酯	EB	−93	121	5.2	0.613

一般来讲，应用于锂离子电池电解液的商用有机溶剂主要为碳酸酯类，其分为环状碳酸酯和链状碳酸酯。环状碳酸酯介电常数高，但黏度也大。链状碳酸酯介电常数低，但黏度也低。在实际应用过程中，通常是将两种或多种溶剂混合使用。

4.4.1.4 电解液添加剂

添加剂是电解液的重要组成部分，添加剂可调节和改善电解液及电池的性能，一直是电解液研究的焦点和开发高性能电池的技术核心。电解液添加剂包括成膜添加剂、导电添加剂、阻燃添加剂、过充保护添加剂、改善低温性能添加剂、控制电解液水分和 HF 含量的添加剂以及多功能添加剂等。

4.4.1.5 液体电解质应用过程中存在的问题

(1) 安全性问题 锂电池的比能量高，电池在过充电或过放电、短路、高温等条件下容易导致温度升高，过量的热积聚在电池内部，会使电极活性物质发生热分解或使电解液氧化，产生大量气体，引起电池内压急剧升高，带来燃烧或爆炸等安全隐患。

(2) 成本问题 目前使用的有机电解液多是高纯度的 $LiPF_6$ 和基于碳酸丙烯酯的有机混合溶剂，试剂昂贵，增加了电池的生产成本。

(3) 极端条件的限制 $LiPF_6$ 高温下容易分解，碳酸丙烯酯的凝固点较高，使得锂离子电池在低温（<−20℃）和高温（>150℃）下的应用受到极大的限制。

因此，在现有基础上，通过选择合适的有机溶剂、锂盐或添加剂，优化电解液的组成等改善和提高电池的性能，仍然有着重要的意义。

4.4.2 聚合物电解质

聚合物电解质可定义为含有聚合物材料且能发生离子迁移的电解质。聚合物电解质的出现，可以解决采用液体电解质易发生的电解液泄漏和漏电电流大等问题；可塑性强，可以制成大面积薄膜，保证与电极之间充分接触；同时还显示出一些优越的性能，如可以改善电极在充放电过程中对压力的承受，降低与电极反应的活性。凝胶聚合物电解质介于液体电解质和固体电解质之间，也属于聚合物电解质。本部分讲述的聚合物电解质是全固态聚合物电解质。

聚合物电解质主要是通过聚合物基体中的杂原子或者强极性基团上的孤对电子与锂离子进行配位，实现对锂盐的溶解以及溶剂化作用，并依靠聚合物链段的蠕动和离子在基体中配位点之间迁移实现离子导电。因此，选择合适的聚合物基体十分重要，总体来说，必须满足以下要求：

① 聚合物基体链上必须具有较强给电子和对阳离子（特别是 Li^+）有溶剂化能力的杂原子或者是强极性基团，促进聚合物链与锂盐的配位作用；

② 聚合物基体链段的柔性好，玻璃化温度低，有利于聚合物链无定形区域的增加，提高离子电导率；

③ 良好的力学性能，便于材料的制备与后续加工；

④ 较高的热分解温度和较宽的电化学工作窗口。

自从文献报道了聚氧化乙烯（PEO)-碱金属盐复合物具有高的离子导电性，有学者预言这类材料可用于储能电池，提出电池用固体电解质的设想。目前，聚合物电解质的理论研究及其应用都取得了很大的进展，出现了多种基于不同基体的电解质：聚醚系（主要为聚氧化乙烯，PEO）、聚丙烯腈（PAN）系、聚甲基丙烯酸甲酯（PMMA）系、单离子聚合物电解质和其他类型。

4.4.2.1 聚氧化乙烯（PEO）类聚合物电解质

PEO 具有独特的分子结构和空间结构，既能提供足够高的给电子基团密度，又具有柔性链段，能以笼因效应溶解阳离子，因此，PEO 能与许多锂盐配位。由于 PEO 链段上的氧官能团有孤对电子，锂离子存在 2s 空轨道，因此锂离子在 PEO 基聚合物电解质中的迁移过程可以认为是锂离子与氧官能团的配位与解离过程。在电场作用下，随着分子链段的热运动，锂离子与氧官能团不断发生配位-解离，通过 PEO 的链段运动进行快速迁移（图 4-15）。用 MX 盐代表锂盐，MX 溶于聚合物中发生电离，形成阳离子 M^+ 和阴离子 X^-；也可以形成中性离子对 $[MX]^0$；中性离子对可进一步与阳离子和阴离子发生结合，形成三合离子 $[M_2X]^+$ 或 $[MX_2]^-$。中性离子对 $[MX]^0$ 的形成导致载流子浓度降低，三合离子 $[M_2X]^+$ 或 $[MX_2]^-$ 则由于离子太大而不易发生迁移。因此，它们的存在会降低电导率。

对于聚合物电解质而言，锂离子的迁移主要是在非晶区中进行的。锂盐在 PEO 非晶区的溶解度低，载流子数目少，锂离子的迁移数比较低，且 PEO 易结晶，因此与液体电解质相

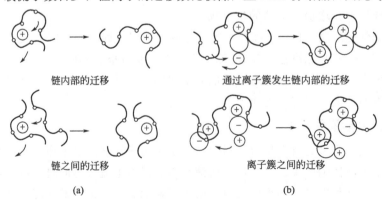

链内部的迁移   通过离子簇发生链内部的迁移

链之间的迁移   离子簇之间的迁移

(a)   (b)

图 4-15 阳离子在 PEO 中通过聚合物链段（a）和离子簇（b）发生运动示意

比，基于 PEO 的聚合物电解质在室温或低于室温时的电导率比较低，基本上是在 $10^{-6}\,S/cm$ 数量级或以下，这限制了单一 PEO 聚合物电解质的应用。为了提高电导率，需进行改性，常用的改性方法主要有：共混、共聚、交联，加入掺杂盐、增塑剂、无机填料，以及提高主链的柔性等。

（1）与其他聚合物共混　利用不同聚合物分子链间的相互作用来破坏 PEO 分子链排列的规整性，降低聚合物的玻璃化温度，抑制 PEO 结晶的形成，提高离子电导率。常见的与 PEO 共混的聚合物有聚甲基丙烯酸酯（PMMA）、聚丙烯酸酯、聚苯乙烯、聚乙烯醇、聚乙酸乙烯酯、聚丙烯酰胺等。它们的共混体系与锂盐形成配合物，室温电导率可达到 $10^{-5}\,S/cm$。需要注意的是，共混体系在提高离子电导率的同时，通常会引起力学性能的劣化。

（2）形成共聚物　共聚的目的也是通过降低 PEO 的结晶性，提高电导率，要求是：共聚物与盐的相容性好；与锂离子的作用不能太强，防止捕获锂离子；共聚物优选含有极性区；具有电化学稳定性。

（3）形成交联聚合物　采用交联也可以有效地降低 PEO 基聚合物的结晶性，提高离子电导率；还可以改善因为使用玻璃化温度低的链段作为骨架结构而造成的力学性能下降。交联手段包括化学交联、辐射交联、热交联及离子溅射交联等。化学交联常常会引入官能团，但制备交联网络结构比较简单，可用于基础研究。辐射交联的优点在于聚合物电解质膜可以加工成所需的厚度和形状，并且可以在加入装置后进行交联。

（4）改变掺杂盐　与液体电解质一样，聚合物电解质也需要锂盐提供载流子。理论上适合聚合物电解质的阴离子有 $CF_3SO_3^-$ 和 ClO_4^-、BF_4^-、AsF_6^-、PF_6^-、SCN^-、I^- 等，但实际使用过程中又存在各种各样的限制。当与锂离子结合时，AsF_6^- 易产生路易斯酸，导致聚合物链断裂；ClO_4^- 由于强氧化性而限制其商业应用；$CF_3SO_3^-$ 与聚合物形成络合物，易形成结晶，不利于增加聚合物的无定形区，导致电导率降低；SCN^- 和 I^- 具有还原性，不适宜于电压高的锂离子电池。从实用角度来看，阴离子的电荷离域化程度高且不具有配合性，可提高聚合物电解质的导电性能，减少聚合物的结晶性。因此，较有前景的为 $[N(CF_3SO_2)_2]^-$，其大小和构型比较好，能与聚合物链发生分离，抑制聚合物形成规整结构，降低晶相的熔点，可提升电导率。

（5）加入无机填料　按照高分子材料增强理论，加入某些无机填料，能增强材料的力学性能，除此之外，加入填料后，还可以降低聚醚主体的结晶能力，提高材料的离子电导率。可供选择的无机填料包括 $BaTiO_3$、TiO_2、SiO_2，结晶和无定形态 Al_2O_3、MgO、$LiAlO_2$ 等。

（6）增加主链的柔性　将 PEO 主链替换成或引入玻璃化温度更低的聚合物，例如引入聚膦嗪或聚硅氧烷聚合物骨架，侧链仍为 PEO 单元，则由于主链柔性的增加，链段的迁移能力增强，电导率增加。

4.4.2.2　聚丙烯腈（PAN）系聚合物电解质

由于合成简单、稳定性好、耐热性高、难燃等优点，聚丙烯腈（PAN）系聚合物电解质的研究较早，其中，腈基（—C≡N）与锂离子间产生相互作用，能传导锂离子。PAN 作为锂离子电池聚合物电解质基体，电化学窗口比较宽，可达 4.5V。但其本身的离子电导率不高，作为全固态聚合物电解质研究较少，一般采用有机电解液进行增塑，形成凝胶聚合物电解质。

4.4.2.3　聚甲基丙烯酸酯（PMMA）系聚合物电解质

聚甲基丙烯酸酯（PMMA）作为电解质的研究比 PEO、PAN 体系要晚，直至 1984 年才作为 PEO 固体电解质的接枝链，1985 年作为聚合物主体应用于（CF_x）$_n$ 锂离子电池中。总体而言，PMMA 的研究主要集中于凝胶聚合物电解质。

4.4.2.4　单离子聚合物电解质

上述聚合物电解质是以聚合物为基体、掺入锂盐形成的共混体系。在充放电过程中，锂离子与阴离子向相反的方向迁移，迁移过程中会使电解质体系的浓差极化增加，对电池的性能影响不可忽略。为了避免这种极化，可通过增强聚合物链与阴离子间的相互作用力或将阴离子固定在聚合物链上。前者可在聚合物链上引入缺电子的硼酸酯或取代氮杂环，它们能与阴离子发生相互作用，提高锂离子的迁移数。后者基本上只发生锂离子的迁移，也就是单离子聚合物电解质（单离子导体这个名词是针对双离子导体而言的；当然也可以将阳离子固定，只是阴离子发生移动）。对于单离子聚合物电解质而言，离子迁移数基本上为 1。

单离子聚合物电解质的骨架结构多种多样，固定的阴离子有羧酸盐、磺酸盐等。羧酸盐或磺酸盐与锂离子的作用力强，电导率较低。为了降低阴离子与锂离子的相互作用，可改用铝酸盐为阴离子，也可以在铝的周围引入硅氧烷，制备具有无机和氧化乙烯单元为主链的线型聚合物。硼同样为缺电子元素，硼酸盐同样能起到铝酸盐的作用，可作为单离子导电的聚合物电解质，如图 4-16 所示。

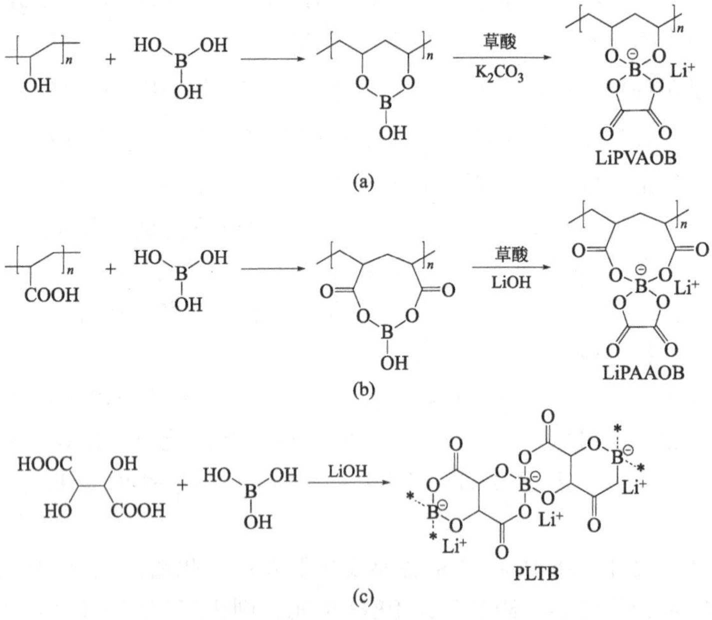

图 4-16　硼酸锂盐单离子聚合物电解质

由于电荷载流子数量减少，锂离子与聚合物上的阴离子形成离子对能力较强，因此，单离子聚合物电解质的电导率比双离子电解质的电导率要低。为了促进离子对的解离和电导率的提高，以后的主要改进方向如下：

① 在阴离子的邻近位置引入吸电子基团，以提高固定阴离子共轭酸的酸性，促进离子对解离；

② 促进负电荷在阴离子上的离域化；

③ 采用大基团以提高阴离子的位阻，防止 Li$^+$ 的靠近。

除上述聚合物电解质外，还有其他类型的聚合物电解质，主要包括上述聚合物电解质之间的复合电解质和有机-无机复合电解质。全固态聚合物电解质彻底摆脱了使用液态电解液的束缚，同时也具有较好的力学性能，但是离子电导率却很低，基本上保持在 $10^{-7} \sim 10^{-4}$ S/cm 数量级上，根本无法满足聚合物电解质作为实用锂离子电池的需要。因此，人们提出了一系列的改进措施，但是所制备的聚合物电解质还是因为各种问题而未能得到广泛地应用。

4.4.3 凝胶电解质

凝胶聚合物电解质的最早报道是在 1975 年，但是直到锂电池诞生以后，凝胶聚合物电解质的研究才得到迅速发展。作为液体电解质与全固态聚合物电解质的过渡产物，凝胶电解质是基于全固态聚合物电解质离子电导率低而提出的改性电解质。其实质就是在常用的聚合物基体中引入相应的增塑剂，来提高聚合物电解质的离子电导率。由于它具有聚合物的良好加工性能，因此可制成多种形状；同时又具有液体电解质的高离子电导率，可连续生产，安全性高，不仅可充当隔膜，还能取代液体电解质。到目前为止，凝胶聚合物电解质是唯一实现商业化的聚合物电解质产品。

凝胶聚合物电解质的主要组成部分包括聚合物基体、锂盐和增塑剂。其中锂盐及增塑体系基本上同前面所述的液体电解质。与固体聚电解质不同的是，在凝胶聚合物电解质中，离子导电主要发生在液相增塑剂中，尽管聚合物基体与锂离子之间存在相互作用，但是比较弱，对离子导电的贡献比例很小，主要是提供良好的力学性能。

聚合物基体是凝胶态聚合物电解质的核心组成部分，主要起到支撑骨架的作用。目前的研究主要集中在 PEO、PMMA、PAN 和聚偏氟乙烯（PVDF）及聚偏氟乙烯与六氟丙烯的共聚物（PVDF-HFP）。PVDF 基聚合物电解质是目前研究最多的一类，其部分产品已经实现产业化。PVDF 具有优异的成膜性能、高的热稳定性能，分子中强吸电子基团氟使得所制备的聚合物电解质具有宽的电化学稳定窗口（一般都超过 4.5V）；高达 8.4 的介电常数有利于锂盐的离解，增加体系内的载流子浓度，提高离子电导率。由于 PVDF 是均聚物，分子内的结晶度较高，更主要的是分子中含有氟，容易与金属锂作用而影响电极与电解质间的界面稳定性。美国 Bellcore 公司率先提出采用 PVDF 和 HFP 的共聚物作为基体（图 4-17），不仅解决了上述的问题，还率先实现了凝胶态聚

图 4-17 PVDF 与 PVDF-HFP 的结构

合物电解质的产业化。HFP 的加入降低了原来 PVDF 聚合物基体的结晶度，同时也减弱了原来分子中氟的反应活性，改善了电极与电解质间的界面稳定性。

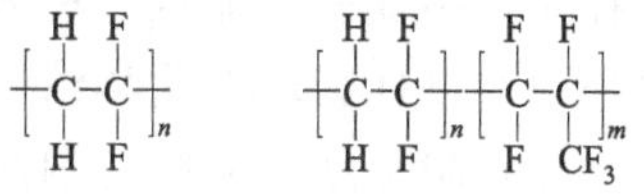

4.4.4 无机固体电解质

无机固体电解质又称锂快离子导体，包括晶态电解质（又称陶瓷电解质）和非晶态电解质（又称玻璃电解质）。晶态电解质分为钙钛矿型、钠超离子导体（Na super ionic conductor，NASICON）型、锗酸锌锂（LISICON）型、氮化锂（Li$_3$N）型等。玻璃非晶体固体电解质可分为氧化物玻璃和硫化物玻璃两大类固体电解质材料。无机固体电解质具有较高的电导率（$>10^{-3}$ S/cm）和 Li$^+$ 迁移数（约 1），电导活化能低（$E < 0.5$ eV），耐高温性能和

可加工性好，装配方便，在高能量密度的大型动力锂离子电池中有很好的应用前景。但是机械强度差、与电极活性物质接触时的界面阻抗大和电化学窗口不够宽，是制约其用于锂离子电池的主要障碍。因此，如何进一步优化无机固体电解质材料，正成为锂离子电池电解质材料的一个重要研究方向。

4.5 隔膜材料

隔膜作为锂离子电池中的重要组成部分之一，主要作用是隔绝正负极，防止短路。电池使用过程中有可能会遇到一些意外事故，如挤压、环境温度过高、电池的违规使用以及随着使用时间的增加，电池负极会产生锂枝晶。锂枝晶生长会穿透隔膜，导致正负电极的直接接触，造成短路。因此，为了提高锂离子电池的性能，尤其是安全性，隔膜的选择通常需考虑以下因素。

(1) 隔膜厚度　隔膜的厚度决定其机械强度和电池的内阻。隔膜越厚，机械强度越高，在装配和使用过程中耐穿刺能力也越强，但是厚度增加也会使得电池内阻加大，活性物质的利用率下降，造成电池容量减少。

(2) 孔隙率及孔径　孔隙率定义为孔隙的体积占多孔总体积的比例（%）。孔隙率对于锂离子电池隔膜而言是至关重要的一个标准，直接影响电池中锂离子的传输和电解液的储存。高孔隙率的隔膜具有更好的锂离子透过率，同时还可为电解液提供储存位点。隔膜对孔径的要求比较严格，孔径太大会使自放电现象严重，而孔径太小又不利于锂离子传输，通常必须是亚微米级别。

(3) 浸润性　浸润性主要用来衡量隔膜对电解液润湿的难易程度，表示隔膜与电解液的相容性，包括电解液润湿隔膜的速度和电解液在隔膜中储存的量（吸液率）。拥有较高吸液率的隔膜，储存的电解液越多，锂离子越容易传输。

(4) 化学稳定性及电化学稳定性　隔膜长时间被电解液所浸润，并需要长期在电池中稳定存在，不能有收缩现象和被溶剂溶胀等；同时不被强氧化性的电解液降解，在电化学反应过程中严格地呈现电化学惰性。

(5) 耐热性　隔膜的耐热性是保证电池安全的一个重要指标。电池在充放电过程中会产生热量，尤其是在非正常或者不良使用（过充、过放、滥用）时释放的大量热量，使得电池内部温度急剧升高，当温度达到隔膜材料的软化点甚至熔点时，隔膜会发生收缩现象甚至熔化，无法再起到绝缘正负极的作用，使得电池短路甚至爆炸。

(6) 热关断性　隔膜的热关断是电池温度达到聚合物熔点附近时，聚合物发生软化使得自身微孔结构坍塌，但是隔膜的形态仍然保持完整性，使得离子电导率下降，这时电池的内阻无限大，电池相当于被关闭，阻止了电化学反应进一步发生。锂离子电池应用受限于安全性，对于热失控引起的短路问题来说，具有热关断性能的隔膜是解决此类问题简单有效的方法。

4.5.1 锂离子电池隔膜材料的种类

4.5.1.1 聚烯烃隔膜

目前，商业化锂离子电池的隔膜几乎都是基于半晶态的聚烯烃基材料，比如 PP、PE 以及复合隔膜 PP/PE/PP。这是由于聚烯烃材料具有绝缘性好、密度小、高强度，力学性能优异、耐化学品以及电化学腐蚀等优点。PE、PP 材料存在较大的差异，商业上制备 PE 隔膜一般采用湿法拉伸工艺，而 PP 隔膜多采用干法拉伸工艺制备。双层与三层复合隔膜实际上是将 PE 或者 PP 隔膜进行共挤出流延成膜，然后热拉伸所制备，所制备的多层复合隔膜不仅具有优异的力学性能，同时还具备一定的热关断性能。具体来说，利用 PE、PP 熔点的差异性，当电池内部温度升高时，先达到 PE 熔点，隔膜熔化，微孔堵塞，锂离子无法通行，使电池不能继续工作，防止热失控，此时温度还未达到 PP 的熔点，所以 PP 层不受温度影响，可以维持隔膜的整体形状不变，继续充当隔膜的功能，阻止正负极的接触。尽管如此，聚烯烃隔膜材料依然存在不足：首先，聚烯烃隔膜材料结晶度高、极性小，使得其表面能低，而电解液极性高，隔膜与电解液的亲和力差，不易被电解液浸润；其次，采用熔融拉伸工艺制备的聚烯烃隔膜孔隙率低，隔膜的吸液率也随着下降，不利于锂离子迁移，影响电池的倍率性能和循环稳定性；再次，聚烯烃隔膜的热稳定性有限，在使用过程中，电池可能在过充或者滥用时导致热失控，温度急剧升高的过程中，隔膜来不及关断电池的电化学反应就自身开始发生热收缩现象，致使正、负极大面积接触，造成短路，从而对锂离子电池的安全性构成巨大的威胁。

4.5.1.2 无纺布隔膜

无纺布隔膜是采用物理或化学方法，将纤维交织在一起形成的纤维状膜，其制备方法一般有熔喷法、湿法拉伸和静电纺丝等。利用湿法制备的无纺布隔膜的孔隙率达到 55%～65%，孔径范围为 20～30μm，由于孔径太大，用于锂离子电池时自放电严重，同时粗糙的表面也无法有效阻止电池短路，厚度也难以满足锂离子电池的要求，一般用于碱锰电池、Ni-H 电池、Ni-Cd 电池。为了兼顾孔径和厚度，目前一般采用静电纺丝技术，通过外加电场对聚合物溶液施加牵引力来制造聚合物纤维，能够得到纳米级别的纤维直径，这样可以更密集地堆砌，有效控制孔直径和厚度，在解决耐热性问题上，仅需要选用耐热性好的材料。目前，静电纺丝技术直接用于锂离子电池隔膜也存在些许不足，其中最严重的缺陷是制备的隔膜强度差，由于静电纺丝过程中为了得到纳米纤维丝，单根纤维丝带有相同电荷相互排斥，这样堆砌的隔膜相互作用力弱，强度小。如图 4-18 所示为采用湿法和静电纺丝方法制备的无纺布型隔膜的微观结构图。

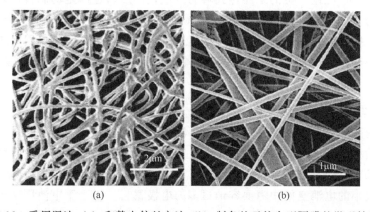

(a)   (b)

图 4-18 采用湿法（a）和静电纺丝方法（b）制备的无纺布型隔膜的微观结构图

4.5.1.3 聚合物电解质

采用聚合物电解质代替液态电解质，兼具电解液和隔膜的双重作用，可防止电解质泄漏，不会发生爆炸、燃烧等安全问题。聚合物电解质相关内容在前面已有描述，此处不再赘述。

4.5.1.4 无机复合隔膜

无机复合隔膜是建立在一个高度有序的多孔结构基体上，利用高分子有机黏合剂涂覆一层无机陶瓷颗粒，由于无机陶瓷颗粒具有较大的比表面积和良好的亲水性，因此与有机电解液溶剂（EC、PC 等）有优异的亲和性，可提高电池的电化学性能，同时刚性的无机颗粒可以提高隔膜的热尺寸稳定性。

常见的陶瓷涂层主要由表面具有羟基官能团的 SiO_2、Al_2O_3 等材料与 PVDF-HFP 或 PVDF 黏合而成，其特点为颗粒紧密堆砌，存在的缝隙提供了一个发达的多孔结构，在不影响隔膜的透气性和孔隙率的前提下，能够提高隔膜的热稳定性和吸液率。最经典的实例是以 PVDF-HFP 作为黏结剂，将 SiO_2 颗粒涂覆在商业 PE 隔膜的两侧。

无机复合隔膜具有较好的电解液浸润性，在一定程度上提高了隔膜的热尺寸稳定性，但是黏结剂由有机物组成，在高温下同样会熔化或者分解，使得无机陶瓷涂层脱落，难以满足动力电池的要求。

4.5.2 锂离子电池隔膜的改性技术

仅用单一的制备方法得到的隔膜性能会存在某些缺陷，不能满足高性能锂离子电池隔膜的需求。以发展最早的目前商业化的聚烯烃隔膜为例，它的最大优点是价格低廉，有较好的化学稳定性和机械强度。但是自身的疏水性使得它难以被电解液所浸润，致使隔膜的吸液率差，离子电导率低，循环性能差。另外，聚烯烃材料软化温度低，耐热尺寸稳定性差，在较高温度下，隔膜热收缩严重，不但无法起到绝缘作用，甚至可能成为短路的主要原因，存在极大的安全隐患。高性能锂离子隔膜的难题实际上就是如何解决隔膜与电解液相容性和隔膜的耐热性问题。因此需要对隔膜进行二次改性，来弥补制备工艺中造成的性能不足。为了解决这些不足，研究者们提出了许多隔膜改性方法，如隔膜表面改性、共混改性、无机复合改性以及多层复合隔膜。

表面改性技术旨在对隔膜的表面进行功能化，一般是为了解决隔膜对电解液浸润的问题，主要手段有亲水化涂层、化学接枝、等离子体辐射等；共混改性是将带有功能性特点的材料加入膜基材中，经过一定的工序达到均匀分散，然后通过一定的制备工艺成型制备出锂离子电池隔膜的方法；无机复合改性是利用无机材料热收缩性小的特性来限制隔膜的热收缩，一般是用来提高隔膜的热安全性；多层复合隔膜主要是用来解决单层聚烯烃隔膜热收缩性能差导致的安全性能问题而研发的隔膜制备技术，最具有代表性的例子就是 PP/PE/PP 三层复合隔膜。

4.5.3 锂离子电池隔膜发展趋势

锂离子电池隔膜的发展随着科技进步而不断改变。从体积上，隔膜的发展正朝着小和大以及厚与薄截然相反的两个方向发展：手机、笔记本电脑和一些便携式数码设备，为了迎合小而轻便的需求，电池一般需要做得非常小，甚至具有一定的弯曲柔性，同时为了获取更高的能量密度，狭小的电池空间中需要容纳更多的电极材料，以至于电池厂家希望隔膜的厚度越薄越好，目前许多电池厂家要求隔膜的厚度在 20pm 甚至 16pm 以下。隔膜的轻薄同时保证原来的电池容量、循环性能和安全性能不受影响是对隔膜的一个挑战。与此相反，在电动汽车、混动汽车和大型设备等所用的动力电池方面，为获求高的容量，提供大的功率，通常需要几十个甚至上百个电芯进行串联，在工作过程中，电芯发热量很大，有潜在危险，所以现在市场上对厚度较厚的 PP 隔膜的需求量在日益增加。

　　隔膜的性能能够影响离子电导率，从而直接影响电池的容量和循环性能等。商业 PE 和 PP 等聚烯烃隔膜为非极性材料，难以被有机碳酸酯电解质浸润，造成隔膜的吸液率低和离子电导率低。因此对聚烯烃隔膜进行亲水化表面改性，将是提高隔膜性能的一个重要方向。

　　锂离子电池虽然具有高的比容量和其他优异的电化学性能，但是在工作时会释放大量的热，隔膜的耐热性就成为制约锂离子电池发展的一个重要因素，因此，开发高耐热性的隔膜是锂离子电池隔膜的另一个重要发展方向。

参考文献

[1]　Tarascon J M, Armand M. Issues and challenges facing rechargeable lithium batteries [J]. Nature, 2001, 414 (6861): 359-367.

[2]　Armand M, Tarascon J M. Building better batteries [J]. Nature, 2008, 451 (7179): 652-657.

[3]　朱继平. 新能源材料技术 [M]. 北京: 化学工业出版社, 2014.

[4]　Whittingham M S. Electrical energy storage and intercalation chemistry [J]. Science, 1976, 192 (4244): 1126-1127.

[5]　Goodenough J B, Kim Y. Challenges for rechargeable Li batteries [J]. Chemistry of Materials, 2010, 22 (3): 587-603.

[6]　Vincent C A. Lithium batteries: a 50 year perspective, 1959-2009 [J]. Solid State Ionics, 2000, 134: 159-167.

[7]　Tarascon J M. Key challenges in future Li-battery research [J]. Philos Trans A Math Phys Eng Sci, 2010, 368 (1923): 3227-41.

[8]　Dunn B, Kamath H, Tarascon J M. Electrical energy storage for the grid: a battery of choices [J]. science, 2011, 334 (6058): 928-935.

[9]　Ohzuku T, Ueda A. Why transition metal (di) oxides are the most attractive materials for batteries [J]. Solid State Ionics, 1994, 69 (3-4): 201-211.

[10]　Ohzuku T, Brodd R J. An overview of positive-electrode materials for advanced lithium-ion batteries [J]. Journal of Power Sources, 2007, 174 (2): 449-456.

[11]　Goodenough J B. Cathode materials: A personal perspective [J]. Journal of Power Sources, 2007, 174 (2): 996-1000.

[12]　Alcantara R, Lavela P, Tirado J L, et al. Recent advances in the study of layered lithium transition metal oxides and their application as intercalation electrodes [J]. J Solid State Electrochem, 1999, 3: 121-134.

[13]　Fergus J W. Recent developments in cathode materials for lithium ion batteries [J]. Journal of Power Sources, 2010, 195 (4): 939-954.

[14]　Mizushima K, Jones P C, Wiseman P J, et al. $Li_x CoO_2$ ($0 < x < -1$): A new cathode material for batteries of high energy density [J]. Materials Research Bulletin, 1980, 15 (6): 783-789.

[15]　Auborn J, Barberio Y. Lithium intercalation cells without metallic lithium $MoO_2/LiCoO_2$ and $WO_2/LiCoO_2$ [J]. Journal of The Electrochemical Society, 1987, 134: 638-641.

[16]　Yabuuchi N, Ohzuku T. Novel lithium insertion material of $LiCo_{1/3}Ni_{1/3}Mn_{1/3}O_2$ for advanced lithium-ion batteries [J]. Journal of Power Sources, 2003, 119-121: 171-174.

[17]　陈巍, 李新海, 王志兴等. 共沉淀法制备 $LiNi_{0.8}Co_{0.1}Mn_{0.1}O_2$ 过程中加料速度对其性能的影响 [J]. The Chinese Journal of Nonferrous Metals, 2012, 22 (7): 1956-1962.

[18]　岳鹏. 锂离子电池镍基 $LiNi_{1-2x}Co_x Mn_x O_2$ 正极材料的合成及改性研究 [D]. 长沙: 中南大学, 2013.

[19]　Rossouw M H, Liles D C, Thackeray M M. Synthesis and Structural Characterization of a Novel Layered Lithium Manganese Oxide, $Li_{1.36}Mn_{0.91}O_2$, and Its Lithiated Derivative, $Li_{1.09}Mn_{0.91}O_2$ [J]. Journal of Solid State Chemistry, 1993, 104 (2): 464-466.

[20]　Johnson C S, Korte S D, Vaughey J T, et al. Structural and electrochemical analysis of layered compounds from Li_2MnO_3 [J]. Journal of Power Sources, 1999, 81-82: 491-495.

[21]　Numata K, Sakaki C, Yamanaka S. Synthesis of solid solutions in a system of $LiCoO_2$-Li_2MnO_3 for cathode materials of secondary lithium batteries [J]. Chemistry Letters, 1997: 725-726.

[22]　Thackeray M M, Johnson C S, Vaughey J T, et al. Advances in manganese-oxide 'composite' electrodes for lithium-ion batteries [J]. Journal of Materials Chemistry, 2005, 15 (23): 2257-2267.

[23]　向延鸿. 锂离子电池富锂锰基正极材料的制备与性能研究 [D]. 长沙: 中南大学, 2014.

[24]　杜柯, 黄霞, 胡国荣等. 高容量正极材料 $Li[Li_{0.2}Ni_{0.2}Mn_{0.6}]O_2$ 的合成及电化学性能 [J]. 中国有色金属学报, 2012, 22 (4): 1201-1208.

[25]　Wang R, Li X, Wang Z, et al. Manganese dissolution from $LiMn_2O_4$ cathodes at elevated temperature: methylene methanedisulfonate as electrolyte additive [J]. Journal of Solid State Electrochemistry, 2015, 20 (1): 19-28.

[26]　吴显明. 锂离子电池材料 $LiMn_2O_4$ 及 $Li_{1.3}Al_{0.3}Ti_{1.7}(PO_4)_3$ 粉末与薄膜的合成及性质研究 [D]. 长沙: 中南大学, 2003.

[27] 吴贤文. 功能电解液对 $LiMn_2O_4$ 和 $LiNi_{0.5}Mn_{1.5}O_4$ 电化学性能改善及其机理研究 [D]. 长沙：中南大学，2013.

[28] 刘云建. 锂离子动力电池的制作与性能研究 [D]. 长沙：中南大学，2009.

[29] Zhong S, Hu P, Luo X, et al. Preparation of $LiNi_{0.5}Mn_{1.5}O_4$ cathode materials by electrospinning [J]. Ionics, 2016, 22 (11): 2037-2044.

[30] Talyosef Y, Markovsky B, Salitra G, et al. The study of $LiNi_{0.5}Mn_{1.5}O_4$ 5V cathodes for Li-ion batteries [J]. Journal of Power Sources, 2005, 146 (1-2): 664-669.

[31] Aurbach D, Markovsky B, Talyossef Y, et al. Studies of cycling behavior, ageing, and interfacial reactions of $LiNi_{0.5}Mn_{1.5}O_4$ and carbon electrodes for lithium-ion 5V cells [J]. Journal of Power Sources, 2006, 162 (2): 780-789.

[32] Li W and Lucht B L. Inhibition of solid electrolyte interface formation on cathode particles for lithium-ion batteries [J]. Journal of Power Sources, 2007, 168 (1): 258-264.

[33] Duncan H, Duguay D, Abu-Lebdeh Y, et al. Study of the $LiMn_{1.5}Ni_{0.5}O_4$ / Electrolyte Interface at Room Temperature and 60℃ [J]. Journal of the Electrochemical Society, 2011, 158 (5): A537-A545.

[34] Chen X X, Xu W, Xiao J, et al. Effects of cell positive cans and separators on the performance of high-voltage Li-ion batteries [J]. Journal of Power Sources, 2012, 213: 160-168.

[35] Yoon T, Park S, Mun J, et al. Failure mechanisms of $LiNi_{0.5}Mn_{1.5}O_4$ electrode at elevated temperature [J]. Journal of Power Sources, 2012, 215: 312-316.

[36] Demeaux J, Caillon-Caravanier M, Galiano H, et al. $LiNi_{0.4}Mn_{1.6}O_4$/Electrolyte and Carbon Black/Electrolyte High Voltage Interfaces: To Evidence the Chemical and Electronic Contributions of the Solvent on the Cathode-Electrolyte Interface Formation [J]. Journal of the Electrochemical Society, 2012, 159 (11): A1880-A1890.

[37] Sun X G and Angell C A. New sulfone electrolytes for rechargeable lithium batteries. Part I. Oligoether-containing sulfones [J]. Electrochemistry Communications, 2005, 7 (3): 261-266.

[38] Abouimrane A, Belharouak I and Amine K. Sulfone-based electrolytes for high-voltage Li-ion batteries [J]. Electrochemistry Communications, 2009, 11 (5): 1073-1076.

[39] Wang J, Liu Z, Yan G, et al. Improving the electrochemical performance of lithium vanadium fluorophosphate cathode material: Focus on interfacial stability [J]. Journal of Power Sources, 2016, 329: 553-557.

[40] Li L, Li X, Wang Z, et al. Stable cycle-life properties of Ti-doped $LiFePO_4$ compounds synthesized by co-precipitation and normal temperature reduction method [J]. Journal of Physics and Chemistry of Solids, 2009, 70 (1): 238-242.

[41] 郭永兴. 锂离子动力电池制造关键技术基础及其安全性研究 [D]. 长沙：中南大学，2010.

[42] 郑俊超. 锂离子电池正极材料 $LiFePO_4$、$Li_3V_2(PO_4)_3$ 及 $xLiFePO_4 \cdot yLi_3V_2(PO_4)_3$ 的制备与性能研究 [D]. 长沙：中南大学，2010.

[43] Wu L, Zhong S, Lu J, et al. Synthesis of Cr-doped $LiMnPO_4$/C cathode materials by sol-gel combined ball milling method and its electrochemical properties [J]. Ionics, 2013, 19: 1061-1065.

[44] 陈权启. 磷酸钒锂和磷酸铁锂锂离子电池正极材料研究 [D]. 杭州：浙江大学，2008.

[45] Wang J, Li X, Wang Z, et al. Nanosized $LiVPO_4$F/graphene composite: A promising anode material for lithium ion batteries [J]. Journal of Power Sources, 2014, 251: 325-330.

[46] 钟胜奎. 锂离子电池正极材料 $LiVPO_4$F 和 $Li_3V_2(PO_4)_3$ 的合成及电化学性能研究 [D]. 长沙：中南大学，2007.

[47] Zhong S-K, Wang Y, Wu L, et al. Synthesis and electrochemical properties of Ti-doped $Li_3V_2(PO_4)_3$/C cathode materials [J]. Rare Metals, 2015, 34 (8): 586-589.

[48] Hossain S, Kim Y K, Saleh Y, et al. Comparative studies of MCMB and C-C composite as anodes for lithium-ion battery systems [J]. Journal of Power Sources, 2003, 114 (2): 264-276.

[49] Wu Y P, Rahm E, Holze R. Carbon anode materials for lithium ion batteries [J]. Journal of Power Sources, 2003, 114 (2): 228-236.

[50] 郭华军. 锂离子电池炭负极材料的制备与性能及应用研究 [D]. 长沙：中南大学，2001.

[51] 王红强. 中间相微球的制备及其电化学性能的研究 [D]. 长沙：中南大学，2003.

[52] Ohzuku T, Iwakoshi Y, Sawai K. Formation of Lithium-Graphite Intercalation Compounds in Nonaqueous Electrolytes and Their Application as a Negative Electrode for a Lithium Ion (Shuttlecock) Cell [J]. Journal of The Electrochemical Society, 1993, 140 (9): 2490-2498.

[53] Wu L, Chen J, Kong X, et al. Synthesis of porous sword-shaped $Li_4Ti_5O_{12}$ anode material by a normal pressure hydrolysis and ion exchange method [J]. Materials Letters, 2015, 143: 131-134.

[54] 伍凌. 综合利用钛铁矿制备锂离子电池正极材料 $LiFePO_4$ 和负极材料 $Li_4Ti_5O_{12}$ 的研究 [D]. 长沙：中南大学，2011.

[55] Yang Y, Wang Z, Zhou R, et al. Effects of lithium fluoride coating on the performance of nano-silicon as anode material for lithium-ion batteries [J]. Materials Letters, 2016, 184: 65-68.

[56] Su M, Wang Z, Guo H, et al. Enhancement of the Cyclability of a Si/Graphite@Graphene composite as anode for Lithium-ion batteries [J]. Electrochimica Acta, 2014, 116: 230-236.

[57] Kim H, Cho J. Superior Lithium Electroactive Mesoporous Si@Carbon Core-Shell Nanowires for Lithium Battery Anode Material [J]. Nano Letters, 2008, 8 (11): 3688-3691.

［58］ Zhang L，Zhang G，Wu H B，et al. Hierarchical tubular structures constructed by carbon-coated SnO_2 nanoplates for highly reversible lithium storage ［J］. Advanced Materials，2013，25（18）：2589-2593.

［59］ 何则强. SnO_2 基锂离子电池负极材料的研究 ［D］.长沙：中南大学，2004.

［60］ Zhang Q，Zhao B，Wang J，et al. High-performance hybrid supercapacitors based on self-supported 3D ultrathin porous quaternary Zn-Ni-Al-Co oxide nanosheets ［J］. Nano Energy，2016，28：475-485.

［61］ Seo J W，Jang J T，Park S W，et al. Two-Dimensional SnS_2 Nanoplates with Extraordinary High Discharge Capacity for Lithium Ion Batteries ［J］. Advanced Materials，2008，20（22）：4269-4273.

［62］ Huang X，Hitt J. Lithium ion battery separators：Development and performance characterization of a composite membrane ［J］. Journal of Membrane Science，2013，425-426（0）：163-168.

［63］ 陈静娟.多孔无机膜的制备及其作为锂离子电池隔膜的研究 ［D］.广州：华南理工大学，2013.

［64］ 吴宇平，张汉平，吴锋等.聚合物锂离子电池 ［M］.北京：化学工业出版社，2007.

［65］ 郑洪河.锂离子电池电解质 ［M］.北京：化学工业出版社，2006.

［66］ 吴宇平，戴晓兵，马军旗等.锂离子电池——应用与实践 ［M］.北京：化学工业出版社，2004.

［67］ 刘志宏，秦炳胜，杨海燕等.单离子导体聚合硼酸锂盐的研究进展 ［J］.中国科学：化学，2014，44（8）：1229-1240.

［68］ 肖围.锂离子电池用复合型 PVDF-HFP 基聚合物电解质的制备及性能研究 ［D］.长沙：中南大学，2013.

［69］ Zhu S Y，Gao X W，Wang X J，et al. A single-ion polymer electrolyte based on boronate for lithium ion batteries ［J］. Electrochimica Acta，2012，22：29-32.

［70］ Zhu Y S，Wang X J，Hou Y Y，et al. A new single-ion polymer electrolyte based on polyvinyl alcohol for lithium ion batteries ［J］. Electrochimica Acta，2013，87：113-118.

［71］ Wang X，Liu Z，Zhang C，et al. Exploring polymeric lithium tartaric acid borate for thermally resistant polymer electrolyte of lithium batteries ［J］. Electrochimica Acta，2013，92：132-138.

［72］ 廖海洋.锂离子电池隔膜的制备与改性研究 ［D］.广州：广东工业大学，2018.

［73］ 潘教龙.多功能聚合物薄膜的制备及其用作锂离子电池隔膜的研究 ［D］.南昌：南昌大学，2018.

第5章

钠离子电池材料

5.1 钠离子电池概述

钠在地壳中储量丰富，约占 2.74%，为第六丰富元素，且分布广泛，故价格低廉。钠和锂在元素周期表中同处第 I 主族，与锂具有相似的物理化学性质及充放电机制，使得钠离子电池成为锂离子电池的有力的竞争者。钠离子与锂离子的性质比较见表 5-1。事实上，早在 20 世纪 70~80 年代，钠离子电池就同锂离子电池一样已被人们所研究，但锂离子电池由于其高的能量密度，自 90 年代被索尼公司成功商业化以来便在小型便携式电子设备领域的应用中独占鳌头，钠离子电池因而未被重视。近年来电池应用逐步涉及大规模储能等新领域，这时高的能量密度不再是必须的条件，而是大量的碱金属离子需求。此时钠资源在地球上丰富的含量和低廉的价格成为它的巨大优势；另外，钠离子电池的安全性能较锂离子电池更好，因为钠较高的半电位（0.3 V，Li$^+$），使得其可以选用分解电势较低的电解质体系。这使得钠离子电池及其材料的研究自 80 年代后，于近几年来再次获得了新生。此外，Na$^+$电池系统还有很多亟待开发的区域，比如开发可快速嵌入/脱出 Na$^+$ 的正负极材料、合适的隔膜及安全稳定的电解液等，这使其研究前景愈加广泛。2012 年日本丰田公司宣布，在电池内部电极上采用"钴磷酸盐"的钠化合物可制造出高电压的钠离子电池。此外，日本、韩国、加拿大、美国和中国等科研机构，近年来在钠离子电池的研究方面也投入了大量的人力和物力。

表 5-1　钠离子与锂离子的性质比较

类别	Li$^+$	Na$^+$	类别	Li$^+$	Na$^+$
离子半径/nm	0.076	0.106	碳酸盐成本/(元/t)	35000	1000
原子量	6.9	23	E^0(Li/Li$^+$)/V	0	0.3
熔点/℃	80.50	97.82	金属比容量/(mA·h/g)	3829	1165
元素丰度/%	0.0065	2.74	配位取向	八面体和四面体	八面体和棱柱形

5.1.1　钠离子电池的结构

由于钠与锂处于同一族，化学性质方面有许多相似之处，因此钠离子电池的与锂离子电池的主要构成是基本一致的，均由正极、负极、电解质和隔膜四个主要部分构成。

（1）正极 在电池系统中，正极是指相对电位较高的一端，一般包括正极材料，黏结剂及集流体等，其中正极材料是影响钠离子电池性能的重要组成部分。钠离子电池正极材料选择的基本原则可以参照锂离子电池系统的相关方法，但是由于 Na^+ 的半径（0.106nm）比 Li^+ 的半径（0.076nm）大，这成为钠离子电池设计中不得不优先考虑的问题。因此在选择钠离子电池正极材料时，一般会首先考察材料是否有开放结构适合储钠，结构是否稳定，结构中是否有宽敞的离子扩散通道等。目前被研究较多的钠离子正极材料有层状氧化物、聚阴离子型化合物、普鲁士蓝化合物、过渡金属氟化物等。

（2）负极 在电池体系中，负极通常是指相对电位较低的一端，一般为可嵌入化合物。石墨是最常用的锂离子电池负极材料，但是有研究表明，Na^+ 不能可逆地嵌入到石墨层中，这可能与热力学方面的问题有关，因而石墨并不直接用于钠离子电池负极材料。到目前为止，能适合钠离子体系的负极材料比较少。将金属钠直接作为负极（类似金属锂作为锂电池负极）并不是一个明智的选择，因为在许多有机电解液里面中，金属钠的表面会形成不稳定的钝化层。因此，为钠离子电池体系选择一个具备合适的钠储存电压，同时还具有高可逆容量和稳定结构的负极材料对于钠离子电池来说尤为重要。目前研究得比较多的负极材料有硬碳、层状硫化物（MoS_2、TiS_2 和 TaS_2）、合金（Sn/C、Sb/C 和 SnSb/C）等。

（3）电解质 电解质是电池系统中必不可少的一部分，负责正负极之间碱金属离子的传导和中间物质的运输，关系到电池的电化学性能和安全性能。用于钠离子电池体系的电解质首先应该满足这些基本条件：电化学窗口宽、热稳定性好、电化学稳定性好和离子电导率高。其次，价格高低、制备难易程度及对环境是否友好也是选择钠离子电池电解质的重要标准。目前研究较多的电解质主要有 $NaClO_4$、NaTFSI、$NaPF_6$（溶剂一般为 PC、EC、DMC、DME、DEC、THF、三甘醇二甲醚或它们的混合物）。

（4）隔膜 隔膜的主要作用是隔开正负极，防止其接触短路，并同时允许离子的快速转移，这些离子正是电化学电池实现电流通路所必需的。隔膜是良好的电子绝缘体，具有通过固有离子导体或电解质浸透传导离子的能力。除此之外，电池隔膜通常还应具备结构稳定性、足够的机械强度、对电解质化学稳定、易被电解质浸润、浸润后离子电阻最小等多种性质。在钠离子电池系统中，锂离子电池系统中常用的隔膜也同样适用，如聚乙烯（PE）、聚丙烯（PP）或它们的复合膜。近年来随着钠离子电池材料的广泛发展，玻璃纤维滤膜由于其 Na^+ 通透性良好，抗刺穿能力更强，被研究者成功地用作钠离子电池的新型隔膜。

5.1.2 钠离子电池的工作原理

与锂离子电池一样，钠离子电池实质上也是浓度差电池，也被形象地称为"摇椅"式电池，其通过 Na^+ 在正、负极之间来回迁移而实现能量的储存和释放。充电时，负极处于富钠状态，而正极处于贫钠状态；而放电时，Na^+ 又从负极材料中脱出重新嵌入到正极材料中去，电子则从负极经外电路流回正极。钠离子电池工作原理如图5-1所示。

以 $NaMO_2$ 为例，$NaMO_2$ 作为正极材料，负极为碳材料，电解液为 1mol/L $NaPF_6$ 的 PC 溶液。在充电过程中，Na^+ 从正极材料 $NaMO_2$ 中脱出，借助电解质作为中间介质，穿过玻璃纤维隔膜，嵌入到碳负极材料的主体结构中，电子则从正极经过外电路到达负极。充放电过程中，电极的电化学反应方程式如下。

$$(-)C | 1mol/L \ NaPF_6/PC | NaMO_2(+) \tag{5-1}$$

正极反应：$$NaMO_2 \Longleftrightarrow Na_{1-x}MO_2 + x\,Na^+ + x\,e \qquad (5\text{-}2)$$

负极反应：$$nC + Na^+ + e \Longleftrightarrow Na_x C_n \qquad (5\text{-}3)$$

电池反应：$$NaMO_2 + nC \Longleftrightarrow Na_{1-x}MO_2 + Na_x C_n \qquad (5\text{-}4)$$

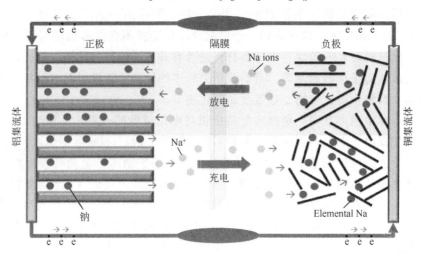

图 5-1　钠离子电池工作原理

5.2　钠离子电池正极材料

　　Ceder 课题组通过对锂离子和钠离子电池电极材料的电位、稳定性和扩散阻力等的理论计算认为，适合于锂离子电池的正极材料一般来说也可用作钠离子电池正极材料。当然，由于 Na^+ 的半径比 Li^+ 的半径大，适合于锂离子电池的正极材料不一定就是好的钠离子电池正极材料。目前，一些可作为锂离子电池正极材料的，如基于嵌入/脱出机理的层状和尖晶石结构过渡金属氧化物、橄榄石结构的磷酸盐、氟磷酸盐、NASICON（Na super ionic conductor）型网状化合物、硅酸铁盐等和基于化学转化反应的过渡金属氟化物，已被作为钠离子电池正极材料开展研究。

5.2.1　层状过渡金属氧化物钠离子电池正极材料

　　与锂离子电池正极材料一样，具备层状结构的过渡金属氧化物，因其结构相对简单、容易合成且具有可供钠离子可逆嵌入/脱出等优点成为有潜力的钠离子正极材料。这些材料大多数都可以通过纳米化得到大的比表面积及缩短离子嵌入/脱出的路径。层状过渡金属氧化物由共边排列的 MO_6 八面体组成过渡金属层，碱金属离子（Na^+）位于 MO_6 八面体的层间。具代表性的钠基层状金属氧化物一般以 P2、P3、O3 三种构型存在（图 5-2），字母 P 和 O 分别代表 Na^+ 在层状结构中占据氧的三棱柱配位和八面体配位空隙。对于大多数金属氧化物，通常 Na^+ 的嵌入脱出量在 $0.5 \sim 0.85$ 个单元之间。

　　1981 年，Delmas 等研究了 $Na_x CoO_2$ 的嵌入/脱出机理，研究表明 O3 相 $Na_x CoO_2$ 具有 2.71V 的平均放电电位，约 110mA·h/g 的比容量，且当 $0.5 \leqslant x \leqslant 1$ 时，在充放电程当中有 O3→O'3→P3 的可逆相转变。

　　$Na_x MnO_2$ 是另一类作为钠离子电池正极材料被研究较广的层状过渡金属。在这种材料中主要存在两个相，低温时稳定的 $\alpha\text{-}NaMnO_2$ 及高温时的 $\beta\text{-}NaMnO_2$。如低温条件下可合

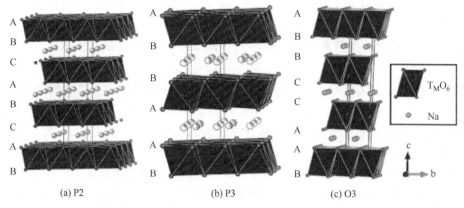

(a) P2   (b) P3   (c) O3

图 5-2　几种典型的钠离子层状氧化物晶格示意

成得到单斜结构的 O3 相 α-NaCoO$_2$，其在 0.1C 倍率下能放出 185mA·h/g 的比容量，相当于 0.8 个单元的 Na$^+$ 嵌入，且 20 个循环后容量保持率有 71%。β-NaMnO$_2$ 在 0.05C 倍率下放电容量可达到 190mA·h/g，同时还呈现出好的倍率性能和容量保持率。此外，人们对层状结构的 NaNiO$_2$、NaFeO$_2$、Na$_x$CrO$_2$、NaTiO$_2$、Na$_x$VO$_2$ 以及二元金属氧化物与三元金属氧化物也进行了研究。

层状过渡金属氧化物显示了较高的理论容量，但是在电化学反应过程中，其充放电平台较低，材料结构和热稳定性较差，且制备相对较为困难，使其实际应用受到一定限制。通过非活性金属阳离子（Mg、Mn、Fe 等）取代，可以增强金属氧化物的结构稳定性。

5.2.2　聚阴离子型钠离子电池正极材料

聚阴离子型正极材料是由钠元素、过渡金属元素和一系列含有八面体或四面体阴离子结构单元 $(XO_m)^{n-}$（X＝P、S、As、Mo、Si、Sb、Ge、W）组成的化合物的总称。其阴离子结构单元之间通过强共价键形成三维网络结构，并形成具有更高配位的、可容纳其他金属离子的空隙。因而，聚阴离子型正极材料由于具备良好的结构和热稳定性，得以被广泛研究。图 5-3 列出了目前研究较多的三种典型聚阴离子化合物（橄榄石、NASICON 和氟磷酸盐结构）的晶体结构示意图。

NaFePO$_4$ 具有橄榄石结构[图 5-3(a)]和磷铁钠矿结构，但不具有 Na$^+$ 迁移通道的磷铁钠矿结构呈现热力学稳定性，所以橄榄石结构的 NaFePO$_4$ 的制备一般不采用传统高温固相

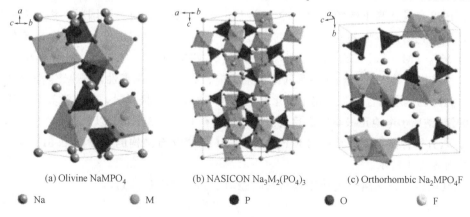

(a) Olivine NaMPO$_4$ (b) NASICON Na$_3$M$_2$(PO$_4$)$_3$ (c) Orthorhombic Na$_2$MPO$_4$F

● Na　　● M　　● P　　● O　　● F

图 5-3　目前研究较多的三种典型聚阴离子化合物的晶体结构示意图

合成，而是采用低温或者电化学方法合成。Fang 等通过在水溶液中，采用电化学方法利用 $LiFePO_4$ 进行离子交换成功得到了橄榄石结构的 $NaFePO_4$，其在 0.1C 倍率下可放出 111mA·h/g 的比容量，并且在 240 个循环后依然保持 90% 的容量，表现出了很好的电化学性能。

氟磷酸钠盐 $NaMPO_4F$（M＝V、Fe、Ni、Co、Mn）因其作为一类新的结构主体被认为是一类很具潜力的正极材料，如图 5-3（c）所示。该类材料结构是由八面体结构的 MO_6 和四面体结构的 PO_4 通过共角连接而形成开放性的三维框架结构，其中 F 原子为两分子链的桥梁。该材料具备较高的安全性和多维离子迁移通道，从而引起广泛的关注。但由于这类材料导电性普遍较低，一般需要采用添加导电碳、碳包覆或者金属掺杂等手段来提升其电化学性能。例如碳包覆的中空 Na_2FePO_4F 微球，在 1C 倍率下比能量为 75mA·h/g，且在 750 个循环后依然保持 60mA·h/g 的容量，容量保持率达到 80%。固相合成方法得到 2% 碳包覆的 Na_2FePO_4F，其在 0.05C 倍率下比能量为 100～110mA·h/g，且在 3.06V 和 2.91V 有两个很好的放电平台。也有报道分别利用 Cr、Al 等元素对 $NaVPO_4F$ 进行了掺杂改性，显著地提高了材料的循环性能，在 0.2C 倍率下，首次放电比容量各自为 83.3mA·h/g 和 80.4mA·h/g，容量保持率也分别为 91.4%（20 个循环后）和 85%（30 个循环后）。

NASICON 结构化合物是一种快离子导体材料，具有三维开放的离子运输通道和较高的离子扩散速率。$Na_3V_2(PO_4)_3$ 被认为是一种重要的钠离子电池正极材料[其结构见图 5-3(b)]，充放电电压平台在 3.4V 左右，由于其具有 2 个 Na^+ 参与可逆脱嵌，其理论比容量为 117mA·h/g。例如 $Na_3V_2(PO_4)_3$ 纳米微粒分散在不同碳基当中，发现在乙炔黑中其呈现最好的充放电性能，在 0.5C 倍率下比能量为 100.9mA·h/g，效果比分散在碳纳米管和石墨烯中要好。NASICON 结构电极材料具有良好的动力学和循环稳定性，但钒源中的五价钒毒性较大，会在一定程度上限制其大规模使用。开发使用无毒的，含量丰富的元素（如 Fe、Mn、Ni 等）来制备新型 NASICON 结构化合物，将是一个有意义的研究方向。

5.2.3　铁基氟化物正极材料

无论是对于锂离子电池还是钠离子电池，层状结构、橄榄石结构或尖晶石结构的正极材料都是基于嵌入/脱出机理，而为了维持其结构的稳定性，充放电过程中 Li^+ 或 Na^+ 的脱出量必须限制，因此能量密度和比容量有限。近年来国际上提出基于可逆化学转化反应传输电子的新型正极材料，该类材料在电极反应过程中能充分利用其各种氧化态，交换材料中所有的电子，放电容量远高于传统概论上的 Li^+/Na^+ 嵌入/脱出反应，被国际上称为下一代正极材料。金属氟化物是典型的基于化学转化反应的代表，常被用作正极材料的金属氟化物通式可表示为 MF_3（M＝Fe、Co、Mn、Ni），如 FeF_3、NiF_3、CoF_3、MnF_3，具有典型的钙钛矿（ABO_3）型结构。其中铁基氟化物系列原料来源广、成本低、无毒性，是 MF_3 类化合物中最稳定的，因此也是最适合的基于化学转化反应的锂离子电池正极材料，是一类具有高比容量的有潜力的锂/钠离子电池正极材料。目前研究较多的有 $FeF_3·3H_2O$，以及 ReO_3 三方晶相结构的 FeF_3，六方钨青铜相晶体结构的 $FeF_3·0.33H_2O$，烧绿石结构的 $FeF_3·0.5H_2O$，其系列晶体结构如图 5-4 所示。

铁基氟化物作为钠离子电池正极材料时经历了如下两个反应过程。

$$FeF_3 + Na \longrightarrow NaFeF_3 \tag{5-5}$$

$$NaFeF_3 + 2Na \longrightarrow Fe + 3NaF \tag{5-6}$$

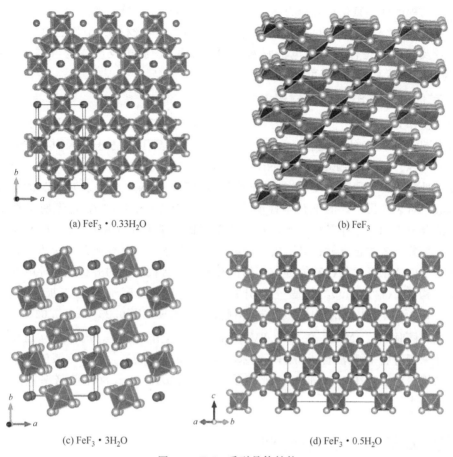

(a) $FeF_3 \cdot 0.33H_2O$

(b) FeF_3

(c) $FeF_3 \cdot 3H_2O$

(d) $FeF_3 \cdot 0.5H_2O$

图 5-4　FeF_3 系列晶体结构

在 1.7～4.2V 电压范围内首先进行第一步，如式（5-5）所示，发生 1 个电子转移的嵌入反应并生成 $NaFeF_3$，具有 237mA·h/g 的理论比容量。如果继续放电至 1.2V 左右，如式（5-6）所示，在第二步 $NaFeF_3$ 和 Na 进一步反应再发生 2 个电子转移，发生转化反应生成氟化锂和金属 α 铁相，并放出 485mA·h/g 的理论比容量。虽然 FeF_3 呈现了高的理论容量和较高的放电平台，但对于 FeF_3 系列化合物来说，无论是作为锂离子电池正极材料还是钠离子电池正极材料，基于转化反应时，都应该考虑如何克服其性能恶化严重、循环寿命低的缺点；而当基于嵌入/脱出反应来说，由于氟具有强的电负性，FeF_3 离子键特征明显、能带间隙宽、导电性差，在嵌入/脱出反应过程中有严重极化，充放电曲线滞后现象严重。为改进其性能，许多研究人员采取各种方法来改善它的性能。特别是纳米技术和新型的碳材料被广泛用于提高它的循环寿命及倍率性能。

例如采用原位电化学法合成了钠离子电池正极材料 FeF_3-Fe-RGO（还原氧化石墨烯）复合材料。测试结果表明，在 50mA/g 的电流密度下，其放电比容量达到 150mA·h/g，且表现出良好的倍率性能和优异的循环性能。或使用离子液体为氟源和溶剂。利用多壁碳纳米管（MWCNTs）优异的电化学性能和力学性能，以其作为导电材料与连接材料，设计与合成得到了 MWCNTs 缠绕的 $Fe_2F_5 \cdot H_2O$ 复合材料。将 MWCNTs-$Fe_2F_5 \cdot H_2O$ 作为钠离子电池正极材料，其首次放电比容量为 127.5mA·h/g，循环 50 次后放电比容量仍然保持在 115.0mA·h/g，相应的容量保持率为 90.2%。这些研究表明，通过对材料结构的优化，这种具有开放结构的铁基氟化物有作为高容量的钠离子电池正极材料的潜力。

除 FeF_3 系列之外，FeF_2 也被研究作为钠离子电池正极材料。金红石型 FeF_2 与 FeF_3 不同，后者及其含水化合物作为电极材料既可基于嵌入/脱出反应，也可基于转化反应，FeF_2 作为电极材料主要是基于可逆的转化反应。

5.2.4 其他钠离子电池正极材料

普鲁士蓝作为一类具有开放结构的有机钠离子电池正极材料，由于其具有优异的电化学性能，也引起了研究者的关注。Goodenough 等合成得到了普鲁士蓝及其络合物 A_xMFe (CN)$_6$（A＝Na、K；M＝Fe、Mn、Ni、Cu、Zn、Co），将其作为钠离子电池正极材料，对其电化学性能进行了研究，发现当以 Na 交换掉 KFe_2 (CN)$_6$ 中的 K 后得到的化合物在碳酸盐电解液中可表现出很好的电化学性能，比容量可达 $100mA \cdot h/g$ 且无明显衰减。也有通过模板法合成得到了介孔普鲁士蓝，在低倍率下比容量为 $65mA \cdot h/g$，且表现出好的循环稳定性。普鲁士蓝类正极材料显示出了较好的应用前景，但其合成条件较为苛刻。此外作为有机钠离子电池正极材料，其关键在于如何有效解决有机材料的溶解性和导电性等问题。

隧道结构的 $Na_{0.44}MnO_2$ 也是一类引起广泛关注的钠离子电池正极材料。通过对 Na_xMnO_2 作为钠离子电池的嵌入/脱出机理研究，发现只有当 $0.25 < x < 0.65$ 时，其嵌入/脱出才可逆。同时 $Na_{0.44}MnO_2$ 在 $2 \sim 3.8V$（Na^+/Na）工作电压下，比容量为 $140mA \cdot h/g$。例如 Wu 等采用溶胶-凝胶法合成得到了纳米棒状的 $Na_{0.44}MnO_2$，其在水系钠离子电池中表现很好的结构稳定性，在 0.2C 倍率下比容量为 $186.2mA \cdot h/g$，在 4C 倍率下循环比容量为 $113.3mA \cdot h/g$。

5.3 钠离子电池负极材料

单质 Na 的理论比容量为 $1166mA \cdot h/g$，实验研究中通常以金属钠作为负极，但在充放电过程中钠负极极易形成枝晶，而且钠的熔点（97.7℃）比锂（180.5℃）低很多，存在严重的安全隐患，因此金属钠不宜作为商业化钠离子电池的负极。一般选择其他具有嵌钠性能的材料作为负极。目前研究较多的负极材料主要有碳基材料、合金类材料、金属氧化物、钛酸盐材料等。

5.3.1 碳基负极材料

碳基材料属于嵌入类负极材料，主要包括石墨碳、非石墨碳两大类。其中，石墨（包括天然石墨和人造石墨）作为研究最早也是商品化程度最高的锂离子电池负极材料，但用于钠离子电池负极时，储钠性能较差，这是由于石墨层间距小（0.335nm），不利于体积较大的 Na^+ 进行脱嵌，因而不适合直接作为钠离子电池负极材料使用，必须通过一些改性手段扩大石墨层间距，使其具备一定的容量。对此，碳基负极材料的研究目前主要基于非石墨类碳材料（硬碳与软碳）和纳米结构碳材料（纳米线、纳米管、纳米片和石墨烯等）。

硬碳作为碳家族的一员，具有较大的层间距和许多无序结构，有利于 Na 的脱嵌，是较早研究的碳材料。STEVENS 等在 180℃将葡萄糖进行水热处理后，再在 1000℃下通过热处理制备得到了硬碳材料，在 $0 \sim 2V$ 电压范围内以 C/80 小倍率充放电时，得到了 $300 mA \cdot h/g$ 的可逆比容量，但循环稳定性不佳。钠在硬碳中的嵌入模型如图 5-5 所示。

纳米结构碳材料（碳纳米管、碳纳米纤维和石墨烯等）由于具有较好的结构稳定性、良

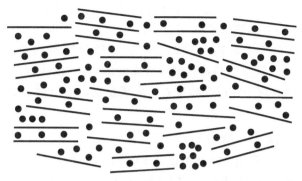

图 5-5 钠在硬碳中的嵌入模型

好的导电性以及较大的比表面积，能有效减小离子的扩散路径，从而可有效改善电化学性能。Wang 等采用 NH_3 处理沥青和聚丙烯腈混合物得到了碳纳米纤维膜，这种碳纳米纤维膜由无序的碳基体和分布良好的石墨微畴组成。无序的碳基体可有效增大层间距离，提高了 Na^+ 转移动力学，沥青形式的导电网络使得石墨微粒分布在整个纤维膜中，这有利于电子转移，而 NH_3 处理产生的相互连通的微/介孔网络结构则有助于电解液进入电极和 Na^+ 扩散。通过电化学性能测试，当作为钠离子电池负极时，在 0.1A/g 的电流密度下，该材料具有 341mA·h/g 的可逆比容量。而分别在 1A/g 和 2A/g 的电流密度下，循环 10000 次后，其依然具有 235mA·h/g 和 217mA·h/g 的比容量。

5.3.2 合金负极材料

与锂合金负极材料类似，合金类材料由于具有较高的理论容量，良好的导电性，也得到了人们的广泛研究。如 Sn（Na15Sn4：847mA·h/g）、Sb（Na3Sb：660mA·h/g）、Ge（NaGe：369mA·h/g）、In（Na2In：467mA·h/g）、P（Na3P：2596mA·h/g）、Si（Na-Si：954mA·h/g）等。但从目前报道来看，这些合金负极同碳基负极材料一样存在循环过程中体积变化大的缺点，如 Na^+ 与 Sn 与形成 $NaSn_2$ 合金后，体积膨胀 56%，而形成 $Na_{15}Sn_4$ 后体积膨胀达 420%，如图 5-6 所示。为了缓冲合金类材料充放电时的体积膨胀，常用的方法包括合金化、纳米化以及制备复合材料等。

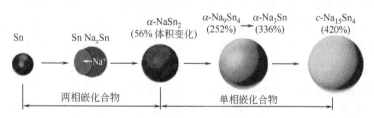

图 5-6 Sn 在嵌钠过程中演变过程

Sn/C 复合材料比较有代表性。如通过高能球磨法可合成得到 Sn/C 复合材料，研究表明，球磨时间越长，材料循环性能越好。当将其得到的纳米复合材料作为钠离子电池负极时，在 C/8 电流密度下具有 410mA·h/g 的初始容量，循环 20 次后容量损失仅为 0.7%，远小于金属 Sn 的容量损失率（67%）。此外通过自包裹可得到 Sb/C 复合材料，将超细 Sb 纳米颗粒制嵌入三维氮掺杂多孔碳基体内，可有效提升材料的循环稳定性，当作为钠离子电池负极材料时，在 500mA/g 电流密度下，循环 100 次仍具有 372mA·h/g 的比容量。除二元复合材料外，三元复合材料也是今年来研究的方向。Zhang 等也报道采用 Sn、Sb 和 P 通过球磨法合成得到了 Sn_5SbP_3/C 三元复合材料，在 2A/g 电流密度下具有 $352mA \cdot h/g$ 的可逆比容量，在相同条件下的表现要优于单一的二元复合材料。值得注意的是，大部分的 Sn 基、Sb 基材料用于钠离子电池负极时，可使用羧甲基纤维素（CMC）和聚丙烯酸（PAA）作为黏结剂，可以缓解材料体积膨胀造成的影响；而在电解液中添加一定量的氟代碳酸乙烯酯（FEC），则有利于在活性物质表面生成稳定的 SEI 膜，这些手段都能有效提升材料的循环稳定性。

5.3.3 氧化物与硫化物负极材料

金属氧化物和硫化物大都属于转化类钠离子电池负极材料。金属氧化物一般理论比容量较高（$>600mA \cdot h/g$），例如 Fe_2O_3（$1007mA \cdot h/g$）、CuO（$674mA \cdot h/g$）、MoO_3（$1117mA \cdot h/g$）、TiO_2（$667mA \cdot h/g$）、CoO（$715mA \cdot h/g$）、$NiCo_2O_4$（$890mA \cdot h/g$）等。转化类金属氧化物（MO_x）储钠机理主要分为两类：①M 为电化学非活性元素（如 Fe、Co、Ni 和 Cu），在电化学反应中，这些氧化物经历转化机理［式（5-7）］；②M 为电化学活性元素（如 Sn 和 Sb），这类物质先经过转化机理，然后再进行合金化反应［式（5-7）和式（5-8）］。

$$MO_x + 2xNa^+ + xe \Longrightarrow xNaO_2 + M \tag{5-7}$$

$$M + yNa^+ + ye \Longrightarrow Na_yM \tag{5-8}$$

然而，金属氧化物由于自身导电性较差以及在循环过程中会产生较大的体积膨胀，会破坏电极材料的完整性，导致较差的循环稳定性和倍率性能。通过设计一些新型的具备微纳结构的金属氧化物，可以改善材料的电化学性能。Li 等采用简便的方法制备了非晶态 Fe_2O_3 负载在石墨烯纳米片（GNS）表面形成的复合纳米片，约为 5nm 的 Fe_2O_3 均匀地负载在石墨烯纳米片上并形成了较强的 C—O—Fe 键。此复合材料作为钠离子电池负极显示了优良的循环稳定性和倍率性能：在 100mA/g 件下，可逆比容量为 $440mA \cdot h/g$；即便在 2A/g 条件下，可逆比容量依然保持 $219mA \cdot h/g$。其优良的电化学性能应归因于 Fe_2O_3 的非晶结构以及 Fe_2O_3 和 GNS 之间的强界面相互作用，这不仅能容纳更多的电化学活性位，为 Na^+ 提供更多的传输通道，而且有利于电子转移，可有效缓冲基质材料在嵌钠和脱钠过程中的体积变化。

金属硫化物作为钠离子电池负极材料也受到人们的关注，例如 FeS_2、Ni_3S_2、MoS_2、Sb_2S_3 等。Zhu 等研究了镶嵌在碳纳米线中的 MoS_2 纳米点（更精确的单层超小纳米片）的制备和电化学存储行为。该制备是通过静电纺丝工艺实现的，可以容易地放大。作为钠离子电池负极材料，其倍率性能和循环稳定性都是突出的。在 1A/g 条件下（$0.005 \sim 3.0V$），循环 100 次后可逆比容量达到 $484mA \cdot h/g$，在 10A/g 条件下，循环 1500 次后，可逆比容量维持在 $195mA \cdot h/g$。从机理上看，其通常的存储模式（嵌入、转换、界面存储）之间的差异实际上是模糊的。超小反应域的限制使得反应过程中几乎无扩散和无核的"转化"，从而导致其具有高容量和显著的循环稳定性能。

转化类材料通常都具有较高的理论容量，然而它们在充放电过程中会产生较大的体积膨胀，破坏电极结构的完整性，严重影响循环稳定性。因此，着手设计材料结构（如微观纳米结构、介孔结构等）以及和缓冲基质复合（如碳材料）来改善这类材料的电化学性能，成为重要的研究方向。

5.3.4 钛基氧化物负极材料

钛基氧化物用作钠离子电池负极材料是基于嵌入/脱出机制，目前常见的研究对象有

$Na_2Ti_3O_7$、$Na_2Ti_6O_{13}$、$Na_4Ti_5O_{12}$、P2-$Na_{0.66}[Li_{0.22}Ti_{0.78}]O_2$ 和 $Li_4Ti_5O_{12}$。例如 $Na_2Ti_3O_7$ 作为低嵌钠电位（0.3V）的钠离子电池负极材料，可逆脱嵌 2 个 Na^+，理论比容量为 177mA·h/g。层状 P2-$Na_{0.66}[Li_{0.22}Ti_{0.78}]O_2$ 具有零应变特点，在 212mA·h/g 条件下，循环 1200 次后，比容量约为 60mA·h/g，显示出了很好的循环稳定性。钛酸盐等材料在循环过程中具有稳定的结构，较容易获得满意的循环性能，但由于自身晶体结构中储存位点有限，导致该类材料储钠比容量目前普遍低于 200mA·h/g，所以其可逆容量如果能够满足需求，将成为极具潜力的负极材料。

参考文献

[1] Ong S P, Chevrier V L, Hautier G, et al. Voltage, stability and diffusion barrier differences between sodium-ion and lithium-ion intercalation materials [J]. Energy Environ. Sci., 2011, 4 (9): 3680-3688.

[2] Delmas C, Braconnier J J, Fouassier C, et al. Electrochemical intercalation of sodium in Na_xCoO_2 bronzes [J]. Solid State Ion., 1981, 3: 165-169.

[3] Fang Y, Liu Q, Xiao L, et al. High-Performance olivine $NaFePO_4$ microsphere cathode synthesized by aqueous electrochemical displacement method for sodium ion batteries [J]. ACS Appl. Mater. Inter., 2015, 7 (32): 17977-17984.

[4] Jiang M, Wang X, Hu H, et al. In situ growth and performance of spherical $Fe_2F_5 \cdot H_2O$ nanoparticles in multi-walled carbon nanotube network matrix as cathode material for sodium ion batteries [J]. J. Power Sources, 2016, 316: 170-175.

[5] Lu Y, Wang L, Cheng J, et al. Prussian blue: a new framework of electrode materials for sodium batteries [J]. Chem. Commun., 2012, 48 (52): 6544-6546.

[6] Wu X, Li Y, Xiang Y, et al. The electrochemical performance of aqueous rechargeable battery of $Zn/Na0.44MnO_2$ based on hybrid electrolyte [J]. J. Power Sources, 2016, 336: 35-39.

[7] Stevens D A, Dahn J R. High capacity anode materials for rechargeable sodium-ion batteries [J]. J. Electrochem. Soc., 2000, 147 (4): 1271-1273.

[8] Wang Y, Xiao N, Wang Z, et al. Ultrastable and high-capacity carbon nanofiber anode derived from pitch/polyacrylonitrile hybrid for flexible sodium-ion batteries [J]. Carbon, 2018, 135: 187-194.

[9] Wang J, Liu X, Mao S X, Huang J. Microstructural evolution of tin nanoparticles during in situ sodium insertion and extraction [J]. Nano Lett., 2012, 12 (11): 5897-5902.

[10] Zhang W, Mao J, Pang W K, et al. Large-scale synthesis of ternary Sn_5SbP_3/C composite by ball milling for superior stable sodium-ion battery anode [J]. Electrochim. Acta, 2017, 235: 107-113.

[11] 张宁, 刘永畅, 陈程成等. 钠离子电池电极材料研究进展 [J]. 无机化学学报, 2015, 31 (9): 1739-1750.

[12] Dan L, Zhou J, Chen X, et al. Amorphous Fe_2O_3/graphene composite nanosheets with enhanced electrochemical performance for sodium-Ion battery [J]. Acs Appl Mater Interfaces, 2016, 8 (45): 30899-30907.

[13] Zhu C, Mu X, van Aken P A, et al. Single-layered ultrasmall nanoplates of MoS_2 embedded in carbon nanofibers with excellent electrochemical performance for lithium and sodium storage [J]. Angew Chem Int Ed Engl, 2014, 126 (8): 2152-2156.

第6章
水系电池材料

6.1 水系电池的发展及现状

以水溶液为电解液的二次充电电池叫作水系电池。相对于有机溶液二次充电电池而言，水系电池组装工艺简单，且具有安全无毒、成本低廉、倍率性能好等优点。因此，水系电池在大型储能和动力电池领域中具有广阔的应用前景。

1994 年，Dahn 等研究小组在《科学》上首次报道了一种以水溶液为电解液的锂离子电池。正极采用 $LiMn_2O_4$，负极采用 VO_2，电解质溶液为中性的 Li_2SO_4 溶液，其平均工作电压为 1.5V，比能量为 75W·h/kg，实际应用中这种电池的比能量接近 40W·h/kg，大于铅酸电池（30W·h/kg），与镍镉电池相当，但循环性能很差。2000 年，日本的 Toki 研究小组报道了负极采用 LiV_3O_8，正极采用 $LiNi_{0.81}Co_{0.19}O_2$，电解质溶液为 Li_2SO_4 的水系锂离子电池。2006 年，中国科学院北京物理所陈立泉院士研究组报道了（－）TiP_2O_7 或 $LiTi_2(PO_4)_3/LiNO_3/LiMn_2O_4$（＋）水系锂离子电池。2007 年，复旦大学吴宇平教授课题组报道了（－）$LiV_3O_8/LiNO_3/LiCoO_2$（＋）水系锂离子电池。2007 年，复旦大学夏永姚课题组报道了负极采用碳包覆 $LiTi_2(PO_4)_3$，正极采用 $LiMn_2O_4$，电解质溶液为 Li_2SO_4 的水系锂离子电池。随后，各种体系的水系电池相继被报道并进行了深入研究。

根据正负极反应机理，目前研究较多的水系电池体系主要有四种：①水系锂离子电池，如 $LiMn_2O_4/LiTi_2(PO_4)_3$、$LiNi_{1/3}Co_{1/3}Mn_{1/3}O_2/LiV_3O_8$ 等，即正负极均为嵌锂化合物，充放电过程中，锂离子在正负极之间发生可逆脱嵌；②水系钠离子电池，如 $Na_{0.44}MnO_2/NaTi_2(PO_4)_3$、$Na_3V_2(PO_4)_3/NaTi_2(PO_4)_3$ 等，即正负极均为嵌钠化合物，充放电过程中，Na^+ 在正负极之间发生可逆脱嵌；③水系锌离子电池，如 MnO_2/Zn、$ZnMn_2O_4/Zn$ 等，即负极为金属锌，正极为嵌锌化合物，充放电过程中，在正极发生 Zn^{2+} 的可逆脱嵌，在负极发生 Zn^{2+} 的沉积和溶解反应；④混合水系电池，如 $LiMn_2O_4/Zn$、$Na_{0.44}MnO_2/Zn$、$LiMn_2O_4/Na_{0.22}MnO_2$ 等，即采用多种混合盐作为电解质，正负极之间发生不同金属离子的嵌入与脱出或沉积与溶解反应。

水系电池目前面临着一系列挑战，在水溶液电解液体系中，离子嵌入型化合物的化学与电化学过程比在有机电解液中复杂得多，会发生诸多副反应，如电极材料与水或氧反应、质子与金属离子的共嵌问题、析氢/析氧反应、电极材料在水中的溶解等，这些问题在很大程度上都制约了水系电池的发展与应用。

(1) 电极材料与 H_2O 或 O_2 之间的副反应 以水系锂离子电池为例，当材料相对于 Li^+/Li 大于 3.3V 时基本上是稳定的，作为水系锂离子电池负极时，锂离子的嵌入电位相对于 Li^+/Li 来说一般低于 3.3V。如图 6-1 所示为常见嵌锂化合物的电极电势以及在不同值水溶液中的稳定电位区间。

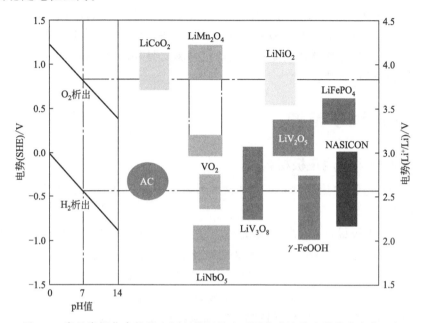

图 6-1 常见嵌锂化合物的电极电势以及在不同值水溶液中的稳定电位区间

由此，体系中存在的 H_2O 和 O_2 可能会氧化完全嵌锂的负极材料，特别是，在空气中组装的水系锂离子电池，相应地可能会发生以下的反应。

$$Li(嵌锂化合物) + \frac{1}{4}O_2 + \frac{1}{2}H_2O \rightleftharpoons Li^+ + OH^-$$

有氧气存在时，不管电解液的 pH 值为多少，没有任何材料可以用作水系锂离子电池负极材料。水系锂离子电池负极材料的嵌入电位相对 Li^+/Li 一般低于 3.0V，而平衡电压在 pH 值为 7 和 13 时为 3.85V 和 3.50V。这意味着，理论上所有负极材料在还原状态时都可被 O_2 和 H_2O 氧化，而不发生电化学氧化还原过程。因此，除氧对水系锂离子电池是非常必要的。

(2) 质子共嵌入反应 正极材料在水中一般都是稳定的。然而，由于质子（即 H^+）的半径比一般金属离子的小，在水溶液中质子可能与其他金属离子同时嵌入与电极材料中。另外，质子的嵌入与晶体结构及溶液的 pH 值有很大关系，尖晶石（$Li_{1-x}Mn_2O_4$）和橄榄石（$Li_{1-x}FePO_4$）不会发生质子共嵌，而脱锂的层状 $Li_{1-x}CoO_2$、$Li_{1-x}Ni_{1/3}Mn_{1/3}Co_{1/3}O_2$ 等在 pH 值小的电解液中深度脱锂的情况下晶格中会出现一定浓度的质子。这个问题可以通过调节溶液的 pH 值来控制质子嵌入的电位。

(3) 析氢/析氧反应 从热力学角度来说，水的电化学稳定窗口为 1.23V，考虑到动力学因素的影响，电化学窗口可能扩大到 2V。例如，铅酸电池的输出电压为 2.0V，析氢/析氧反应在水溶液中是一个需要考虑的重要因素，因为在电解液分解之前，电极材料的容量应该尽可能得到最大限度的利用。然后，考虑到正负极材料本身的嵌入电位，在全充电过程中，析氢/析氧副反应不可避免地要发生，特别是，析氢/析氧反应有可能改变电极附近的 pH 值，影响活性物质的稳定性。众所周知，水分解产生的是气体产物（O_2 或 H_2），不能在活性材料的表面形成任何保护层。因此非常有必要控制正负极材料的工作电位（充电深度）。此外，采用水溶液添加剂也可以减少析氢/析氧反应带来的负面影响。

（4）电极材料在水中的溶解　某些电极材料易溶于水，很大程度上限制了水系电池的循环稳定性。值得注意的是，溶解与比表面积也有很大关系，例如，在低温条件下制备的 VO_2、LiV_3O_8、LiV_2O_5 等通常具有相对较大的比表面积，所以在水溶液中往往具有较强的溶解性。因此，应尽可能选比表面积小的电极材料。另外，全包覆技术也可以用来提高电极材料在水溶液中的稳定性。

6.2　水系锂离子电池

6.2.1　水系锂离子电池正极材料

尖晶石型 $LiMn_2O_4$、层状 $LiCoO_2$ 以及聚阴离子型 $LiFePO_4$ 是目前常见的三种水系锂离子电池正极材料。

（1）尖晶石型正极材料　$LiMn_2O_4$ 是立方尖晶石结构。$LiMn_2O_4$ 的锂离子嵌锂电位比较高，理论比容量高达 $148mA \cdot h/g$。另外锰的来源广泛，价格便宜，污染小，已经成为目前研究得最为广泛的水系锂离子电池正极材料。加拿大 J. R. Dahn 教授于 1994 年首次报道尖晶石型 $LiMn_2O_4$ 可用作水系锂离子电池正极材料。随后，Martin 研究组研究了纳米管状 $LiMn_2O_4$ 在 $LiNO_3$ 溶液中的电化学性能，发现随着管壁厚度的降低，其倍率能力提高，最薄管壁的 $LiMn_2O_4$ 最高倍率可达 109C。另外，有研究表明，$LiMn_2O_4$ 薄膜在水溶液中是稳定的，锂离子穿过该界面所需要的活化能为 $23\sim25kJ/mol$，比在碳酸丙烯酯中的活化能低（$50kJ/mol$），可以实现锂离子在水溶液中快速的界面传输。Wang 等人通过研究 $LiMn_2O_4$ 在不同 pH 值的水溶液中的电化学性能，发现其性能和有机电解液体系中的性能类似，而 Tian 等人也发现在不同浓度的 $LiNO_3$ 中，$LiMn_2O_4$ 在 $5mol/LLiNO_3$ 水溶液中容量、倍率及循环稳定性表现最好。

（2）层状正极材料　$LiCoO_2$ 是 α-$NaFeO_2$ 型层状结构，空间群为 $R3m$，其晶体结构如图 6-2 所示。这种材料具有锂离子电导率高的优点，锂离子扩散系数为 $10^{-9}\sim10^{-7}m^2/s$，电子电导率也比较高，其理论比容量可高达 $270mA \cdot h/g$。

美国斯坦福大学研究了 $LiCoO_2$ 在 $LiNO_3$ 溶液中的电化学行为。研究发现，$LiCoO_2$ 在不同浓度的 $LiNO_3$ 溶液中均能发生 Li^+ 的脱嵌反应，循环伏安曲线表明氧化还原反应的可逆性非常好。充放电测试发现，该水系锂离子电池的首次放电比容量大于 $100mA \cdot h/g$（电流密度为 1C），90 次循环后的容量保持率为 90%。不过，在充放电循环过程中 $LiCoO_2$ 结构中八面体位置层产生缺陷，部分八面体结构转变为不适合作为电极材料的尖晶石型四面体结构。因此 $LiCoO_2$ 循环寿命还有待对于进一步提高。

$LiCoO_2$ 的电化学稳定性与 H^+ 的浓度有很大关系，当 pH 值小于 9 时，$LiCoO_2$ 是电化学不稳定的，当 pH 值大于 11 时则变得稳定。而 Li^+ 的浓度也会影响 Li^+ 与质子共嵌的竞争反应，研究发现：$LiCoO_2$ 在 pH 值为 7 的 $5mol/LLiNO_3$ 溶液中具有良好的循环寿命。第

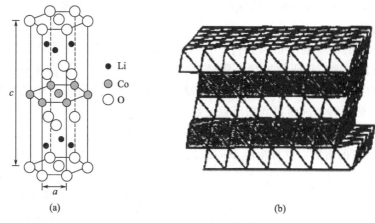

(a)　　　　　　　　　　　　(b)

图 6-2　LiCoO$_2$ 的晶体结构

一性原理计算表明：嵌入的 H$^+$ 并没有占据 O 八面体的中心空位，而是和 O 形成了 O—H 键。换言之，嵌入的 H$^+$ 更倾向于待在空位附近的位置，不能可逆地脱出。这些嵌入的 H$^+$ 明显阻碍了 Li$^+$ 的扩散，并导致 LiCoO$_2$ 放电终止电压的降低。在少量质子嵌入的情况下，LiCoO$_2$ 的 Li$^+$ 嵌入/脱出行为并不会受到明显的影响。然而，在反复的充放电过程中，越来越多的 H$^+$ 会嵌入进去，在很大程度上限制 Li$^+$ 的扩散，从而导致了容量衰减。质子嵌入不仅取决于 pH 值，与晶体结构也有很大的关系，质子化作用在层状化合物中最易发生，如 Li$_2$MnO$_3$ 和 LiCoO$_2$，而在尖晶石（LiMn$_2$O$_4$）和 LiV$_3$O$_8$ 中不容易发生，由于会出现 Fe 和 P 聚阴离子的大量错位，橄榄石型 LiFePO$_4$ 中则最不易发生。与层状 LiCoO$_2$ 的相似，LiNi$_{1/3}$Co$_{1/3}$Mn$_{1/3}$O$_2$ 在水溶液中的电化学性能与 pH 值也有很大的关系。

　　（3）聚阴离子型正极材料　LiFePO$_4$ 为橄榄石型结构。LiFePO$_4$ 优势较明显，如具有较大的理论比容量（170mA·h/g）。2006 年，Manicham 等人首次报道 LiFePO$_4$ 在饱和 LiOH 水溶液中的电化学行为。然而，由于在碱性溶液中形成了 LiFePO$_4$ 和 Fe$_2$O$_3$ 的混合物，LiFePO$_4$ 的氧化还原反应是不完全可逆的。而 LiFePO$_4$ 薄膜在 1mol/L LiNO$_3$ 溶液中却表现出与非水电解液相同的电化学行为，且在 1mol/L LiNO$_3$ 溶液中界面阻抗减小，有利于提高 LiFePO$_4$ 薄膜的利用率。复旦大学夏永姚教授课题组采用传统的高温固相法制备了 LiFePO$_4$，研究表明，LiFePO$_4$ 在水溶液中具有更好的倍率性能和更高的比容量。通过化学气相沉积法进行碳包覆后，LiFePO$_4$ 的循环稳定性得到了很大的改善。另外，也有研究表明：CeO$_2$ 修饰后，LiFePO$_4$ 导电能力、氧化还原反应的可逆性和 D_{Li^+}（Li$^+$ 扩散系数）都有所提高。

　　（4）其他正极材料　其他用于水系锂离子电池正极材料的有 LiMnPO$_4$、MnO$_2$、Na$_{1.16}$V$_3$O$_8$、铜六氰基金属化物（CuHCF）和镍六氰基金属化物（NiHCF）等普鲁士蓝化合物。总之，水系锂离子电池的正极材料必须要能反复地进行锂的脱出和插入，并且，锂的脱出和嵌入电压要低于氧气析出电压，以确保水系电解液的稳定。另外，要提高能量密度，增加锂的脱出和嵌入电压同样重要。为了改善电池的循环性能，通过掺杂或包覆修饰正极，并改变电解液种类，改善电极/电解液界面的稳定性，可以改善正极材料的综合性能。

6.2.2　水系锂离子电池负极材料

　　目前，水系锂离子电池负极的研究，主要集中在钒的氧化物、磷酸盐系、钒酸盐和一些新型的材料。水系锂离子电池中钒的氧化物主要为二氧化钒等，磷酸盐主要为磷酸钛锂，钒酸盐主要为钒酸锂。

VO_2 作为水系锂离子电池负极材料，首次被 J. R. Dahn 研究组报道。但由于 V 的溶解使其容量迅速衰减，进一步研究发现，降低溶液的 pH 值，VO_2 的容量有所提高，这可能是由于抑制了 VO_2 在电解液中的溶解。通过设计合成规整的 C/VO_2 核壳结构，可以避免 VO_2 在循环过程的溶解，进而提高循环稳定性。

LiV_3O_8 同样也可以用作水系锂离子电池的负极材料，而不引起水的分解。然而，与 VO_2 类似，由于 V 的溶解，导致电解液的颜色变黄，LiV_3O_8 的容量衰减也很快。

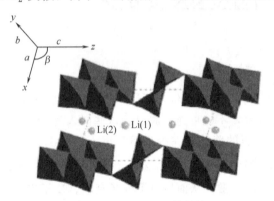

图 6-3 LiV_3O_8 的晶体结构

LiV_3O_8 为单斜晶系（图 6-3），属层状结构，$P2_1/m$ 空间群，它的晶胞参数为：$a=0.668$nm，$b=0.360$nm，$c=1.203$nm，$\beta=107.83°$。其结构可以认为是由 V 原子和 O 原子结合而组成的扭转变形的三角双锥 VO_5 和八面体 VO_6，八面体和三角双锥共用边角构成 $[V_3O_8]^-$。每两个 $[V_3O_8]^-$ 之间形成层间空位，层与层通过 Li^+ 相连构成层状结构，八面体层间空隙的 Li^+ 起着支撑整体结构的作用，该位置的能垒较高，故 Li^+ 不能轻易脱出，以保证结构的稳定性。

而四面体的层间空位则嵌入过量的 Li^+，该部位的 Li^+ 可进行自由地嵌入和脱出，起到平衡电荷的作用。八面体层间空位的 Li^+ 不会阻碍四面体层间空位的 Li^+ 向其他位置迁移，而且层间距越大对 Li^+ 扩散越有帮助，研究发现，Li^+ 在 LiV_3O_8 中扩散系数为 $10^{-14} \sim 10^{-12}$cm^2/s。理论来说，1mol 的 LiV_3O_8 可以嵌入和脱嵌 3mol 以上的 Li^+，其比容量理论上可以达到 300mA·h/g 以上。由此可知，该材料具有结构稳定，充放电速率快，比容量高，可逆性好，使用寿命长等诸多优点。

以 LiV_3O_8 作为水系锂离子电池负极材料，电池工作时，Li^+ 在 LiV_3O_8 中进行可逆脱出和嵌入，其电极反应表达式如下。

$$LiV_3O_8 + xLi^+ + xe \xrightarrow{充电} Li_{1+x}V_3O_8 (x<1.5)$$

$$Li_{1+x}V_3O_8 \xrightarrow{放电} LiV_3O_8 + xLi^+ + xe (x<1.5)$$

据文献可知，$Li_{1+x}V_3O_8$ 在 $0<x<$（$1.5\sim2.0$）时，Li^+ 的扩散速率约为 10^{-8}cm^2/s，反应时为单相的 LiV_3O_8，电压范围为 $3.7\sim2.65$V；当 $2<x<3$ 时，有 LiV_3O_8 和 $Li_4V_3O_8$ 两相同时存在，电压约为 2.6V，此时局部结构发生变化，出现了不可逆相；当 $3<x<4$ 时，反应为 $Li_4V_3O_8$ 单相，电压范围为 $2.5\sim2$V；当 $x>1.5$ 时即有 $Li_4V_3O_8$ 形成后，Li^+ 扩散速率受温度影响较大，温度从 $5℃$ 升至 $45℃$，Li^+ 的扩散速率从 10^{-11}cm^2/s 提高到 10^{-9}cm^2/s；在嵌锂过程中，由于 3 个 V 所处位置的差异性，被还原的程度也有差别，+3 价，+4 价，+5 价的 V 共存，同时氧原子轨道上的电子也参与电子转移，$Li_{1+x}V_3O_8$ 的初始容量的大小以及充放电过程中容量的衰减一定程度上由材料的粒径大小、颗粒团聚等因素决定。G. J. Wang 等研究了水系电解液中 LiV_3O_8 材料在饱和 $LiNO_3$ 溶液中的电化学性能。从阻抗图中研究发现，电化学嵌入和脱出的步骤与有机电解液中类似。

Shudong Zhang 等用水热法合成微纳米状的花形 VO_2 负极材料，首次的放电比容量可以达到 74.9mA·h/g，大于一般的负极材料。研究还发现，当 VO_2 材料的结晶度提高时，电化学性能会提高。

通过水热法合成的 $H_2V_3O_8$ 单晶纳米线作为水系锂离子电池的负极，在水溶液中表现出高度可逆嵌脱锂和较好的循环稳定性。

此外，钛系聚阴离子化合物作为水系锂离子电池负极材料也受到广泛关注，研究表明，焦磷酸盐 TiP_2O_7 和 NASICON 型 $LiTi_2(PO_4)_3$ 在 5mol/L $LiNO_3$ 溶液中析氢峰电位分别低于 $-0.6V$ 和 $-0.7V$，析氢峰电位的偏移证明它们能够在水的稳定电位区间中应用。尤其是 $LiTi_2(PO_4)_3$，在水溶液中相对较稳定，是一种很有优势的水系锂电池负极材料。

具有典型 NASICON 结构的 $LiTi_2(PO_4)_3$ 属于 $R3C$ 六方空间群，Ti 和 P 在结构中分别占据氧的不同位置，形成八面体 TiO_6 及四面体 PO_4。$LiTi_2(PO_4)_3$ 是由 TiO_6 和 PO_4 利用共用氧原子而形成的 $[Ti_2(PO_4)_3]^{-1}$ 构建成的，两种 Li 间隙位存在于 $LiTi_2(PO_4)_3$ 三维刚性骨架 $[Ti_2(PO_4)_3]^{-1}$ 内，在 $LiTi_2(PO_4)_3$ 结构中 Li^+ 的传递途径是在这两个 Li^+ 所在的不同位置之间进行的。因为中心原子之间重叠部分较小，导致电子传导能力不足。但 Li^+ 嵌入的空间大而且彼此之间采用三维空间结构相连，进而能够具有高的离子电导率。这种结构决定了聚阴离子 $LiTi_2(PO_4)_3$ 材料具有相对高的电化学稳定性。

目前，改善 $LiTi_2(PO_4)_3$ 电性能的基本思路为提高电子电导率和离子电导率。$LiTi_2(PO_4)_3$ 材料本身电子导电性差，电位较低，易于与空气中的氧反应，甚至被水氧化。因此，通常需通过碳包覆的途径，提高其导电性和稳定性。Liu 等采用高温固相法合成的 $LiTi_2(PO_4)_3$ 与乙炔黑球磨包覆制成电极，以饱和的 Li_2SO_4 水溶液为电解液，电极的首放比容量为 87mA·h/g，随着循环次数的增加，衰减严重。Luo 等以聚乙烯醇水溶液为分散介质，加热搅拌除水，在惰性气氛中高温碳化裂解，制得碳含量为 3% 的碳包覆 $LiTi_2(PO_4)_3$ 材料，在 1mol/L Li_2SO_4 水溶液中，6C 倍率下充放电循环 1000 次，容量保持率在 90% 以上；小电流下循环充放电 50 次，容量保持率为 85%。这说明 $LiTi_2(PO_4)_3$ 电极表面良好的碳包覆层使其循环稳定性改善显著。C. Wessells 等通过 Pechini 方法制备纳米 $LiTi_2(PO_4)_3$，再与溶于乙二醇的葡萄糖混合，在 N_2 保护下高温碳化制得碳包覆量为 4% 的材料，在 2mol/L Li_2SO_4 水溶液中 0.5C 倍率下充放电 100 个循环，比容量损失仅有 11%。因此包覆碳对负极材料 $LiTi_2(PO_4)_3$ 性能具有决定性影响，而碳源分散的均匀程度则是制约碳包覆效果的关键因素。另一个有效改善 $LiTi_2(PO_4)_3$ 电导率的方式是掺杂微量的具有导电性能的金属元素。金属离子能够使 $LiTi_2(PO_4)_3$ 结构中的部分空位被 Li^+ 填充，因为其具有导电作用，离子之间的导电能力得以显著提升。E. Kazakevicius 等人用 La_2O_3 对 $LiTi_2(PO_4)_3$ 进行修饰改性，成功制备出 $Li_{1.3}La_{0.3}Ti_{1.7}(PO_4)_3$。Aono 等人用离子半径小的 Al^{3+} 对 $LiTi_2(PO_4)_3$ 进行掺杂改性后，发现 Li^+ 的传导速率明显改善，主要由于掺杂改性提高了产物的致密度，使颗粒边界的 Li^+ 浓度提高导致的。H. Aono 等人用 Zr^{4+} 取代 Ti^{4+} 后，测试表明，电导率得到了提升，这是由于 $LiZr_xTi_{2-x}(PO_4)_3$ 具有较为合适的 Li^+ 迁移通道。Tarascon 等对改善电子电导率方面已经进行了深入的理论分析，进一步证明减小颗粒尺寸可以减小锂离子迁移路径，增加电子电导率。$LiTi_2(PO_4)_3$ 颗粒的粒径大小是影响锂离子电池比容量的重要因素；颗粒越小，会使 Li^+ 扩散的路径变得越短，就会易于 Li^+ 的脱嵌；反之就困难。所以采用改变合成方法和通过机械球磨加以控制颗粒的尺寸以及材料表面碳包覆是

提 $LiTi_2(PO_4)_3$ 材料电化学性能的主要环节。

总之，$LiTi_2(PO_4)_3$ 作为水系锂离子电池负极材料，以下三个关键问题急需克服：①在充放电时颗粒的粉化现象导致其性能差；②反应时会引起体积的膨胀变化；③电子电导率低。科研人员做了许多尝试去解决这些问题，在许多改性修饰技术当中，碳包覆 $LiTi_2(PO_4)_3$ 颗粒形成的复合电极材料及纳米化 $LiTi_2(PO_4)_3$ 被看作是简单实用有效的手段，而且成本很低。包覆的碳不但能够提高电导率，而且起到缓解电极材料体积变化的作用。纳米化的 $LiTi_2(PO_4)_3$ 颗粒能够缩短 Li^+ 的传递路径，减小电极材料的内阻，增加比容量。

对于新型负极材料，D. Levi 等证明了 Mo_6S_8 在 Li_2SO_4 溶液中进行反应，是具有优异倍率性能的负极材料。实验证明，Mo_6S_8 可以嵌入 4 个 Li^+（即可以失去 4 个电子），第二和第三个 Li^+ 的嵌入在同一电压下。缓慢的恒电流循环，失去一个电子的反应，比容量保持在 $32.1mA \cdot h/g$，与锰酸锂组成电池，电压高达 1.5V；第二、第三电子的充放电电压达到 1.85V，在高的倍率 60C 下，首次电池比容量为 $74.7mA \cdot h/g$，充放电效率为 90%，快速充放电效率非常高。

$PbSO_4$ 是可用于水系锂离子电池负极材料的另外一种选择材料，因为其在中性的水溶液中具有良好的可逆电化学过程。在 0.6V/-0.36V（SCE）处具有氧化还原峰，这与 $PbSO_4/Pb$ 在 Li_2SO_4 水溶液中的氧化还原反应是息息相关的。其他金属，例如 Fe、Co、Ni 和 Cu 等，在理论上也可以作为水系锂离子电池负极材料。

6.3 水系钠离子电池

目前，水系钠离子电池的研究尚处于起步阶段，所面临的材料选择和应用问题十分复杂。同其他所有水系电池一样，水系钠离子电池的反应热力学性质受到水分解反应的严重影响。水的热力学电化学窗口为 1.23V，即使考虑到动力学因素，水系钠离子电池的电压也不可能高于 1.5V。另外，为了防止氢、氧析出等副反应的干扰，正极嵌钠反应的电势应低于水的析氧电势，而负极嵌钠反应的电势应高于水的析氢电势，因此，许多高电势的储钠正极材料、低电势的储钠负极材料（如 Sn、Sb、P 及其合金化合物）则不适合于用作水系钠离子电池体系。

由于 Na^+ 半径（0.102nm）比 Li^+ 半径（0.68nm）大得多，导致嵌钠反应异常困难，活性材料的电化学利用率相对较低。同时，体积较大的 Na^+ 在嵌入过程中易导致主体晶格的较大形变，造成晶体结构坍塌，影响电极材料的循环稳定性。另外，许多钠盐化合物在水中的溶解度较大，或遇水易分解，进一步限制了水溶液储钠材料的选择。在水系 Na^+ 中正极材料的氧化还原电位应低于所用水系电解液析 O_2 电位，避免电解液中的水发生分解。还要考虑在相应电解液中的稳定性，不能出现溶解、质子共嵌入等现象，减少副反应的发生，使材料有好的循环性。研究得比较多的正极材料主要为以下几种过渡金属氧化物材料、聚阴离子型化合物材料、普鲁士蓝类化合物等。

6.3.1 水系钠离子电池正极材料

(1) 过渡金属氧化物　2010 年，Whitacre 等人首次提出采用相对成熟的 $Na_{0.44}MnO_2$（即 $Na_4Mn_9O_{18}$）作为水系钠离子电池正极材料，之后引起了研究者极大的兴趣。$Na_{0.44}MnO_2$ 属于斜方晶系，拥有相互交联的三维 S 形 Na^+ 通道。在 c 轴方向上的钠离子通道拥有很多空位，可以保证足够的 Na^+ 的迁移。该材料原料来源广泛，价格低廉，且具有独特的三维隧道结构，能够发生可逆的 Na^+ 脱嵌电化学反应，电池大倍率性能较好，特别适合于水系钠离子电池体系。

Sauvage 等以固相法合成该材料，首次验证了 $Na_{0.44-x}MnO_2$ 在 1mol/L $NaNO_3$ 溶液中具备电化学活性，Na^+ 在材料中可以可逆地脱嵌，当 $0.25<x<0.44$ 时，充电时存在三个平台，即 0.05V、0.27V 和 0.5V（SCE）。固相法合成的 $Na_{0.44}MnO_2$ 中有 Mn_2O_3 杂相，为了去除这一杂相，一般的做法是用 HCl 溶解。但是盐酸处理后的材料中会产生同构的 $Na_{0.2}MnO_2$ 杂相。Sauvage 等进一步通过精确控制实验参数，成功合成了纯相的材料，通过原位 XRD、PITT 等手段，证实当 Na_xMnO_2 中 $0.18<x<0.68$ 时，电化学反应过程中至少存在 6 个中间相。Kim 等利用第一性计算原理计算证实了当 Na_xMnO_2 中 $0.19<x<0.66$ 时，在电化学反应过程中存在 7 个中间相的变化，并且认为在 $Na_{0.44}MnO_2$ 与 $Na_{0.55}MnO_2$ 两相间的变化是其容量显著衰减的主要原因。研究人员尝试用不同的方法来提高 $Na_{0.44}MnO_2$ 在水系电解液中的电化学活性。Tever 等尝试改变 Na 与 Mn 的化学计量比，研究不同比例下电化学性能，找出最佳值。发现比例为 0.55 时，电化学性能最好。Liu 等利用溶胶-凝胶法合成 $Na_{0.44}MnO_2$，比容量能达 200F/g，换算后就是 55mA·h/g。在 18C（500mA/g）的电流密度下，循环 4000 次后还能够保持初始容量的 84%。

Kim 等比较 $Na_{0.44}MnO_2$ 中的 Na^+ 在水系和有机体系电解液中的扩散，通过交流阻抗谱（EIS）发现，Na^+ 在水系电解液中的扩散系数比在有机体系中要高两个数量级，使得在水系中的倍率性能大大提高。

Zhang 等用共沉淀的方法合成了含有结晶水的层状结构水钠锰矿型化合物 $Na_{0.58}MnO_2 \cdot 0.48H_2O$，在 1mol/L Na_2SO_4 电解液中表现出非常好的电化学性能。在 1C 的电流密度下放电首次比容量为 80mA·h/g，循环 100 次后容量保持率为 100%，Mn 在循环过程中只有极少量的溶解。通过高温处理将结晶水去掉，电化学性能变差，通过 EIS 等手段证实去掉结晶水后材料的电子导电性变差，此外结晶水还可以保持层间距，促进钠离子在材料中的扩散。

MnO_2 也可以作为水系钠离子电池正极材料。MnO_2 结构多样，有尖晶石型的 λ-MnO_2，层状的 δ-MnO_2，以及 γ-MnO_2。在有机体系电解液中 λ-MnO_2 有 0.6 个 Na^+ 可逆的脱嵌。Whitacre 等将 λ-MnO_2 首次用作水系钠离子电池正极材料，以 1mol/L Na_2SO_4 为电解液，以活性炭为对电极，其电化学性能远远好于同等实验条件下的 $Na_{0.44}MnO_2$，在 6C 的倍率下放电容量仍能达到理论比容量的 70%，循环 5000 次后依旧没有多少容量衰减。但是 γ-MnO_2 只能通过 $LiMn_2O_4$ 去锂化获得，从生产层面来说非常不划算。

δ-MnO_2 属于层状结构，由共顶点的 $[MnO_6]$ 八面体二维片层组成，且 δ-MnO_2 通常是含有结晶水的，结晶水和金属离子位于片层之间，δ-MnO_2 之前主要用于超级电容器中。δ-MnO_2 在 Na_2SO_4、K_2SO_4、Li_2SO_4 水溶液中都有电化学活性，三种离子都可以在层间可逆地脱嵌，其中在 K_2SO_4 溶液中电化学性能最好，是由于 K_2SO_4 电解液中更快速的传输速度和在材料中快速的电荷转移过程。

（2）聚阴离子型化合物　钠超离子导体型材料的晶体结构比较稳定，开放的三维结构拥有较大的离子嵌入和脱出通道，能够嵌入粒径较大的 Na^+。但是这类材料的电子电导率比较差，导致电化学性能不佳，通过包覆等手段，既能增加导电性，又避免与水系电解液直接接触，减少副反应的发生，可提高在水系钠离子电池中的循环性能。

$Na_3V_2(PO_4)_3$ 晶体中 $[VO_6]$ 八面体和 $[PO_4]$ 四面体通过顶点处的氧原子相互连接形成了 $[V_2(PO_4)_3]^{3-}$ 聚阴离子结构，其中有一个 Na 占据 M_1 的位置属于六配位的氧环境，有两个 Na 占据 M_2 的位置属于八配位的氧环境。处于 M_1 位置的 Na 因与氧原子键合很紧密，不能脱出，故只有处于 M_2 位置的两个 Na 可以实现可逆脱嵌，在电解液不分解的情况下。Song 等研究 $Na_3V_2(PO_4)_3$ 分别在 1mol/L Na_2SO_4、K_2SO_4 和 Li_2SO_4 这三种电解液中的电化学性能。在 1mol/L Na_2SO_4 水溶液中利用循环伏安法测试，发现在 0.4V（SCE）左右有一对氧化还原峰。在 Na_2SO_4 水溶液中，在 8.5C 的电流密度下，放电的电容为 209F/g，比容量约为 50mA·h/g，循环 30 次后衰减很快。其原因可能是过渡金属钒在水溶液中的溶解。$NaVPO_4F$ 在以 5mol/L $NaNO_3$ 溶液为电解液的水系钠离子电池中有两个放电平台，分别位于 0.2V 和 0.8V（SCE），首次放电的比容量约为 54mA·h/g，循环 20 次后容量保持率为 70%。

磷酸盐型化合物结构稳定，热稳定性也好，$Na_2FeP_2O_7$ 在有机体系中充放电平台大约在 3V（Na^+/Na），在中性电解液中没有超过析氧电位。Jung 等首次将铁基的焦磷酸盐 $Na_2FeP_2O_7$ 作为水系钠离子电池的正极材料，因在水溶液中更快速的动力学因素，离子在水溶液中的扩散速度更快，使其倍率性能比有机体系更好。同在 1C 的倍率下，有机体系与水系的放电比容量都能够接近理论比容量，但在 5C 的高倍率情况下，有机体系的放电比容量比水系的小很多。而且水系电池的循环性能也很好，在 1C 和 5C 的电流密度下循环 300 次后容量保持率依然很高。

（3）普鲁士蓝类化合物　Na^+ 的粒径远远大于 Li^+，如果没有合适的开放的晶体结构，Na^+ 的嵌入和脱出将会是很大的挑战。普鲁士蓝类化合物拥有较大的嵌入位点，可以融入各种碱金属离子，并且不会产生晶格变形。研究发现，普鲁士蓝类化合物制成的薄膜在钠的水溶液以及其他碱金属离子的水溶液中有电化学活性，且证实其在约 0.3V（SCE）附近会与 Na^+ 发生可逆的电化学反应，但是所用的薄膜都是依靠电化学沉积的方法来制备的，薄膜的厚度大约为 100nm，质量载荷太大，很难在电池的实际工业应用中加以推广。Wessels 等用共沉淀的方法大规模合成了镍铁普鲁士蓝，经 ICP 测试得出合成的材料化学式为 $K_{0.6}Ni_{1.2}Fe(CN)_{1.6}·3.6H_2O$，理论比容量约为 85mA·h/g。以此方法合成的镍铁普鲁士蓝作为水系钠离子电池的正极材料，以其成本低、安全性高等优势可以应用于大规模储能上。在以 1mol/L $NaNO_3$ 溶液为电解液的水系钠离子电池中，其放电平台为 0.59V（SCE），在 0.83C 的电流密度下放电比容量为 67mA·h/g，倍率性能最高可达 41.7C。在 8.3C 电流密度下循环 5000 次后，容量保持率接近百分之百，且在充放电过程中只有 0.18% 的各向同性晶格应变。

作为正极材料来说，上面提到的镍铁普鲁士蓝的氧化还原电势太低，会大大降低电池的能量密度，大大限制其应用。Wessel 等研究不同嵌入离子（Li^+、Na^+、K^+、NH_4^+）各自在镍铁和铜铁类普鲁士蓝中的电化学性能。两类普鲁士蓝都是用共沉淀的方法合成，化学分子式分别为 $K_{0.9}Cu_{1.3}Fe(CN)_{1.6}$ 和 $K_{0.6}Ni_{1.2}Fe(CN)_{1.6}$。通过循环伏安法发现，铜铁类普鲁士蓝的氧化还原电势比镍铁类的高。与其他离子相比，Li^+ 和 Na^+ 的嵌入及脱出的情况更加的复杂，出现多对氧化还原峰，并且认为电化学性能衰减的原因是材料的溶解，只是两种材料的溶解度有所差别。Wessels 等的后续工作通过改变普鲁士蓝中铜镍的比例来提高氧化还原电势，通过 ICP 方法来获取铜镍的比例。在以 1mol/L $NaNO_3$ 为电解液的循环伏安测试中，通过改变这一比例发现，$Ni_xCu_{1-x}HCF$ 的氧化还原电势可以从 0.6V 增加到 1.0V。

上面提及的铜铁和镍铁普鲁士蓝均不含钠，这就使得它们在半电池中首次只能放电，而在全电池中与它们匹配的负极材料则需含钠。针对这种情况，吴先勇等合成了含钠的普鲁士蓝 $Na_2NiFe(CN)_6$ 和 $Na_2CuFe(CN)_6$，其中铜铁普鲁士蓝的电势比镍铁普鲁士蓝要高。

$Na_2NiFe(CN)_6$ 以三电极的模式进行充放电测试，在 67mA/g(1C) 的电流密度下，首次放电容量达 65mA·h/g，即使在 10C 的电流密度下，放电比容量也达到 61mA·h/g。在 5C 的情况下，循环 500 次后还有较高的保持率。

6.3.2　水系钠离子电池负极材料

相对于正极材料而言，水系储钠负极材料的选择更加艰难，低电势下，既要抑制水分解析氢，又需要稳定材料本身的结构。因此，至今满足要求的负极材料十分有限。目前研究报道的主要为 $NaTi_2(PO_4)_3$，但其理论比容量偏低（133mA·h/g），且由于 Na^+ 和 H_3O^+ 可能会发生交换，在有氧气的环境中循环寿命短。因此，寻找一种与水系钠离子电池正极材料匹配，且具有成本低廉、比容量高、综合电化学性能优异的负极材料迫在眉睫。

（1）磷酸钛钠　$NaTi_2(PO_4)_3$ 是水系钠离子电池负极研究方面有潜力的材料，它具有典型的 NASICON 结构，由 3 个 PO_4 四面体和 2 个 TiO_6 八面体通过角连接组成 $NaTi_2(PO_4)_3$ 基本单元。一个 $NaTi_2(PO_4)_3$ 基本单元里存在两种空间位置（A1 和 A2），其中包括 1 个 A1 位点和 3 个 A2 位点，Na^+ 完全占据 A1 位点，这种开放的三维框架有利于加快钠离子的传输。在 1mol/L Na_2SO_4 溶液中，$NaTi_2(PO_4)_3$ 在 -0.82V(Ag/AgCl) 处表现出一对十分可逆与对称的氧化还原峰，对应于 Na^+ 的可逆和嵌脱反应。这一反应电势区非常接近但略高于水的析氢电位，可以确保正常的嵌钠反应过程中没有析氢副反应的干扰，有利于提高电池的工作电压，以获得较大的电压输出。但是，该材料电子电导率较低，并且在水溶液中受到 pH 值的影响。

但是 $NaTi_2(PO_4)_3$ 电子导电性比较差，为了提高电化学性能，一般采取两种手段：一种是纳米化，通过减小材料的粒径来缩短 Na^+ 的扩散距离；另一种是表面包覆，增加其电子导电性。值得注意的是，在水系钠离子电池中，$NaTi_2(PO_4)_3$ 充放电的过电势比在有机体系中要小，这也说明 $NaTi_2(PO_4)_3$ 在水系电池中更有优势。Wu 等利用微波法合成了 $NaTi_2(PO_4)_3$，在 15.7mA/g 的电流密度下放电比容量为 85mA·h/g，为理论值（133mA·h/g）的 64%，但循环 20 次后容量衰减较快。Wu 等将碳纳米管与石墨作为碳包覆的碳源以及电极片中的导电添加剂，探寻在怎样的组合下 $NaTi_2(PO_4)_3$ 的水系钠离子电池的电化学性能最好。研究发现，包覆石墨和以碳纳米管为导电添加剂的组合所表现出来的电化学性能最佳，在 0.1C 的电流密度下，放电容量为 130mA·h/g，是理论值的 98%。就倍率性能而言，在 2C 的电流密度下，能达到理论值的 56%，以 1C 的电流密度循环 100 次后，容量保持率仍达 86%。Pang 等合成了与石墨烯的纳米复合结构，其中纳米尺度的磷酸钛钠分布在石墨烯片层上，形成一种混合的二维纳米结构。由于石墨烯非常好的电子导电性极高的比表面积，再加上 $NaTi_2(PO_4)_3$ 高的结晶性，使得这种结构展现出非常好的电化学性能。在 2C 和 10C 的电流密度下放电比容量分别达 110mA·h/g 和 65mA·h/g，在 2C 的电流密度下循环 100 圈后，容量保持率高达 95%。除了这些直接的碳包覆方法之外，科研人员希望通过多层的碳包覆，做出不同的包覆结构，希望能够得到更好的电化学性能。Zhao 等构建了一种三维分级多孔结构的 $NaTi_2(PO_4)_3$，这种结构拥有大的比表面积、稳定的整体结构和有效的离子传输通道。将表面包覆有纳米碳层的 $NaTi_2(PO_4)_3$ 嵌入到微米级别的碳网中，这种相连的结构会二次形成板状结构。二次形成的板状结构中分级的碳包覆构建了一种三维的多孔框架结构，形成了一种交联的电子导电通道。这种结构展现出了优越的电化学性能，倍率性能能够达到 50C，在 1C 的电流密度下放电比容量达 $119.4mA \cdot h/g$。Zhao 等构建了一种类似于青蛙卵形的分级碳包覆结构，"青蛙卵"包括内部的核与外部透明的状胶状物，内部充满 $NaTi_2(PO_4)_3$ 的碳球，与周围 $NaTi_2(PO_4)_3$ 和碳复合的骨架相互连接组成三维分级阵列。这种结构使电解液可以快速浸入并且能够实现快速的离子和电子传输。作为水系钠离子电池负极，表现出非常好的倍率性能与循环性能，在 20C 的电流密度下循环 2000 次后，容量保持率仍达到 84%。

(2) 氧化物　MoO_3 具有层状结构，有利于离子的嵌入和脱出，并且具有较高的理论的比容量 $(1111mA \cdot h/g)$，适合做负极材料，然而其电子电导率较低，结构不稳定。

Deng 等采用水热法合成了 $Na_2V_6O_{16} \cdot nH_2O$，该材料属于层状结构，$Na^+$ 位于层间，其形貌为沿 (010) 面生长的成束的纳米带。通过不同扫速的 CV，计算出 Na^+ 在材料中的扩散系数，发现 Na^+ 在材料中扩散得很慢，使其性能不好，氧化还原电位在 $-0.4V$ (SCE) 附近。CV 曲线上最开始的数次循环衰减得很快，利用非原位 XRD（X射线衍射）等检测方法发现，首次放电时形成的不可逆相是最初循环容量衰减的主要原因。

Qu 等以水热法成 $V_2O_5 \cdot 3.6H_2O$，分别探讨其在 $0.5mol/L$ Na_2SO_4、K_2SO_4、Li_2SO_4 电解液中电化学活性，发现在 K_2SO_4 溶液中表现出最佳的电化学性能，而且在 K_2SO_4 溶液中电荷转移电阻最小。通过非原位 XRD 检测方法分析是因为 K^+ 的离子直径最大电荷浓度最小，K^+ 与层间的相互作用最小，能够更顺利地脱出。

Vujkovi 等合成的 $Na_{1.2}V_3O_8$，具有较快的离子迁移速率和循环稳定性，在 $NaNO_3$ 水溶液中，电位值为 $-0.67V$ (SCE)，$100mA/g$ 电流密度下，可逆比容量为 $110mA \cdot h/g$。Wang 等合成了 Ti 取代的 $Na_{0.44}MnO_2[Na_{0.44}(Mn_{1-x}Ti_x)O_2]$ 作负极材料，比容量为 $37mA \cdot h/g$，通过 Ti 取代能够改变充放电平台，减轻电极极化，从而表现出较好的循环稳定性，2C 倍率下循环 400 次，没有明显的容量衰减。

(3) 普鲁士蓝化合物　鲁士蓝化合物因其众多优势吸引起了科研人员的兴趣，也有研究人员尝试选择一些类别的普鲁士蓝作为水系钠离子电池的负极材料。Pasa 等将含锰普鲁士蓝作为水系钠离子电池负极材料，合成方法为共沉淀法，经测试，合成的普鲁士蓝化合物化学分子式为 $K_{0.11}Mn[Mn(CN)_6]_{0.83} \cdot 3.64H_2O$，氧化还原电势为 $0.052V$ (SHE)，理论比容量为 $57mA \cdot h/g$。在不同的倍率下充放电曲线之间的极化很小，倍率性能很好。

6.4　水系锌离子电池

2009 年，清华大学的康飞宇等提出了一种二次水系锌离子电池，该电池以含 Zn^{2+} 的水溶液为电解液，采用 MnO_2 为正极，金属锌为负极，组成水系二次电池。这种电池具有廉价、环保的特点，其比容量已接近锰变价的理论值，在 $200 \sim 300mA \cdot h/g$ 之间。在充电时 Zn^{2+} 脱出 MnO_2 隧道并在负极表面沉积，放电时负极中的锌溶解为 Zn^{2+}，并嵌入到正极 MnO_2 的隧道中，因此也可把锌离子电池形象地比喻成"摇椅电池"，Zn^{2+} 在摇椅的两端，即在电池的正负极来回"奔跑"。

电极反应为

负极：
$$Zn \rightleftharpoons Zn^{2+} + 2e$$

正极：
$$Zn^{2+} + 2e + 2MnO_2 \rightleftharpoons ZnMn_2O_4$$

总反应：
$$Zn + 2MnO_2 \rightleftharpoons ZnMn_2O_4$$

其电化学原理如图 6-4 所示。

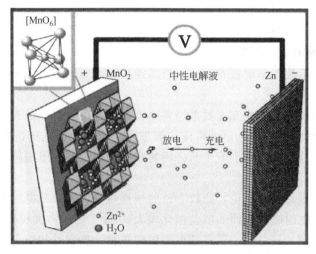

图 6-4 水系锌离子电池的电化学原理

6.4.1 水系锌离子电池负极材料

锌在金属元素电位序中的位置决定了其是非常好的电极材料。锌作为电极材料具有以下四方面优点。

① 资源丰富，成本低廉。锌在地壳中的含量为 0.013%，按元素的相对丰度排列，居于23 位。锌的市场价格不高，在世界金属产量中居第四位，仅排在铁、铝和铜之后。中国是锌资源丰富的国家，已探明的储量约占世界总储量的 1/4。

② 毒性低，导电性好。锌的毒性较低，Zn^{2+} 和锌的化合物对环境的污染性也比较小。此外在金属元素中锌的导电性比较好，其电阻率为 $5.91\mu\Omega \cdot cm$，而铜、铁、镍的电阻率分别为 $1.67\mu\Omega \cdot cm$、$9.71\mu\Omega \cdot cm$ 和 $6.84\mu\Omega \cdot cm$，可见锌的电阻率虽高于铜，但低于一般金属。

③ 平衡电位低，氢过电位高。锌的标准电极电位是 $-0.763V$，使得它与正极组成电池后的开路电压比较高。析氢电位在 1.2V 左右，与锡、铋等一样，属于析氢电位较高的金属，可以最大限度降低水的电解，减少氢的析出，这对于电池的循环寿命和性能稳定性非常重要。

④ 在水中的稳定性好，能量密度高。锌在水溶液中的稳定性较好，且在金属-空气电池体系中，锌的比能量最高，理论比容量可达 $820mA \cdot h/g$。金属铝、镁等虽然比能量很高，但在水溶液中极不稳定，易被腐蚀。

6.4.1.1 锌电极的制备

锌电极主要有三种：纯锌片电极、粉末多孔锌电极和锌镍合金电极。纯锌片电极的制备比较简单：纯度为 99.9% 的金属锌，经金相砂纸打磨后，用乙醇或去离子水冲洗干净，置于乙醇和丙酮 1：1 混合的溶液中超声清洗，再用去离子水或乙醇清洗，最后放入真空烘箱中烘干。

粉末多孔锌电极相比于纯锌片电极具有更高的比表面积，能够与电解液充分接触，更容易发生反应，从而提高锌的利用率。粉末多孔锌电极是将锌粉、导电剂（如活性炭、乙炔黑和碳纳米管等）以及黏结剂（聚偏氟乙烯和聚四氟乙烯）按照一定的比例混合，制备成厚度均一的电极片，主要有涂布法和研磨法两种。

锌镍合金电极是采用直流脉冲电镀的方法，在金属锌表面镀一层金属镍，降低金属锌表面的孔隙率和内应力，从而提高锌电极的抗腐蚀性。

6.4.1.2 二次锌电极存在的问题

锌的热力学性质活泼，锌电极有枝晶、自腐蚀和钝化等缺点，易导致电极失效或循环寿命降低。

（1）枝晶 二次锌基电池在充电时都经常面临此问题。在电池的充电过程中，电解液中的 Zn^{2+} 在锌电极表面还原沉积，形成树枝状沉积物，随着充放电的进行，这些沉积物迅速长大，形成锌枝晶。这些锌枝晶不断生长，极易刺穿隔膜引起电池短路，此外还降低了二次电池的可逆容量和循环寿命。

锌枝晶的形成机理有多种理论，比较一致的观点是，锌电极充电过程中的控制步骤主要为液相传质，由于充电时电极表面的浓差极化较大，Zn^{2+} 更容易沉积在电极表面的突起处，形成与基体结合力较弱的锌结晶，随着充电过程的进行，突起处的结晶不断生长，进而形成枝晶，所以充放电时电解液的较大浓差极化是造成枝晶形成的重要原因。

（2）腐蚀 锌电极无论是在碱性溶液还是在中性电解液中，都会发生腐蚀，其微观实质是锌电极在水溶液中形成了无数个腐蚀微电池，这些腐蚀微电池共同作用产生了锌的腐蚀。腐蚀使电池自放电，降低了锌的利用率和电池容量。锌的活性较高，在电池进行充放电循环或者静置的过程中都会与电解液中的水发生析氢反应。

$$Zn + 2H_2O \longrightarrow Zn(OH)_2 \downarrow + H_2 \uparrow$$

造成析氢反应的因素很多：充电过程中锌沉积造成的差别，如锌枝晶、晶间夹角和缺陷等；杂质的影响，特别是锌电极和电解液中存在的析氢过电位较低的杂质；锌电极表面的不均匀性，各点的电化学活性差别较大，活性不同的区域可分别构成阳极和阴极，形成许多腐蚀微电池，这些微电池共同作用不断产生氢气，当氢气积累到一定程度时就会发生"胀气"，严重影响二次电池的安全性能和循环寿命。

（3）钝化 锌电极的钝化是由于放电直接生成了难溶性 ZnO 或 $Zn(OH)_2$ 等阳极产物，覆盖在电极表面，影响了锌的正常溶解，使锌电极反应表面积减少，电极失去活性变为"钝态"。降低了锌电极的利用率，使电池的可逆容量和循环寿命减小。在中性电解液中，锌负极产物是难溶性的 $Zn(OH)_2$。为了减少锌电极的钝化，可采取改变锌电极结构的方法，采用多孔结构的锌电极，增加锌电极真实表面积，增大活性物质有效面积。

6.4.1.3 解决锌电极问题的途径

改善锌电池循环性能的方法主要有加入电极添加剂和电解液添加剂等。

（1）电极添加剂 电极添加剂分为三类，即电极结构添加剂、无机缓蚀剂和有机添加剂。电极结构添加剂不参与氧化还原反应，如乙炔黑、石墨、活性炭、纳米碳管等，可以改善锌电极的放电性能，抑制枝晶的产生。

无机缓蚀剂是指向锌电极中加入的金属、金属氧化物或氢氧化物，通过提高锌的析氢过电位达到抑制锌电极腐蚀的目的。这些金属、金属氧化物或氢氧化物的共同特点是：①提高了锌电极的析氢过电位和放电性能；②使锌电极的平衡电位负移。

早期人们采用汞和汞的氧化物来抑制锌电极的腐蚀及析氢，效果显著，但20世纪80年代之后，出于环保的角度，世界各国逐渐禁止此类添加剂的研究和使用。根据塔菲尔公式 $\eta = a + b*\lg i$，可用塔菲尔系数 a 的大小来判断析氢过电位的大小，a 值为 1.0～1.5V 的金属为高氢过电位金属，如 Pb、Cd、Zn、Sn、Bi 和 In 等。这些金属可提高锌电极的析氢过电位，从而抑制析氢反应的发生，此外它们在充电时比锌电极优先沉积，放电时一般不会溶解，因而可以有效抑制锌电极的腐蚀。

有机添加剂能改善充放电过程中锌的沉积和溶解，抑制锌枝晶的形成。某些有机添加剂还可以吸附在电极表面，改变锌电极的极化行为，使锌的腐蚀电位发生负移，减少析氢反应的发生。值得注意的是，电极添加剂的量要控制在一个合理的范围内，添加剂含量过少，抑制腐蚀的效果不明显；如果过多，反而会促进锌电极的腐蚀。

（2）电解液添加剂　电解液添加剂有两种：一种是无机添加剂，包括金属盐、氧化物和氢氧化物等；另一种是有机添加剂，主要是一些表面活性剂。无机添加剂既可以提高锌电极的析氢过电位，抑制它的腐蚀和析氢，又能降低电池的内阻，提高电极的利用率。研究表明，稀土无机缓蚀剂 Nd_2O_3、Ce_2O_3 和 In_2O_3 用盐酸处理后生成的 $NdCl_3$、$CeCl_3$ 和 $InCl_3$ 可在锌的表面形成水化氧化物膜，改变电极双电层电容，降低锌电极的腐蚀速率。Zhu 等采用超声注入的方法在锌粉表面沉淀一层铈盐膜，减少析氢腐蚀的效率为 90.9%，锌电极的循环性能也得到很好的改善。

在电解液添加剂的中，有机添加剂由于具有成本低、效率高等特点而格外引人注目。有机添加剂多数为表面活性剂，类型众多。它的缓蚀机理主要有以下两点：一方面，有机添加剂的亲水端吸附在电极表面形成隔离层，阻碍了溶剂在电极表面的集聚，减轻了锌的腐蚀；另一方面，改变了锌电极表面的电化学极化行为，使锌电极的平衡电位负移，从而起到抑制锌电极腐蚀的效果。

6.4.2　水系锌离子电池正极材料

水系锌离子电池的研究还处于起步阶段，目前报道的水系锌离子电池正极材料主要有锰基氧化物、钒基氧化物、普鲁士蓝化合物、聚阴离子化合物、谢弗雷尔相化合物、有机醌化合物等。

（1）锰基氧化物　锰（Mn）基氧化物具有成本低、储量丰富、对环境友好、毒性低、价态多样（Mn、Mn^{2+}、Mn^{3+}、Mn^{4+} 和 Mn^{7+}）等优势，近年来被认为是极具吸引力的储能材料。近期，锰基氧化物，包括不同晶体结构的 MnO_2、Mn_2O_3、Mn_3O_4、$ZnMn_2O_4$ 等，是水系锌离子电池最有前途的正极材料之一。

由于 MnO_2 的隧道状或层状结构，使得 Zn^{2+} 嵌入/脱出成为可能。早期报道的水系锌离子电池正极材料以 MnO_2 为主。MnO_2 材料家族具有多种晶型（例如 α、β、γ、δ、ε 和 λ 型 MnO_2），它们的结构取决于八面体基本单元 $[MnO_6]$ 之间的连接类型。α-MnO_2 具有双链结构，属于四方晶系，每个晶胞含有 8 个 MnO_2 分子，具有（1×1）和（2×2）的隧道结构，Zn^{2+} 可在其（2×2）的隧道内有快速可逆的嵌入和脱出行为。如图 6-5 所示为不同晶型二氧化锰的结构。

徐成俊等提出了锌离子电池的概念，采用 α-MnO_2 为锌离子电池的正极，0.1mol/L $Zn(NO_3)_2$ 溶液为电解液，在不同电流密度下进行充放电，结果表明，锌离子电池有良好的倍率性

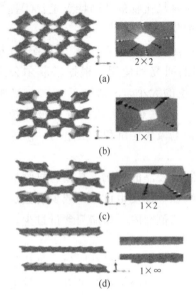

图 6-5　不同晶型二氧化锰的结构
A—α-MnO$_2$；B—β-MnO$_2$；
C—γ-MnO$_2$；D—δ-MnO$_2$

能。同时，在 0.5C 倍率下，锌-二氧化锰水系电池第一次的放电比容量为 210mA·h/g，高于一次碱性锌锰电池（125mA·h/g）。在 6C 倍率下，循环 100 次后，放电比容量约为 70mA·h/g，容量保持率接近 100%。

Lee 等对锌-二氧化锰水系电池容量衰减快的原因进行进一步研究，采用 α-MnO$_2$ 为锌离子电池的正极，1mol/L ZnSO$_4$ 溶液为电解液，在 C/20 倍率下循环 30 次，第一次放电比容量为 194mA·h/g，第二次放电比容量为 205mA·h/g。在 CV 循环曲线图中，在 1.3V 处有一个明显的平台。而在锌离子电池充放电过程中，在锌负极的非原位 XRD 图谱中发现，放电到 0.7V，α-MnO$_2$ 相消失。充电到 1.9V 后，α-MnO$_2$ 重新出现，这说明该过程是可逆的。

在放电过程中，正极材料 α-MnO$_2$ 转变为三斜晶系锌锰矿，当放电电压继续降低时，锰的平均价态基本保持不变，一些 Mn^{2+} 进入电解质中，α-MnO$_2$ 电极中产生 Mn 空位，α-MnO$_2$ 中的 Mn^{4+} 失去电子变为 Mn^{3+}，然后 Mn^{3+} 发生歧化反应变为 Mn^{4+} 和 Mn^{2+}。

γ-MnO$_2$ 属于斜方晶系，每个晶胞有 4 个 MnO$_2$ 分子。γ-MnO$_2$ 中软锰矿（1×1）隧道与斜方锰矿（1×2）隧道，晶胞不规则交替生长，使晶体中具有大量的缺陷（如堆垛层错、非理想配比、空位等），因此 γ-MnO$_2$ 在水系电池中具有良好的性能。Alfaruqi 等采用 γ-MnO$_2$ 为锌离子电池正极，研究了 γ-MnO$_2$ 在锌离子电池电化学反应过程中的结构转变。在充放电过程中，Zn^{2+} 嵌入 γ-MnO$_2$ 中，尖晶石型 Mn(Ⅲ)相 ZnMn$_2$O$_4$ 转变为两个新的 Mn(Ⅱ)相，即隧道式 γ-Zn$_x$MnO$_2$ 和分层型 L-Zn$_y$MnO$_2$，并且这些相在 γ-MnO$_2$ 结构中共存。在 Zn^{2+} 脱出时，不同锰氧化物相又恢复为 γ-MnO$_2$。

众所周知，具有尖晶石结构的 ZnMn$_2$O$_4$ 已被广泛用作锂离子电池负极材料。然而，2016 年，程方益等人第一次发现具有缺陷尖晶石结构的 ZnMn$_2$O$_4$ 可作为水系锌离子电池的理想正极材料之一。该材料在 Zn(CF$_3$SO$_3$)$_2$ 电解质溶液中具有良好的循环稳定性，在 500mA/g 的电流密度下循环 500 次后，容量保持率高达 94%。在 Zn^{2+} 脱嵌过程中，Zn^{2+} 从四面体的 4a 位置迁移到另外一个 4a 位置，途经未占据四面体的 8c 位，受到邻近四面体 8d 位置上锰的静电排斥。因此，具有锰缺陷尖晶石的 ZnMn$_2$O$_4$ 有利于 Zn^{2+} 的可逆脱嵌。吴贤文等通过碳微球模板溶剂热法合成了中空多孔 ZnMn$_2$O$_4$，向电解液中加入硫酸锰后，该材料具有优异的倍率性能和循环稳定性。同时，吴贤文等采用微乳液辅助溶剂热法合成了球形 ZnMn$_2$O$_4$/Mn$_2$O$_3$ 的复合物，该复合材料循环 300 次后放电比容量仍然高达 111.9mA·h/g，并证实了 ZnMn$_2$O$_4$ 和 Mn$_2$O$_3$ 两种材料的协同效应。

此外，Kang 等人通过探索另外两种锰氧化物 α-Mn$_2$O$_3$ 和 Mn$_3$O$_4$，进一步丰富了锰基正极材料家族。而且 Liang 等人证明 Mn$_3$O$_4$ 与三维（3D）导电基底相结合可以提高其倍率性能和循环性能。

（2）钒基氧化物　V$_2$O$_5$ 是一种层状结构的金属氧化物，近年来已成为二次电池的研究热点之一，尤其是以 V_2O_5 制备的二次锂离子电池正极材料。由于 Zn^{2+} 半径（0.074nm）只比 Li^+ 半径（0.068nm）稍大，且外层 3d 电子使它具有较大的变形性，因此 Zn^{2+} 可以在 V_2O_5 晶格中脱嵌。Nazar 等构建了一种层状氧化钒青铜（$Zn_{0.25}V_2O_5 \cdot nH_2O$），其中层间的金属 Zn^{2+} 和结构水在循环过程中起到稳定结构的作用。$Zn/Zn_{0.25}V_2O_5 \cdot nH_2O$ 电池在 300mA/g 的电流密度下其放电比容量高达 282mA·h/g，平均工作电压约为 0.9V。结构水分子通过可逆的膨胀和收缩 $Zn_{0.25}V_2O_5$ 的层间距，从而促进 Zn^{2+} 的嵌入/脱出，因此改善了其动力学扩散过程和电池的倍率性能。

此外，其他金属钒酸盐，例如，$Zn_3V_2O_7(OH)_2 \cdot 2H_2O$、$Ca_{0.25}V_2O_5 \cdot nH_2O$、$LiV_3O_8$、$NaV_3O_8 \cdot 1.5H_2O$、$Na_2V_6O_{16} \cdot 1.63H_2O$、$Na_{1.1}V_3O_{7.9}$、$Na_{0.33}V_2O_5$、$Na_5V_{12}O_{32}$、$K_2V_8O_{21}$、$Zn_2V_2O_7$、$Mo_{2.5+y}VO_{9+z}$、$Li_xV_2O_5 \cdot nH_2O$、$Ag_{0.4}V_2O_5$、$VO_2$、$V_3O_7 \cdot H_2O(H_2V_3O_8)$ 等，由于它们具有层状或隧道结构，近年来作为水系锌离子电池正极材料得到广泛研究。

然而，尽管它们具有优异的电化学性能，但它们大多数都受到 Zn^{2+} 与宿主晶格之间强静电相互作用，这种相互作用会导致 Zn^{2+} 扩散较慢，并在宿主晶格中捕获一定量的 Zn^{2+}，或形成含锌的钒化合物相。因此，钒基化合物作为水系锌离子电池正极材料有待深入研究。

（3）普鲁士蓝化合物　近年来，普鲁士蓝衍生物（PBAs）作为电极材料被广泛研究。普鲁士蓝衍生物的框架结构不仅能承受 Li^+、Na^+ 或 K^+ 等一价碱金属离子的脱嵌，而且能承受二价或三价金属离子如 Zn^{2+}、Mg^{2+} 和 Al^{3+} 的脱嵌。其中，将金属铁氰化物作为锌离子电池正极材料已取得了一系列较好的成果。

Trocoli 等以铁氰化铜（CuHCF）为正极，20mmol/L $ZnSO_4$ 水溶液为电解液，锌片为负极，组装成锌离子电池，研究 Zn^{2+} 嵌入与脱出对铁氰化铜层间的影响及锌电极表面析氢反应情况。当 Zn^{2+} 被嵌入到 CuHCF 中，两个低自旋 Fe（Ⅲ）同时转换成低自旋 Fe（Ⅱ），且水系二次锌离子电池在不影响电极材料的稳定性的前提下可以迅速充放电。

Gupta 等以铁氰化铜（CuHCF）为正极，双离子水溶液（1mol/L $ZnSO_4$ 和 0.01mol/L H_2SO_4）为电解质，分别采用普通 Zn 片和 HD-Zn（hyper-dendritic zinc）为电池负极组装成锌离子电池，进行了电化学性能的对比分析。随着循环次数的增加，HD-Zn 比普通 Zn 片做负极时电池的循环性能更好。

刘兆平等以亚铁氰化锌（ZnHCF）为锌离子电池正极，以 0.5mol/L Na_2SO_4、0.5mol/L K_2SO_4 和 1mol/L $ZnSO_4$ 为电解液，在 2mV/s 扫描速度下采用不同电解液研究了锌离子电池的循环伏安曲线。结果表明：电解液中离子半径的不同，会导致锌离子电池的电压平台的不同。

此外，具有 NASICON 结构的 $NaV_2(PO_4)_3$、谢弗雷尔相化合物 $M_xMo_6T_8$（M＝金属；T＝S、Se、Te）、有机醌化合物作为水系锌离子电池正极材料也引起了科研人员的广泛关注。

总之，目前水系锌离子电池的研究受到一定的局限性，Zn^{2+} 的嵌入和脱出对电极材料的要求不同于一价碱性金属离子。多价离子的扩散系数一般比单价离子大，多价离子的电荷迁移速率通常比一价离子快。与一价离子相比，大多数多价离子嵌入正极材料的晶体结构中需要的结合能更低，因此，能够进行快速充电。水系锌离子电池正极材料需要有隧道结构或层间距较大的电极材料，如过渡金属氧化物中的层状钒氧化物、钼氧化物和锰氧化物等。

水系锌离子电池的研究还处于起步阶段，负极金属锌电极主要存在枝晶、自腐蚀、钝化等问题，可采用加入电极添加剂、电解液添加剂和金属表面改性等方法解决。目前，关于锌离子电池的正极材料的研究不多，因此，高性能电极材料的选择也是实现二次锌离子电池推广应用的技术关键。另外，水溶液锌离子电池体系中的反应机理复杂且存在争议，目前涉及的反应机制有三种：Zn^{2+} 的嵌入与脱出、化学转化反应、H^+/Zn^+ 的共嵌入与脱出。需进一步深入研究，揭示其电化学储能的本质。

6.5 混合水系电池

2012 年，加拿大滑铁卢大学 Pu Chen 课题组创新性地提出了一种新型的混合水系锂离子电池（rechargeable hybrid aqueous batteries，Re HABs）。与其他水系锂离子电池不同的是，该电池的正极采用嵌锂化合物 $LiMn_2O_4$，负极采用金属锌。在选择电解液时改变了之前的中性或碱性体系，选用了 pH 值为 4.00 且包含了 3mol/L LiCl 和 4mol/L $ZnCl_2$ 的水溶液，这种电池具有较高的比能量（50～80W·h/kg）和良好的循环性能，该电池经过 1000 次循环后，容量保持率仍然高达 90%。充放电时，负极发生可逆的 Zn^{2+} 沉积与溶解反应，正极发生 Li^+ 的可逆脱嵌反应。其具体的反应机理如图 6-6 所示。

针对 $LiMn_2O_4/Zn$ 体系，研究表明：在充电末期，存在 Zn^{2+} 沉积和析氢的竞争反应；锌作为负极，自腐蚀现象严重；锌表面不平整，会增大电极极化，降低锌的沉积溶解效率；锌沉积速率较快，扩散速率较慢，后期沉积的锌还容易在原有锌上继续沉积，导致枝晶形成，这些因素均使电池综合电化学性能不理想。

随后，针对混合水系电池正极材料的研究，除 $LiMn_2O_4$ 之外，科研人员还报道了 $LiFePO_4$、$LiNi_{1/3}Co_{1/3}Mn_{1/3}O_2$、$Na_3V_2(PO_4)_3$ 等。2016 年，吴贤文等还通过溶胶-凝胶法合成了 $Na_{0.44}MnO_2$ 用于混合水系电池体系中。H_2/O_2 析出电位与溶液 pH 值之间的关系如图 6-7 所示。

在电解液方面，卢昶雨采用二氧化硅与聚乙烯醇胶体电解液，减少电池运行中水溶液的蒸发，保护电池的正负极材料，提高电池的循环性能，降低电池的自放电率和浮充电流。吴贤文还通过向电解液中加入硫脲改善了锌的沉积溶解效率。

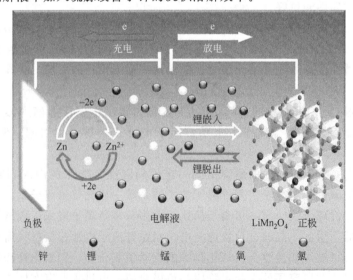

图 6-6　混合水系锂离子电池的反应机理

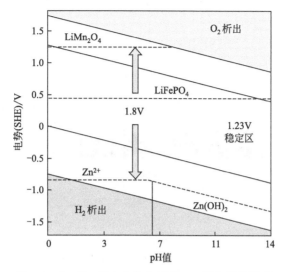

图 6-7　H_2/O_2 析出电位与溶液 pH 值之间的关系

参考文献

[1]　易金，王永刚，夏永姚.水系锂离子电池的研究进展 [J].科学通报，2013，58（32）：3274-3286.
[2]　陈胜尧.水系可充锂离子电池嵌锂化合物的修饰及电化学性能研究 [D].南京：南京航空航天大学，2009.
[3]　卢昶雨.混合水系锂离子电池二氧化硅胶体电解液的性能研究 [D].西安：长安大学，2016.
[4]　周东慧.钒酸钠纳米线作为水系锂离子电池负极材料的研究 [D].长沙：中南大学，2013.
[5]　林月.$Li_3V_2(PO_4)_3$ 基正极材料在水系电解液中的性能研究 [D].哈尔滨：哈尔滨工业大学，2015.
[6]　刘丽丽.纳米钒酸锂及其改性材料作为水溶液可充电锂电池负极材料的研究——理论基础 [D].上海：复旦大学，2015.
[7]　罗加严.水系锂离子电池和电极材料的研究 [D].上海：复旦大学，2009.
[8]　申亚举.水系锂离子电池负极材料 $LiTi_2(PO_4)_3$ 的制备及性能研究 [D].沈阳：沈阳理工大学，2015.
[9]　王旭炯.新型水溶液可充锂电池的研究 [D].上海：复旦大学，2013.
[10]　张争.钒硅复合材料作为水系锂离子电池负极材料的应用 [D].兰州：西北师范大学，2016.
[11]　尚校.钒酸锂基水系锂离子电池负极材料的研究 [D].唐山：华北理工大学，2016.
[12]　李小成.钠超离子导体材料在水系钠离子电池中的储钠性能研究 [D].武汉：华中科技大学，2016.
[13]　李洪飞.锌离子电池锌负极材料的制备及性能研究 [D].深圳：清华大学深圳研究生院，2012.
[14]　李欣.水系二次电池 MnO_2 正极材料的制备及性能研究 [D].北京：北京化工大学，2016.
[15]　宋静丽.水系二次电池锰酸钠正极的制备及性能的研究 [D].北京：北京化工大学，2016.
[16]　杨汉西，钱江锋.水溶液钠离子电池及其关键材料的研究进展 [J].无机材料学报，2013，28（11）：1165-1171.
[17]　陈丽能，晏梦雨，梅志文等.水系锌离子电池的研究进展 [J].无机材料学报，2017，32（3）：225-234.
[18]　Yan J，Wang J，Liu H，et al. Rechargeable hybrid aqueous batteries [J]. Journal of Power Sources，2012，216：222-226.
[19]　Wu X W，Li Y H，Xiang Y H，et al. The electrochemical performance of aqueous rechargeable battery of Zn/$Na_{0.44}MnO_2$ based on hybrid electrolyte [J]. Journal of Power Sources，2016，336：35-39.
[20]　Wu X W，Li Y H，Li，C C，et al. The electrochemical performance improvement of $LiMn_2O_4$/Zn based on zinc foil as the current collector and thiourea as an electrolyte additive [J]. Journal of Power Sources，2015，300：453-459.

第7章

全钒液流电池

7.1 全钒液流电池概述

能源是满足社会发展和人民生活的物质基础。工业革命后，人类对煤和石油等化石能源的需求不断扩大，然而化石能源存储有限、不可再生，人们日益增长的需求导致化石能源逐渐枯竭，并且化石能源燃烧排放的 CO_2、SO_2 等气体会造成气候变暖、沙尘暴以及环境污染等问题。现阶段，电能需求量以每年 3% 的速度增长。科学家预测大约 40 年后，传统化石能源将不能满足巨大的电力需求。并且预计到 21 世纪中期，全球化石能源将几乎被消耗殆尽。因此，许多国家早已重视可再生能源的开发利用。20 世纪 80 年代世界环境与发展委员会提出了可持续发展道路。国家计委、国家科委和国家经贸委于 1995 年明确了要加快新能源及可再生能源的发展与产业建设，并制定《1996～2010 年新能源和可再生能源发展纲要》。国家发展和改革委员会于 2016 年 12 月正式发布了《可再生能源发展"十三五"规划》，旨在促进可再生能源产业持续健康发展。

目前，大力发展的新能源主要包括风能、太阳能和核能等。可再生能源发电受时间和气候条件影响，导致电源具有间断性，电网不稳定，降低了能量转换率，很大一部分能源被浪费。因此，寻找到性能优良、适合大型储能的新型储能设备迫在眉睫。全钒液流电池具有容量大、效率高等优点，可以对火电和核电系统进行调峰，电厂在额定工况下发电，可得到较高的能量转换效率，同时可以降低电的价格。还能将生产过剩的电能储存起来，需要时再释放出能量，节约大量能源。目前，储能技术可以分为物理储能、化学储能和超导储能，表7-1 列举了几种不同储能技术的类别和特点。

表 7-1 几种不同储能技术的类别和特点

分类	储能技术	优点	缺点
化学储能	铅酸电池	成本低	寿命短;污染环境;需要回收
	锂离子电池	能量密度和功率密度高	安全性差;寿命短
	液流电池	容量大;安全性高;灵活性高;功率和容量独立设计	能量密度低;成本高
	钠硫电池	能量密度和功率密度高;使用寿命长	运行温度高;安全性差;成本高

分类	储能技术	优点	缺点
物理储能	扬水储能	容量大;技术成熟;成本低	受地理位置限制
	压缩空气储能	容量大;成本低;寿命长	受地理位置限制;需要气体燃料
	飞轮储能	容量大;功率高	对材料和运行环境要求高;能量密度低
超导储能	超导储能	功率高;损耗小	能量密度低;成本高;需要在低温下运行
	超级电容器储能	功率大;寿命长	成本高;能量密度低;放电时间短

钒位于元素周期表 d 区第四周期第ⅤB族,是一种过渡金属元素,常温下为银白色金属,耐酸和耐腐蚀性能强,常用作不锈钢添加剂。钒在地壳中丰度为 $1.35×10^{-7}g/t$,比铬、镍、锌、铜等丰度高。据统计,目前世界钒储量约 15980 万吨,主要集中在南非、俄罗斯、美国、中国及其他少数几个国家,其中我国占 11.6%。全球钒资源 98% 来自钒钛磁铁矿,我国钒钛资源遍布 20 多个省,主要分布在四川攀西地区和河北承德地区,其中以攀西钒钛磁铁矿资源最为丰富,我国钒资源储量大这一优势为我国发展全钒液流电池储能产业创造了先天条件。

7.1.1 全钒液流电池的结构及工作原理

全钒液流电池(vanadium redox flow battery,VRFB)简称钒电池,这一概念于 1985年由澳大利亚新南威尔士大学(UNSW)的 Skyllas-Kazacos 教授团队提出。1986 年,UNSW 对正极和负极的反应过程以及高浓度电解液的制备等问题进行了深层次研究,并申请了全钒液流电池专利,对全钒液流电池推广运用具有深远的影响。

全钒液流电池的结构可分为静止型和流动型两种,静止型电池中电解液静止,向正、负极室中通入惰性气体(一般为 N_2),在减小电解液浓差极化的同时可避免 V^{2+} 被氧化。但是静止型电池自身具有两个弊端:一是静止电解液导致浓差极化较大;二是电解液存储在体积有限的电极极室内,使得电池容量较小。流动型电池除本身结构与静止型电池基本相同外,在正极和负极分别增加了一个储液罐及泵。电池运行时,泵将储液罐中的电解液输送到正、负半电池内部,使整个电池电解液保持持续流动状态。流动型电池完美地解决了静止型电池浓差极化大和储能容量有限的缺陷,但不足之处是外接泵会消耗电池能量,占总体能量的 2%~3%。全钒液流电池主要由电解液、电极、质子交换膜、双极板和集流体等组成,全钒液流电池结构如图 7-1 所示。

钒的外层价电子结构为 $3d^3 4s^2$,其性质较活泼,很容易失去电子形成 +2、+3、+4、

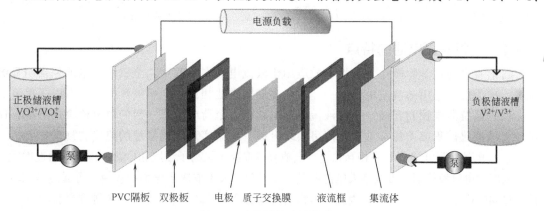

图 7-1 全钒液流电池结构

+5 四种价态的钒离子。正负极电解液由不同价态钒离子电对构成，分别储存在两个储液罐里，正极为 V^{4+}（酸性条件下以 VO^{2+} 形式存在）/V^{5+}（酸性条件下以 VO_2^+ 形式存在）电对的硫酸溶液，负极为 V^{2+}/V^{3+} 电对的硫酸溶液。选择性质子交换膜将正负极半电池分隔开，起到防止正负极电解液交叉污染的作用，另外对质子具有选择透过性，使电池形成完整回路。电极一般选择碳基材料，最常见电极材料为石墨毡和碳毡等。集流体用来导入和导出电流。双极板置于电极和集流体之间，避免集流体被腐蚀，全钒液流电池工作原理如图 7-2 所示。

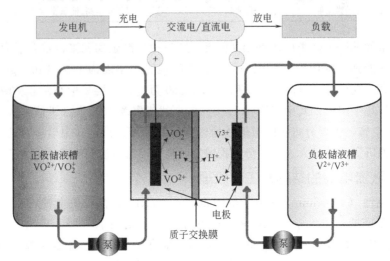

图 7-2 全钒液流电池工作原理

正负极电解液分别储存在两个储液罐中，电池处于工作状态时，电解液循环流动，先通过泵被传送至电极隔层，活性物质在电极表面发生氧化还原反应，再流回泵中。正负电极室由选择性质子交换膜隔开，电池内部通过 H^+ 导电，外部电子通过导线导电。H^+ 通过质子交换膜从正极流入负极，以维持电解液电荷平衡。根据能斯特方程，电池电动势随着电解液中钒离子浓度增大而增大，因此实际开路电压大于 1.26V。全钒液流电池充放电时，正极和负极发生的氧化还原反应以及总反应方程式如下。

正极：
$$VO^{2+}+H_2O \underset{\text{放电}}{\overset{\text{充电}}{\rightleftharpoons}} VO_2^+ +2H^+ +e \qquad E^\theta = 1.00V$$

负极：
$$V^{3+}+e \underset{\text{放电}}{\overset{\text{充电}}{\rightleftharpoons}} V^{2+} \qquad E^\theta = -0.26V$$

总反应：
$$VO^{2+}+V^{3+}+H_2O \underset{\text{放电}}{\overset{\text{充电}}{\rightleftharpoons}} VO_2^+ +V^{2+} +2H^+ \qquad E^\theta = 1.26V$$

7.1.2 全钒液流电池的特点

目前有多种化学物质作为活性物质应用于液流电池中，其中，全钒液流电池凭借明显的优势，成为广泛应用的液流电池之一。与众多储能电池相比，全钒液流电池具有以下优势。

（1）系统易维护和升级 全钒液流电池电堆由多个荷电状态一致的单电池叠加形成，通过加大储液罐体积或增加电堆数量即可实现升级，易于实现储能系统的集成和规模扩大。

（2）电池容量和输出功率相互独立 电池容量取决于钒离子浓度和电解液体积，通过增大钒离子浓度和电解液体积，可以增大电池容量。输出功率大小取决于电堆的规模，可通过增加单电池数量和电极面积来增大功率。因此，全钒液流电池可以根据需求灵活调节电池容量和功率。

（3）可深度充放电 电解液中的活性物质均以离子形式存在，在电池充放电时不会发生相变，因此，电池可深度放电而不伤害电池本身。

（4）响应速度快　响应时间只需几毫秒。

（5）环境友好，安全性能高　全钒液流电池在工作状态和静置时，都以不同价态钒离子溶液存在，没有其他毒副物质产生。并且整个电池在室温下工作，处于全封闭状态，不会发生爆炸、燃烧等问题，因此，电池系统十分安全。

（6）易于判断电池状态　不同价态钒离子呈现不同颜色，V^{2+} 呈紫色，V^{3+} 呈绿色，VO^{2+} 呈蓝色，VO_2^+ 呈黄色。因此可以根据电解液颜色大致估计出电池充放电状态。

（7）寿命长　电池在工作时发生的氧化还原反应是可逆的，由于正负极电解液为不同价态的钒离子溶液，从而避免了电解液的交叉污染，电解液易于再生利用。全钒液流电池充放电循环寿命在 10000 次以上，使用寿命长达 20～30 年，远超过其他储能电池。

但是，在全钒液流电池的开发和应用中，仍然存在着制约其发展的问题，具体如下：

① 全钒液流电池的能量密度较低，系统体积和质量较大，目前只能应用于可再生能源储能或被连接到发电厂和电网，不适合用于移动电源和动力电池；

② 电池对密封和组装要求高，密封不好易使电解液泄漏或让空气进入电池内部，引发副反应；

③ 电池用的选择性质子交换膜对钒离子有一定的渗透性，在长期运行中引发正负极活性物质发生渗透，从而减少电池寿命，另外，常用的隔膜为 Nafion 系列膜，价格昂贵，增加生产成本；

④ 电池运行温度受限，温度过高时五价钒（VO_2^+）容易析出，温度过低时二价钒（V^{2+}）不能稳定存在；

⑤ 高浓度钒电解液的制备、电极材料电化学活性的提高等问题也亟待解决。

7.1.3　全钒液流电池的应用

全钒液流电池因具有安全性好、能量效率高、设计灵活、寿命长和无污染等优点，在很多领域拥有巨大的发展前景和潜在市场，主要应用在以下几个方面：

① 作为储能装置，用于偏远地区供电系统和可再生能源发电系统，解决发电的不连续性、不稳定性，提高电能利用率，目前已具有兆瓦级储能系统；

② 用于电网调峰，提高电力系统运行的稳定性，提高能量转换率，节约能源；

③ 作为应急电源，用于政府、医院、社区等，解决用电高峰电力供应不足的问题；

④ 作为供电系统，用于军事基地、电信通信基站、铁路信息指示等。

7.2　全钒液流电池的研究进展

7.2.1　全钒液流电池国内的研究进展

美国航天局于 1976 年首先发现钒可以作为液流电池的活性物质。20 世纪 80 年代，UNSW 的 Skyllas-Kazacos 教授团队最先研发出全钒液流电池，并获得全钒液流电池专利，在全世界产生了较大的影响。我国全钒液流电池研究始于 90 年代初，对电池电堆、电解液、电极和隔膜等材料相继进行了研究，中国工程物理研究院电子工程研究所、中南大学、中国科学院大连化学物理研究所、北京普能世纪科技有限公司、清华大学、北京科技大学、东北大学、四川攀钢研究院等科研院所和企业对全钒液流电池进行了研究，到 21 世纪初达到研究高潮。

孟凡明和崔艳华等最早对全钒液流电池进行了研究，分别对电解液稳定性、质子交换膜和电池结构等多个问题进行了不同程度的研究，并先后开发了 20W、50W、250W、1000W 的全钒液流电池样机。

中国地质大学彭声谦和北京大学杨华栓等从石煤中提取出 V_2O_5 制备 $VOSO_4$，对传统制作流程进行了改进，成功找到了符合我国国情、工艺简单、低成本的 $VOSO_4$ 制备方法，并对组装的全钒液流电池进行了充放电实验，能量效率可达 80%，能量密度约为 32W·h/kg，充放电深度均可达 90%。

中国科学院大连化学物理研究所（以下简称大连化物所）从 2002 年起对全钒液流电池展开研究，在电解液、电极、密封结构和循环测试等方面均有较深入的研究探索，现处于国内领先水平，为我国全钒液流电池商业化进程打下坚实基础。大连化物所张华民团队在开发全钒液流电池的过程中，申报国家发明专利 48 项，形成了较完整的自主知识产权体系。2005 年，在国家科技部"863 计划"的支持下，大连化物所成功开创出当时国内规模最大的 10kW 全钒液流电池储能系统，迈出了全钒液流电池储能技术应用的第一步。2006 年，研制的 10kW 级样机在 80mA/cm² 电流密度下能量效率能够达到 80%，输出功率最大达到

图 7-3　大连化物所与融科公司共同开发的
260kW 全钒液流电池储能系统

25kW，标志着我国全钒液流电池系统取得阶段性进步。2008 年，他们成功开发出当时国内首台最大规模的 100kW/200kW·h 全钒液流电池储能系统，用来检测将全钒液流电池并网后整个电网是否能长期稳定运行，在当时属于国内领先水平。2009 年 7 月在西藏安装了一套"太阳能光伏系统与 5kW/50kW·h 液流储能电池联合供电系统"，该系统在无人看守维护的情况下，平稳运行 1 年多，充分验证了该系统的稳定性。2010 年，大连化物所与融科公司共同开发了一套 260kW 全钒液流电池储能系统示范工程，见图 7-3。2013 年，大连化物所

与融科公司共同开发的 5MW/10MW·h 全球最大规模全钒液流电池储能系统应用示范工程全面投入行动，并通过验收。

2008 年，全球最大全钒液流电池公司（加拿大 VRB 公司）被北京普能世纪科技有限公司收购，全钒液流电池相关的核心技术和生产线被迅速转移到中国。北京普能世纪科技有限公司在全钒液流电池的电堆集成技术、关键材料研发技术以及电解液制备技术方面取得了显著成果，占据国际领先地位。

7.2.2　全钒液流电池国外的研究进展

自 20 世纪 80 年代 UNSW 的 Skyllas-Kazacos 团队提出全钒液流电池这一概念后，Sum 等于 1985 年对石墨电极上 VO^{2+}/VO_2^+ 和 V^{2+}/V^{3+} 电对的电化学行为进行了研究，实验表明，钒离子电对在石墨电极上具有电化学活性，从理论上证明了钒离子作为活性物质应用于液流电池的可行性。Skyllas-Kazacos 团队对全钒液流电池关键材料进行了深入研究，1986 年，用浓度为 2mol/L H_2SO_4+0.1mol/L V^{3+}+0.1mol/L VO^{2+} 混合溶液组建了世界上第一个静态电池，其展现了良好充放电性能，并获得专利。1987 年，该团队成功组装出一个动态电池，总体能量效率达 73%。UNSW 于 1993 年首次成功将全钒液流电池运用在实际应

用中，将储存的太阳能转化成电能，再供给房屋使用。1994 年，成功将研发出的 1kW 全钒液流电池用在高尔夫球场的电动车上，同年，Menictas 等将研发的功率高达 42kW 的全钒液流电池用作潜水艇的备用电源。80 年代中期，日本一些企业也对全钒液流电池做了大量研究，并取得了一系列成就。日本住友电工与关西电力公司于 1985 年合作研发全钒液流电池，将全钒液流电池用于电站调峰。UNSW 于 1997 年授权日本 Mitsubishi Chemicals 和 Kashima-Kita Electric Power Corporation 公司，建成一个 200kW/800kW·h 全钒液流电池用于电网调峰储能系统，平均能量效率达 80% 左右。1997 年 9 月，住友电工在鹿岛电厂建成调峰用 800kW·h 级全钒液流电池电站，循环周期达 650 次，表明全钒液流电池具有实现商业化的潜力。2001 年，日本首次将 250kW/520kW·h 的全钒液流电池投入商业运营，除电池隔膜外的其他材料均可以长期循环使用，这推动了日后全钒液流电池商业化进程。加拿大 Vanteck 公司于 2001 年并购澳大利亚 Pinnacle 公司，因此获得了全球范围内全钒液流电池的核心专利权，2002 年更名为 VRB Power Systems 公司，然后在世界多个国家和地区建设了商业全钒液流电池储能系统，为全钒液流电池商业化推广做出了巨大贡献。2003 年，VRB Power Systems 公司为澳大利亚的塔斯马尼亚岛（Hydro Tasmania）研发组装了一套 250kW/1 MW·h 的储能系统应用于风能储能，使风能发电系统更加平稳和持续地为用户供电，替代柴油发电系统，节省燃料费用，减少环境污染。表 7-2 列举了部分国内外全钒液流电池示范应用概况。

表 7-2　部分国内外全钒液流电池示范应用概况

项目地点	配置规模	用途	时间
泰国	5kW/12kW·h	光伏储能	1993 年
南非 Eskom 电力公司	250kW×2h	斯坦林布什大学电站调峰演示系统	2001 年
澳大利亚塔斯马尼亚岛	200kW×4h	风能、柴油发电机、全钒液流电池混合供电系统	2003 年
美国	250kW/2MW·h	边远地区供电	2004 年
美国南加利福尼亚州空军基地	30kW×2h	战术雷达系统备用电源	2005 年
意大利	5kW×4h	电信备用电源	2006 年
爱尔兰风场	2MW×6h	风/储能电并网	2006 年
美国佛罗里达州	2×5kW×4h	光伏/储能发电	2007 年
中国大连融科储能	260kW/5MW·h	储能	2010 年
日本住友公司	1MW/5MW·h	电场储能	2012 年
中国大连融科储能	5MW/10MW·h	电场储能	2013 年
中国大连融科储能	3MW/6MW·h	风能联用储能	2014 年

至今，国内外企业、研究所等对全钒液流电池的研发已近 40 年，全钒液流电池已逐渐运用到储能、发电、通信和电网调峰等方面并且取得了良好的效果。全钒液流电池已经在美国、日本、澳大利亚以及欧洲等发达国家和地区取得了较为普遍的应用，电堆功率最高已达兆瓦级。当前，我国全钒液流电池技术日渐成熟，千瓦级产品已经进入产业化生产阶段，但大多成果仅仅处在商业化示范运行阶段，还不能大量投入到实际生产运用中。不过随着研究的深入，当相关技术难题被攻克后，全钒液流电池必将在国内得到广泛应用。

7.3　电解液

电解液作为全钒液流电池核心组成部分，对全钒液流电池性能至关重要。活性物质浓度和电解液体积直接决定电池的总容量。全钒液流电池电解液由两部分组成，正极电解液对应 VO^{2+}/VO_2^+ 电对，负极电解液对应 V^{2+}/V^{3+} 电对。电解液活性物质仅由一种金属元素组成，可以有效避免正负极电解液交叉污染，理论上可永久使用。

7.3.1 电解液的制备

Skyllas-Kazacos 团队最早提出用硫酸溶解 $VOSO_4$ 的方法来制备 V(Ⅳ)电解液。但是，由于 $VOSO_4$ 生产成本较高，限制了其在全钒液流电池中大规模应用。此后，许多科研人员对钒的氧化物和钒酸盐进行了大量研究，开发了多种钒电解液制备方法。目前，化学法和电解法是常用的钒电解液制备方法。

化学法是将高价钒氧化物和钒酸盐在还原剂的作用下还原为所需价态的钒离子溶液。常用的还原剂有 S、H_2SO_3、V_2O_3、草酸等。化学法主要包括下列几类。

(1) S、H_2SO_3 还原 V_2O_5　加热条件下，将 V_2O_5 与浓硫酸混合，在还原剂单质 S 或 H_2SO_3 的作用下将 V_2O_5 还原，获得 V(Ⅲ)和 V(Ⅳ)电解液。

(2) V_2O_3 还原 V_2O_5　将 V_2O_5 和 V_2O_3 直接溶于硫酸溶液中，利用 V_2O_3 和 V_2O_5 的氧化还原反应，制备得到 V(Ⅲ)和 V(Ⅳ)混合电解液。

(3) 还原性气氛还原高价钒氧化物　将 V_2O_5 在中性或碱性条件下溶解，在酸性条件下通过钒离子的热聚合沉淀分离出多钒酸盐化合物，通过还原性气氛处理多钒酸盐化合物得到三价的钒化合物，将其溶于硫酸得到 V(Ⅲ)电解液，将 V_2O_5 和部分三价钒化合物反应制得 V(Ⅲ)和 V(Ⅳ)混合电解液。

化学法制备的电解液浓度和产量都较低，不适合大规模工业化生产，生产过程中容易引入杂质，导致制备的电解液纯度不高。较低的电解液浓度会导致全钒液流电池的储能容量偏低。

电解法是目前电解液制备最常用的方法，它是以高价态的钒化合物（V_2O_5、NH_4VO_3 等）为原料，在电解槽中通过电解还原制得所需的低价态钒离子溶液。即在负极室加入 V_2O_5 或 NH_4VO_3 的硫酸溶液，正极室加入浓度相匹配的硫酸溶液，恒压或恒流条件下进行电解，从而得到低价态的钒离子电解液。电解前 V_2O_5 在硫酸溶液中有下列溶解平衡。

$$V_2O_5 + 2H^+ \rightleftharpoons 2VO_2^+ + H_2O$$

因此，在电解前会存在部分 V（Ⅴ）离子，随着电解的进行，V（Ⅴ）离子会还原成 V（Ⅳ）、V（Ⅲ）离子，V（Ⅴ）离子浓度降低，平衡向右移动，V_2O_5 会不断地溶解为 VO_2^+。电解法制备的电解液中钒离子浓度可以达到 $3.0mol/L$，在电解过程中发生下列反应。

正极：
$$VO_2^+ + 2H^+ + e \longrightarrow VO^{2+} + H_2O$$

负极：
$$H_2O \longrightarrow \frac{1}{2}O_2 + 2H^+ + 2e$$

电解法制备电解液工艺简单、产量大，得到的电解液浓度较高，而且电解槽中只有钒离子价态转化和电解水发生，不会引入其他新的杂质，故获得的电解液纯度较高，非常适用于电解液的大规模工业化生产。1995 年，日本的隈元贵浩首次采用电解法制备全钒液流电池电解液；2000 年，Skyllas-Kazacos 团队采用电解法在 V_2O_5 的硫酸溶液中加入稳定剂获得了各种价态的钒离子溶液；2001 年，中南大学刘素琴课题组在电解过程加入抗坏血酸制备出具有较高电化学活性的电解液；2004 年，布罗曼等提出一种不对称钒电解槽，这种电解槽可以使工作状态的全钒液流电池电解液的充电状态重新平衡，使钒电解液使用寿命更加长久。全钒液流电池旨在开发大规模储能体系，需要大量的电解液作为储存介质。电解法更适合大规模电解液生产，且活性较高，得到业内人士广泛的认同与应用。

7.3.2 电解液分析方法

全钒液流电池电解液中钒离子的存在形式和结构受多种因素影响，如温度、pH 值和钒离子浓度等。当这些影响因素发生改变时，电解液中钒离子的存在形式和结构也就随之发生变化。通常采用拉曼光谱、核磁共振、紫外可见光谱和循环伏安等分析方法对电解液的理化性质进行分析。Kausar 等对强酸环境下的五价硫酸钒盐进行拉曼光谱分析，发现 V(V) 离子在强酸环境下以 $VO_2SO_4^-$、$VO_2(SO_4)_2^{3-}$、$VO_2(HSO_4)_2^-$、VO_3^- 和二聚物 $V_2O_3^{4+}$、$V_2O_4^{2+}$ 等形式存在，并且它们的存在形式和数量受 V(V) 离子和 SO_4^{2-} 的总浓度及相对比值的影响。研究还发现，较高的温度（50℃）会导致 V(V) 离子以 V_2O_5 沉淀的形式析出，从而使得电解液有效钒离子浓度降低。Vijayakumar 等采用核磁共振的方法对 V(IV) 硫酸溶液进行分析，发现 V(IV) 在较宽的温度区间（240～340K）内能以 $[VO(H_2O)_5]^{2+}$ 稳定存在，并且浓度可高达 3mol/L。利用紫外可见光谱可以对钒离子进行定性和定量分析。刘素琴课题组研究了 V(IV) 和 V(V) 离子在不同浓度中紫外可见光谱特征。在高浓度硫酸溶液中，V(IV) 以 $[VO(SO_4)(H_2O)_4]\cdot H_2O$ 复合物形式存在，也可以二聚物 $[VO(H_2O)_3]_2\cdot(\mu\text{-}SO_4)_2$ 形式存在。在硫酸溶液中 $[VO(SO_4)(H_2O)_4]\cdot H_2O$ 与 VO^{2+} 和 SO_4^{2-} 的浓度呈线性关系。黄可龙系统地研究了不同价态钒离子的紫外可见吸收光谱，发现各种价态的钒离子都有各自的特征吸收峰，部分价态钒的离子能呈现很好的线性关系，且不同价态的钒离子的特征吸收峰位置和强度不会相互影响。在此基础上，确定了低浓度 V(II)、V(III) 和 V(IV) 离子的校准曲线，为这几种钒离子的定量分析提供了一种快捷而简单的手段。

电解液的理化性质分析十分重要，同样，电解液荷电状态（SOC）对于全钒液流电池高效利用非常有指导作用。对于全钒液流电池进行电解液 SOC 分析的一种方法是测量开路电压，利用能斯特方程，通过判断电极反应程度来进行分析：首先需要确定电解液是否处于平衡状态，主要依靠测定电解液中不同价态钒离子的浓度及其关系来进行判断。分析测定电解液中不同价态钒离子浓度可以采用电位滴定法，即利用氧化还原反应进行滴定。此外，Skyllas-Kazacos 团队采用紫外可见光谱和电导率法分析电解液 SOC。紫外可见光谱分析要求测试浓度较低，SOC 分析必须实时，且 V(V) 离子的紫外可见吸收峰不易辨别，故采用紫外可见光谱分析电解液 SOC 有一定的局限性。电导率法极易受到温度的干扰，也存在局限性。除此之外，对电解液 SOC 的分析方法还有透射光谱法和红外光学传感器法。

7.3.3 电解液优化方法

电解液是全钒液流电池的能量储存介质，电池的综合性能直接受到电解液性能的影响。然而，电解液中不同价态钒离子的稳定性各不相同。V(V) 离子在温度大于 50℃ 时容易析出 V_2O_5 沉淀，而 V(II) 和 V(III) 离子却在温度低于 10℃ 时容易析出沉淀。一般以硫酸作为全钒液流电池电解液的支持电解质，但是由于硫酸容易与钒离子形成长链状化合物，对钒离子电对电化学活性有一定的影响。因此，提高钒电解液的热稳定性和电化学活性成为研究者关注的焦点。常见的电解液优化方法有引入添加剂和更换新体系两种。

（1）引入添加剂 在电解液中加入的添加剂一般可以分为无机添加剂和有机添加剂两类。其中，碱金属盐（磷酸盐、硫酸盐和草酸盐等）常被用作提高 V(V) 电解液热稳定性的无机添加剂。罗冬梅等将 Na_2SO_4、K_2SO_4、$Na_2C_2O_4$ 等作为添加剂加入电解液中，发现加入 3% 添加剂的电解液具有较好的稳定性，还发现适量添加剂能有效提高电解液的电导率和电化学活性。Zhang 等研究发现聚丙烯酸对负极电解液具有较好的稳定性，而且聚丙烯酸混入甲基磺酸后对正极电解液同样具有较好的稳定性。Park 等研究发现焦磷酸钠对于提高 V(V) 离子的热稳定性具有显著效果。刘素琴课题组研究发现在正极电解液中添加 In^{3+} 能有效提高 V(IV)/V(V) 电对的电化学活性。Bi^{3+} 添加到负极电解液中可以有效提高全钒液流电池在大电流密度下的充放电容量。表面活性剂和含—NH_2 和—OH 等官能团的有机物常被作为全钒液流电池电解液的有机添加剂。表面活性剂具有协同扰动、氢键作用、胶束催化等特点，使得表面活性剂在全钒液流电池电解液优化方面得到广泛的应用。刘素琴等以阳离子型表面活性剂 CTAB 作为正极电解液添加剂，发现 CTAB 可以有效抑制 V(V) 离子的结晶析出，提高电解液的稳定性。同时，加入 CTAB 能有效提高电解液的电化学反应活性。Chang 等将 Coulter ⅢA 分散剂加入正极电解液中，发现 Coulter ⅢA 分散剂可以提高电解液的热稳定性，而且 Coulter ⅢA 对电解液组成不会有影响。同时，还发现 Coulter ⅢA 对全钒液流电池能量效率和电流效率都有不同程度的提高。许多有机物也常被作为电解液添加剂来提高电解液热稳定性和电化学活性。有研究表明—NH_2 和—OH 等基团可以提高不同价态钒离子的溶解度和电化学活性。Wu 等选用含—OH 基团的肌醇作为正极电解液添加剂，结果表明肌醇能显著提高正极电解液的热稳定性。同时，对于电池的循环稳定性也有明显地改善。Peng 等研究发现三羟甲基氨基甲烷（TRIS）添加到正极电解液中，电解液的热稳定性和电化学活性均有提高，并且使用 TRIS 电解液的电池具有较高的循环稳定性能。

（2）更换新体系　H_2SO_4 被广泛用作全钒液流电池电解液的支持电解质。H_2SO_4 容易与钒离子缔合成大分子，且 V(V) 离子在 H_2SO_4 溶液中溶解度不高，许多研究者通过选择新的支持电解质或混合支持电解质替代单一的 H_2SO_4 支持电解质来提高电解液的热稳定性和电化学活性。

Kim 等研究了 HCl 作为电解液的支持电解质，结果表明，HCl 体系电解液在较宽的温度范围内（0～50℃）能保证较高浓度钒离子电解液（2.3mol/L）的稳定性。HCl 体系电解液具有较高的稳定性是由于形成了 $(V_2O_3 \cdot 4H_2O)^{4+}$ 和 $(V_2O_3Cl \cdot 3H_2O)^{3+}$，能有效减缓 V_2O_5 沉淀产生。同时，HCl 体系电解液黏度比 H_2SO_4 体系电解液黏度低 30%～40%，黏度降低可以大大降低泵的损耗，提高电解液的循环速度，降低电池的极化。以 HCl 作为支持电解质的电池具有较好的可逆性和较高的能量效率。Li 等采用 H_2SO_4-HCl 混合体系作为电解液支持电解质，研究发现，混合体系中五价钒离子浓度可以达到 2.5mol/L，高于单一体系（盐酸体系 2.3mol/L），并且新体系的电解液在 -5～50℃ 的条件下均能够保持稳定，极大地提高了电解液对环境的适应性。新体系电解液热稳定性的提高，是由于 H_2SO_4-HCl 混合体系中的 HCl 与钒离子结合形成 $VO_2Cl\,(H_2O)_2$，减少了 V_2O_5 沉淀的产生。而且采用 H_2SO_4-HCl 混合体系电解液组装的电池能量效率可以达到 87%，同时，电池运行过程中也不会产生有毒气体 Cl_2。H_2SO_4-HCl 混合体系电解液具有高浓度、高热稳定性、高能量效率和高安全性等优点，这使 H_2SO_4-HCl 混合体系具有较好的发展前景。此外，Peng 等提出使用硫酸-甲基磺酸混合溶液作为支持电解质，研究发现该混合体系能有效改善 V(V) 离子的热稳定性和提高 VO^{2+}/VO_2^+ 电对的可逆性。同时，使用 H_2SO_4-HCl 混合体系时电解液的电池能量密度可达 39.97W·h/L（H_2SO_4 体系为 36.27W·h/L）。

研究者也提出了采用混合电对作为活性电解质，在较低的钒离子浓度下就能得到较高的能量密度。此外，研究者也提出了有机体系的全钒液流电池，研究发现，有机体系比水溶液体系具有更大的电位窗口，可以大幅度提高电池的容量，同时在极端的条件下拥有更好的性能。Shinkle 等研究发现，有机体系的溶剂既有利于钒离子溶解，又能保证电解液具有良好的电导率，因此，有机体系溶剂要具备较低的摩尔体积和较高的极性。Liu 等提出以乙腈为溶剂，以四丁基氟硼酸为支持电解质，以 $V(acac)_3$（乙酰丙酮钒）为活性物质的有机体系全钒液流电池。

7.4 电极材料

电极作为全钒液流电池的主要组成部分，为电解液中的活性物质提供反应场所，但自身不参与反应。作为全钒液流电池的电极材料需要具备电化学稳定性好、导电性强和机械强度高等特性。同时，由于全钒液流电池所用电解液都是以硫酸为支持电解质，因此，电极材料还必须具备良好的耐酸性。此外，全钒液流电池正极电解液活性物质具有强氧化性，因此，电极材料还需要具有抗氧化性；而负极电解液活性物质具有较强的还原性，所以还要求电极材料必须在还原性溶液中性能稳定。电极材料的性能好坏，对电解液分布和扩散状态、电化学反应速率及电池内阻有直接影响，进而影响电池的能量转换效率，所以选择合适的电极材料是全钒液流电池发展和应用的关键一步。

自从全钒液流电池概念提出以来，研究和应用的电极材料大致分三种类型：金属类电极、碳素类电极和复合高分子类电极。这三种类型电极各有优缺点，其中碳素类电极以其导电性好、耐酸性强、比表面积大和成本低等特点得到广泛的研究与应用。但原始碳素类电极电化学活性和可逆性较差，难以直接应用于全钒液流电池，所以碳素类电极在使用前需对其进行改性，该研究是目前的热点。

7.4.1 金属类电极

金属类电极是研究较早的一类电极，通常是一些比较贵重的金属，如金、铅、钛、钛基铂和钛基氧化铱等，该类电极具有优良的导电性和力学性能。经过循环伏安测试证实金和铅电极电化学可逆性差，并且电极表面容易形成氧化膜，阻碍反应的进行；钛电极表现了较高的电化学可逆性，但是钛电极表面也易形成高阻氧化膜，不利于氧化还原反应的持续进行；钛基铂和钛基氧化铱可逆性高，经过多次循环测试后电极依然保持良好的稳定性，并且 VO^{2+}/VO_2^+ 电对和 V^{2+}/V^{3+} 电对在电极钛基铂和钛基氧化铱电极上均表现出良好的电化学可逆性，从电化学性能和稳定性方面看，钛基铂和钛基氧化铱性能最佳，但钛基铂和钛基氧化铱价格昂贵，不适合全钒液流电池的应用与发展。因此，目前全钒液流电池中很少用到该类金属类电极。

7.4.2 碳素类电极

目前，碳素类电极是全钒液流电池应用最多的一类电极，主要包括碳毡、石墨毡、碳纸和碳布等，该类材料由碳纤维组成，具有较大的比表面积、良好的力学性能，并在充放电压范围内电化学性质稳定，此外碳素类电极还具有导电性好、成本低等优点。

碳毡材料具有稳定的三维网状结构、疏松的孔隙，为电解液提供流动通道，同时为活性物质传送和均匀分布提供场所。碳毡可分为黏胶基、沥青基和聚丙烯腈基碳毡三类。其中，聚丙烯腈基碳毡纤维的石墨微晶小，处于碳纤维表面边缘和棱角的不饱和碳原子数目多，表面活性较高，经常被用作全钒液流电池的电极材料。但是碳素类电极直接应用在全钒液流电池还存在很多问题，例如亲水性和电化学活性不高，需要进行适当修饰来改善其亲水性和电化学活性。

目前，碳素类电极的研究主要集中在石墨毡，石墨毡由大量石墨纤维编织而成，其真实表面积远大于几何表面积，可以提供较大的电化学反应场所。石墨毡可分为黏胶基、沥青基和聚丙烯腈基（PAN）三种类型。其中，PAN石墨毡导电性好，且多孔结构更有利于提高全钒液流电池电极电对的催化活性，因此PAN石墨毡电化学性能比黏胶基和沥青基石墨毡好。PAN石墨毡是由前驱体聚丙烯腈经过高温炭化、石墨化和针刺工艺生产而成。石墨毡直接用作电极时，其亲水性、电化学活性和可逆性不大好，因此需要对石墨毡进行改性来提高其亲水性和电化学性能。

目前，碳素类电极改性方式主要有：增加电极表面官能团；电极表面引入金属或金属氧化物；电极表面引入碳材料。

（1）增加电极表面官能团　增加碳素类电极表面官能团是碳素类电极改性的常用方法，通常使用的方法有热处理、酸处理和电化学处理等。根据电极表面反应原理可知，电极表面含氧官能团不仅可以吸附钒离子，还可作为一个反应位点增加反应速率，从而有利于电子在活性物质和电极之间的传递，同时也增加了电极的有效利用面积，所以增加碳素类电极表面含氧官能团有利于提高电极对电化学反应的催化作用。

Sun等对全钒液流电池石墨毡电极在空气中于400℃加热40h处理，加热处理能增加石墨毡表面含氧官能团，明显提高了电极的催化活性，电池能量效率由空白的78%提高到88%。此外，酸处理也可增加石墨毡表面含氧官能团，Sun等利用浓硫酸处理石墨毡，增加了石墨毡表面的含氧官能团，不仅能加速活性物质界面传递过程，而且能增加氧原子在电极溶液界面间的转移。Yue等利用硝酸和硫酸混合溶液对碳纸进行改性，实验显示，处理8h的碳纸作为正极和负极的全钒液流电池在$10mA/cm^2$电流密度下表现出优异的电化学性能，平均电压效率达到91.3%，相应的能量效率为75.1%。热氧化法和酸氧化法都能增强电极的电化学性能。热氧化法工艺简单，但是氧化反应不易控制；浓硫酸氧化法危险性很大，难以实现工业化。此外，电化学氧化石墨毡可以增加电极表面含氧量，同时还能增大石墨毡的比表面积，且电化学氧化方法氧化反应可控，改性效果明显。刘迪等以钛片为阴极，石墨毡为阳极，对石墨毡进行电化学氧化处理，采用正交试验法得到了最佳工艺参数，充放电测试显示$30mA/cm^2$下电压效率达到85%，电流效率达到95%。李晓刚等采用电化学氧化法改性石墨毡，将石墨毡浸入1.0mol/L的硫酸中，控制电压在5~15V范围内，通过控制时间来控制氧化程度，增加电极表面羰基、羧基和酚基等含氧官能团，有利于电子在氧原子和钒离子之间的传递，最终增强电极对VO^{2+}/VO_2^+电对的催化作用。

采用表面官能团化是简单和有效的一种电极改性方法，经常作为全钒液流电池电极的预处理过程。与含氧官能团一样，其他一些杂原子（如含氮官能团）也可以增加电极的催化活性，当杂原子成功掺杂到碳材料电极表面时，由于杂原子尺寸和键长差异导致碳原子周围电荷分布不均匀，使碳材料电极表面形成缺陷，从而提升电极材料催化性能。Kim等通过浸渍和电化学气相沉积法在碳电极上共掺杂氮和氧原子，使碳表面共价形成具有高含量的含氮和含氧官能团。研究表明，掺杂后的碳电极显著提高了对VO^{2+}/VO_2^+电对的电化学催化性能。Liu等将石墨毡在NH_3气氛中热处理使其表面引入含氮官能团，得到的石墨毡电极表面氮含量增加，含氮官能团的引入能明显提升电极的电化学性能，充放电测试表明，改性电极能明显提升电池的综合储能性能。

（2）电极表面引入金属或金属氧化物　在碳素类电极表面引入金属或金属氧化物是增强

电极催化活性的一种方法。许多金属本身具有很好的催化活性和导电性，广泛应用于催化领域。Skyllas-Kazacos 团队采用电化学氧化法和离子交换法获得金属 Mn^{2+}、Te^{4+} 和 In^{3+} 修饰的石墨毡电极，与未处理的电极相比，电极电化学活性明显增强。然而，由 Pt^{4+}、Pd^{2+} 和 Au^{4+} 改性的石墨毡电极产生催化析氢，使反应不稳定。Ir^{3+} 改性石墨毡电极表现出类似氧化铱电极的电化学活性。王文红等通过将热处理的碳毡在 H_2IrCl_6 溶液中浸泡后烘干，再在空气中450℃处理，重复这些步骤8次，得到 Ir 修饰的碳毡，以此电极为正极，酸和热处理的碳毡作为负极组装于全钒液流电池中，在电流密度为 $20mA/cm^2$ 时，电池能量效率达到69.7%，电压效率高达87.5%，与未改性电极组装的电池相比，电压效率平均提高8.6%，且经过充放电50次循环后发现 Ir 单质在碳毡上仍保持稳定，证明 Ir 单质修饰的碳毡可有效降低正极电对反应的电荷转移电阻，催化机理是由于 Ir 单质能降低 V—O 键形成和打开的活化能，从而降低反应过电位。王文红等利用 Co^{2+} 和 Mn^{2+} 来修饰石墨毡电极，改性后的电极对氧化还原反应具有更高的催化活性，这是由于改性后的电极可以提供良好的导电方式，使活性物质扩散阻力减小，进而降低电荷转移电阻。交流阻抗测试表明，电极法拉第阻抗主要是由离子扩散引起的，材料表面由颗粒分布引起的孔分布能提高扩散速率，改性电极对应的电池电压效率达81.5%，高于空白电池。González 等将碳毡浸渍在 Bi_2O_3 的盐酸溶液中，再在450℃的空气中热处理3h，制备了 Bi 修饰的碳毡，并采用循环伏安测试研究了 Bi 对 VO^{2+}/VO_2^+ 电对的电化学行为影响。由循环伏安曲线可知，相比于未处理的电极，修饰电极氧化还原过程的峰电流明显增大，峰电位差也显著减小，这表明经 Bi 修饰后的碳毡电极的电化学性能有所增加。

相比于金属，金属氧化物更具有耐酸性，通过将金属氧化物负载到电极表面，稳定性更好。Kim 等通过水热法在碳毡电极表面引入 Mn_3O_4 纳米颗粒，测试结果显示改性后的电极具有很好的稳定性，对全钒液流电池的正负极氧化还原电对都表现出良好的催化活性。Li 等利用水热法将 Nb_2O_5 纳米棒负载在石墨毡电极表面，循环伏安测试证明，Nb_2O_5 纳米棒对正负极钒离子电对都有催化作用，动态电池循环性能测试也证明了 Nb_2O_5 催化剂对电池储能性能的提升作用和自身的稳定性。Yang 等利用水热合成法制备了六角形 WO_3 纳米粒子，使其均匀地沉积在石墨毡表面，循环伏安和交流阻抗测试证明，WO_3 适合用作全钒液流电池催化剂，并且对 VO^{2+}/VO_2^+ 电对展现出优异的电化学活性，这是由于 WO_3 能提高石墨毡电极的催化能力并加速氧和电子的转移，采用 WO_3 改性石墨毡的电池表现出较高的能量效率和电压效率。在 $70mA/cm^2$ 的电流密度下经20次循环，能量效率始终高于80%。乔永莲等采用 H_2O_2 对石墨毡进行预处理，再采用电沉积方法在石墨毡表面沉积 SnO_2，结果证明，SnO_2 可均匀包覆在石墨毡表面，采用循环伏安测试研究了 SnO_2 修饰石墨毡对 V^{2+}/V^{3+} 和 VO^{2+}/VO_2^+ 电对的电化学性能，发现两个电对反应的峰电流均有提高，说明 SnO_2 对钒离子反应有一定的催化作用。

（3）电极表面引入碳材料　碳材料表面官能团化可改变表面性质，增加电极活性位点和提高亲水性，但是常见改性方法对其表面积提高有限。近年来，发现了一些碳纳米材料催化剂，如生物质碳材料、石墨烯、碳纳米管和碳纳米纤维等，这类碳材料具有很好的催化活性和较大的比表面积，与电极具有相同的主体碳材料，催化材料与电极力学吻合性好。引入碳纳米催化剂能提高碳素类电极的电化学活性和可逆性。碳纳米催化剂负载方法主要有两种。第一种是浸泡法，将碳纳米材料分散在有机溶剂中，将石墨毡浸入含碳纳米材料溶液中，然后干燥。这种方法是利用物理吸附力结合，催化剂与电极结合力有限，多次循环后容易脱落。第二种是气相沉积法，以金属作为催化剂，乙炔、乙二醇等气体作为碳源，在电极表面原位生长碳纳米纤维或者石墨烯，该方法有效提高了碳纳米材料与石墨毡的附着力。

生物质碳材料来源广泛，原材料易得，属于可再生环保型材料，该材料制备方法相对简单。Ulaganathan 等通过将椰子壳高温炭化得到碳材料，使其负载到碳纸上作为电极，测试结果显示，催化剂对 V^{3+}/VO^{2+} 电对具有良好的电催化性能，是由于椰子壳制备的碳材料具有高比表面积，为电解液中的钒离子反应提供足够的场所。Park 等通过玉米蛋白自组装了一种环保且安全的碳基催化剂（CB），并且制备了氮掺杂碳基催化剂（N-CB），将两种催化剂分别负载到碳毡上，通过循环伏安测试研究对 VO^{2+}/VO_2^+ 氧化还原过程的催化性能，结果表明，在 N-CB 碳毡电极上传质过程更快，并且还原峰起始电位提高了 50mV，这是由于 N-CB 催化剂丰富的氧活性位点和氮缺陷有利于钒氧化还原反应的电子转移。Wang 等利用木耳经过水热处理和 KOH 高温活化处理制备出多孔碳，通过浸泡法把多孔碳负载到石墨毡表面，用改性后的电极组装成全钒液流电池，充放电测试表明，改性后的电极可提高活性物质利用率和容量保持率，在电流密度 $50mA/cm^2$ 下循环 50 次，其容量保持率可达 78.1%，较空白容量大 15.4%，证明了由木耳制备的多孔碳是全钒液流电池的一种优良催化剂。吴雄伟等通过磷酸活化柚子皮制备多孔碳纳米催化剂，利用 Nafion 溶液将催化剂负载到碳纤维表面，该催化剂含有丰富的氮、氧和磷活性官能团，为钒离子电化学反应提供了大量的反应活性位点。

由于石墨烯基材料优异的性能，受到很多研究者关注。石墨烯是由单层碳原子组成的平面二维材料，而且包含一个平面的六圆环蜂巢结构，在其两侧存在一个大 π 键，这些特点决定了石墨烯基材料具有高导电性和大比表面积，特别是六圆环中的碳原子被官能团修饰后产生的缺陷为全钒液流电池提供反应活性位点，有利于电子转移和传质过程，是全钒液流电池的优异催化剂。氧化石墨烯表面 C═O 官能团对正负极钒离子电对均有良好的电催化活性，循环伏安测试显示，C═O 官能团不仅提高了峰电流密度，而且大大降低了峰电压差，提高了钒离子在电极表面的可逆反应过程。Deng 等制备了还原氧化石墨烯负载石墨毡电极，与原始石墨毡相比，改性后的电极能承受更大的电流密度，能量转换效率高，电流密度为 $150mA/cm^2$ 时，能量效率和放电容量分别提高了 20% 和 300%。

碳纳米管作为一种典型的碳纳米材料，具有优良的特性，由于碳纳米管的结构与石墨的片层结构相同，所以具有很好的电学性能和力学性能。碳纳米管质量轻，同时具有六边形网格结构，形成空间拓扑结构，这使得碳纳米管的力学性能异常，近年来随着对碳纳米管的深入研究，发现碳纳米管能有效地提高钒离子的化学反应活性。Wang 等首次通过气相沉积法在石墨毡上生长氮掺杂碳纳米管，改性后的电极具有特殊的多孔结构，电极比表面积增加，全钒液流电池储能性能显著提高。石墨毡上负载的氮掺杂碳纳米管有助于活性物质的扩散和增强电极对钒离子的吸附性，提高电极的电化学活性。Yang 等以镍和钴作为催化剂涂层，在石墨毡表面气相沉积碳纳米管和碳纳米纤维，充放电测试表明，改性电极的使用能将充放电效率提高 12%。

7.4.3　复合高分子电极

金属电极成本高，给全钒液流电池大规模应用带来很大挑战，研究者尝试寻找一种合适的电极来代替金属电极，研究发现了一种电化学性能好且抗腐蚀性能强的复合高分子电极。复合高分子电极是将聚氯乙烯、聚乙烯或者聚丙烯等高分子聚合物以一定比例与导电碳素类材料混合压片而成，复合高分子电极具有质量轻、易加工和成本低等优点，但是在得到高导电性的同时也会面临一些挑战，就是保持良好的力学性能。复合高分子材料的导电性与碳素类材料含量有关，导电碳素材料一般包括炭黑、炭粉和石墨粉等，导电碳素材料含量为20％～60％时，导电性能最好，但同时导电碳素类材料的加入会使电极的力学性能下降，因此要选择合适含量来提高电极的综合性能。

Skyllas-Kazacos 团队利用聚乙烯和石墨粉混合制备出复合高分子电极，后来又将碳毡直接压穿高密度聚乙烯或低密度聚乙烯基片制成一体化电极双极板，这种方法降低了电池的制备工艺复杂程度，节约了成本，在电流密度为 $40mA/cm^2$ 时，电池的能量效率达 90％以上。Haddadi 等通过将聚氯乙烯、尼龙 6、尼龙 11、低密度聚乙烯和高密度聚乙烯与导电材料混合制备出了导电碳-聚合物复合电极，但是电极的力学性能差，通过加入橡胶提高电极的力学性能，将此电极用于全钒液流电池，电池性能测试表明，这些复合材料在全钒液流电池中很有应用前景。另外，刘勇刚等以聚丙烯和共聚物（苯乙烯/乙烯/丁烯/苯乙烯）的共混物为基体材料，通过掺杂炭黑和碳纤维，制备出了一种高电导率的导电复合材料，该材料具有良好的抗腐蚀性。

7.5　隔膜

隔膜是全钒液流电池的关键部件，隔膜的性能影响着电池的效率和寿命。电池隔膜的作用主要有两方面：一方面是隔离正负半电池电解液，防止钒离子渗透，同时抑制电池自放电；另一方面隔膜又必须允许载流子（例如 H^+）自由通过，用来传递电荷，平衡正负极电解液电荷，从而形成闭合回路。作为电池的重要部件，适用于全钒液流电池的隔膜应具备以下性能：第一，要求隔膜有很好的选择透过性，钒离子透过率低，极大限度地减少了电池自放电，提高电池的库仑效率；第二，H^+ 透过率高，完成电荷传输过程，形成完整电路，并且膜电阻要小，以减少由欧姆极化引起的电池效率损失；第三，要求隔膜材料的物理性质和化学性质稳定，具有一定的机械强度、耐酸性、耐氧化性，且循环寿命要长；第四，具有低的水分子渗透率，保持正负极电解液中水的平衡，减少电池的容量损耗，同时可防止因水往一侧迁移导致的电解液外漏；第五，考虑到电池大规模商业化，隔膜材料的成本不能太高。

隔膜的性能和结构很大程度上决定了全钒液流电池的性能。其中隔膜的钒离子渗透率和质子传导率分别影响电池的库仑效率和电压效率。隔膜的物理性质和化学性质决定了电池的运行稳定性及使用寿命。选择合适的隔膜材料应用在全钒液流电池中，要全面考虑隔膜的各种性能。就目前报道的隔膜来看，并没有完全能满足全钒液流电池要求的专用隔膜，通常要从现有的隔膜材料中选择合适的离子交换膜。为了制备性能良好的隔膜，国内外研究者做了很多工作，报道的隔膜类型大致分为两种：含氟离子膜和非氟离子膜。现在国内外主要使用美国杜邦公司生产的 Nafion 膜，该膜表现出良好的电化学性能和较长的使用寿命，但是在全钒液流电池的应用中，由于较大的钒离子渗透率，降低了电池的能量效率。另外，由于昂贵的价格和复杂的生产工艺也限制了 Nafion 膜的大规模应用。所以，研发出适合全钒液流电池的专用隔膜或者通过改性现有隔膜以达到接近 Nafion 隔膜要求是推进全钒液流电池发展进程的有效方法。

7.5.1　含氟膜

（1）Nafion 膜　现在最常用的 Nafion 膜，全称为全氟磺酸质子交换膜，是四氟乙烯和全氟醚磺酰氟共聚物水解后生成的产物，化学结构式如下。

$$-(CF_2-CF_2)_x-(CF_2-CF)_y-$$
$$(OCF_2CF)_z-O-(CF_2)_m-SO_3H$$
$$CF_3$$

通过改变 x、y、z、m 的数值，可以得到不同型号的 Nafion 膜，其中应用在全钒液流电池中主要是 Nafion117。Nafion 膜通过全氟主链上的醚支链来固定带负电荷的磺酸根，因此具有很强的质子选择透过性，为电解液中质子传输提供通道，从而使正负极电解液达到电荷平衡。由于氟的电负性很强，具有很强的电子吸附能力，因此增强了全氟聚乙烯磺酸的酸性，使其可以在水中完全解离。由于全氟主链中的碳氟键键能较大（485kJ/mol），可以保证碳碳主链周围紧紧与富电子的氟原子结合，保护碳骨架在电化学反应过程中不被自由基中间体氧化，所以 Nafion 膜的化学稳定性和热稳定性较好。但是 Nafion 膜生产工艺复杂，成本高，并且钒离子渗透率较高，在运行过程中容易出现电解液的相互渗透，降低电池的效率。另外，Nafion 膜的水迁移现象比较严重，使得充放电过程中水不断从正极向负极迁移，致使电解液浓度变化较大，这些因素限制了 Nafion 膜在全钒液流电池工业化方面的应用。为了克服这些缺点，国内外科研工作者对其做了很多研究。

对 Nafion 膜的研究主要分为两个方向，其中一个方向是制备 Nafion 基复合膜，不仅可以降低生产成本，而且 Nafion 基复合膜对离子的选择性更高，减少了钒离子的渗透，同时也降低了水迁移率，应用于全钒液流电池可以有效提高电压效率、库仑效率和能量效率。其中 Luo 等为了降低全钒液流电池系统中使用膜的成本，同时保持其化学稳定性，通过化学交联法合成了 Nafion/SPEEK（聚醚醚酮）层状复合膜，实验发现，复合膜的钒离子渗透率比 Nafion 膜小，膜电阻略微增加，使用由复合膜组装的电池具有更高的库仑效率。Zeng 等为了防止全钒液流电池中的钒离子和水分子渗透，使用三种方法合成 Nafion/吡咯膜，改性膜的性能都有很大改善，其中通过电沉积改性的膜展示出最佳性能，实验结果表明，在 $0.025mA/cm^2$ 条件下电沉积的 Nafion/吡咯膜离子渗透性能降低了 5 倍以上，水分子的渗透性能降低 3 倍以上。这些特性使得改性 Nafion 膜在全钒液流电池系统中更具应用性。Luo 等为了降低钒离子的渗透率，制备了 Nafion/PEI（聚乙烯亚胺）复合膜，与未改性的 Nafion 膜相比，使用 Nafion/PEI 复合膜的电池，库仑效率显著增加。由于改性引起面积电阻稍有增加，使得电池电压效率低于未改性 Nafion 膜的电池，并且水分子的渗透率也有降低。Xi 等开发了一种新方法，采用聚电解质逐层自组装技术，通过交替吸附聚阳离子（聚二烯丙基二甲基氯化铵，PDDA）和聚阴离子（聚苯乙烯磺酸钠，PSS）在 Nafion 膜表面上获得了 Nafion-[PDDA-PSS]$_n$ 膜，结果表明，使用 Nafion-[PDDA-PSS]$_n$ 膜的全钒液流电池展现出更高的库仑效率和能量效率，以及更低的自放电率。这是由于表面阳离子对钒离子的排斥作用，显著降低了改性膜对钒离子的渗透率，同时充放电过程中水的迁移现象也得到了一定的抑制。

另一个研究方向是在 Nafion 膜中添加有机或者无机添加剂。例如 Xi 等利用溶胶-凝胶法制备了 Nafion/SiO$_2$ 复合膜，并用作全钒液流电池隔膜，考察了隔膜对钒离子渗透性和电池性能的影响。Nafion/SiO$_2$ 复合膜显示出与原始 Nafion 117 膜几乎相同的离子交换容量和质子传导性，但是与 Nafion 膜相比，Nafion/SiO$_2$ 复合膜的钒离子渗透性显著降低。使用 Nafion/SiO$_2$ 复合膜的全钒液流电池在整个电流密度范围（10～80mA/cm^2）内具有更高的库仑效率和能量效率。Teng 等利用同样的方法获得 Nafion/有机硅改性 TiO$_2$ 复合膜，研究了水分子转移和钒离子渗透率，与未改性的 Nafion 膜相比，复合膜上钒离子交叉和水分子迁移显著降低。通过电池的充放电测试发现，使用改性 Nafion 膜的全钒液流电池的库仑效率和能量效率均高于使用原始 Nafion 膜的电池。Teng 等还利用原位溶胶化法制备 Nafion/SiO_2 复合膜，实验发现，改性膜的钒离子和水分子渗透率小于未改性膜，通过测试电池的性能发现，在相同的电流密度下，复合膜的能量效率比 Nafion 膜的高，同时，改性膜组装的电池自放电减弱，而且改性并未改变膜的化学稳定性，所以电池的循环性能非常稳定。

（2）偏氟乙烯接枝膜　国内外科研工作者对含氟隔膜的研究方向，除了对 Nafion 膜进行改性外，还开发了新的含氟离子膜。其中聚偏氟乙烯（PVDF）是一种具有良好耐热性、耐腐蚀性和耐老化性的含氟材料，PVDF 膜具有很好的阻钒能力，但是它内部没有可以自由移动的质子，可通过对 PVDF 膜进行改性来满足全钒液流电池的隔膜要求。其中，吕正中等采用溶液接枝聚合法制得聚偏氟乙烯接枝聚苯乙烯磺酸（PVDF-g-PSSA）离子交换膜，与 Nafion 117 膜和 PE01 均相膜进行对比，分别研究了三种隔膜在全钒液流电池运行时的电化学性能，结果表明，PVDF-g-PSSA 膜具有优良的质子电导率和离子交换性能，以 PVDF-g-PSSA 膜为隔膜的全钒液流电池的库仑效率和能量效率均高于以 Nafion 117 膜和 PE01 均相膜为隔膜的全钒液流电池。Qiu 等将聚四氟乙烯和聚偏氟乙烯膜浸渍吸附苯乙烯、马来酸酐单体，利用 γ 射线辐射技术使单体聚合接枝到膜的表面以及微孔中，然后分别将接枝的膜用氯磺酸磺化得到离子交换膜，通过测试表明，改性后的膜在全钒液流电池中具有一定的应用前景。龙飞等通过化学改性的方法将丙烯酸、甲基丙烯磺酸钠以及烯丙基磺酸钠接枝到 PVDF 链上，结果表明，改性膜具有良好的阻钒性能，有希望成为全钒液流电池的隔膜材料。

（3）全氟乙烯接枝膜　Qiu 等采用 γ 射线辐射技术，将甲基丙烯酸二甲氨基乙酯（DMAEMA）接枝到乙烯-四氟乙烯（ETFE）膜上制备出了 ETFE-g-DMAEMA 复合膜，然后在盐酸溶液中进行季铵盐化处理，得到阴离子交换膜（AEM），AEM 的吸水率和离子交换容量随着接枝率的增加而增加，而面积电阻降低。在接枝率为 40% 时，AEM 显示出比 Nafion 117 膜更高的离子交换容量和更低的面积电阻。特别是，由于 AEM 的阳离子基团和钒离子之间的电荷排斥，AEM 具有非常低的钒离子渗透性，开路电压测试表明，AEM 组装的全钒液流电池可以保持电压超过 50h，较 Nafion117 膜长很多。性能测试表明，AEM 是一种很有应用前景的隔膜材料。

国内外科研工作者对含氟膜做了许多研究，目的就是增强含氟膜性能和降低膜成本，尤其是 Nafion 膜成本很高，通过改性，一方面降低其成本；另一方面降低钒离子渗透率和水分子迁移率。相比于 Nafion 膜，偏氟乙烯和全氟乙烯的接枝膜价格得到了显著的降低，通过控制接枝率，隔膜的离子传导率和钒离子渗透率是可以调控的。其中 Sukkar 等利用多种常规的高分子电解质修饰 PTFE/全氟离子交联聚合物复合膜离子交换膜，以改善隔膜材料的水迁移率，实验结果表明，用高分子电解质修饰的离子交换膜，可在短时间内改善水的净迁移特性，但改性后的隔膜若长期浸在钒电解液中，隔膜很容易被腐蚀，因此氟化聚合物接枝膜还需进一步研究。

7.5.2　非氟离子交换膜

到目前为止，离子交换膜在商业全钒液流电池中应用最广的仍然是美国杜邦公司生产的 Nafion 系列膜，但其成本高和选择性低等问题，限制了其在全钒液流电池中进一步的商业应用。世界各地的科研工作者为了解决全氟离子交换膜高成本、低选择性等问题，致力于寻找低成本、高稳定性和高选择性的离子交换膜来代替全氟离子交换膜。近年来，科研工作者对于全钒液流电池隔膜的研究目标是具有低成本、高稳定性和高选择性的非氟离子交换膜。

非氟离子交换膜材料有聚砜（PSF）、聚芳醚酮（PAEK）、聚醚醚酮（PEEK）、聚苯并咪唑（PBI）、聚醚砜（PES）、聚丙烯腈（PAN）等。通过对材料磺化度、分子构型、嵌段单元和交联度等参数的调控，可以获得性能优异的膜材料。非氟离子交换膜一般分为非氟阳离子交换膜、非氟阴离子交换膜、非氟多孔质子交换膜和交联质子交换膜等。

（1）非氟阳离子交换膜 非氟阳离子交换膜仅允许氢离子等阳离子通过，而阴离子难以透过。非氟阳离子交换膜一般都是带磺酸型的质子交换膜，这是由于其可以在强酸溶液中充分解离，自身离子传导能力强。

Maria 等成功制备出了低成本的聚醚醚酮（SPEEK）膜。用该膜组装的全钒液流电池能量效率（77%）高于 Nafion 117 膜（73%）。同时，SPEEK 膜表现出较好的化学稳定性。随后研究者在此基础上又制备了不同磺化度的 SPEEK 膜，这些磺化膜对钒离子都表现出较低的渗透率。其中，SPEEK 40 膜的钒离子渗透率远低于杜邦公司的 Nafion 115 膜，且使用 SPEEK 40 膜的全钒液流电池相对于 Nafion 115 膜表现出更长的循环寿命以及更高的库仑效率、能量效率和稳定性。Wang 等合成了一种由亲水磺化聚芳醚酮和疏水聚芳醚酮组成的新型磺化聚芳醚酮-b-聚芳醚酮（PSP）膜。这种 PSP 膜的钒离子渗透率远低于杜邦公司的 Nafion 117 膜，机械强度高于 Nafion 117 膜，但 PSP 膜的电导率较低。使用 PSP 膜的全钒液流电池表现出较高的电流效率和容量保持率。Macksasitorn 等在此基础上合成了一种电导率是 Nafion 117 膜 9 倍的质子交换膜（磺化聚醚醚酮，S-PEEK）。Chen 等合成了许多结构清晰和离子交换容量可控的磺化聚醚酮质子交换膜，这些磺化聚醚酮质子交换膜都对钒离子表现出低的渗透率，使用它们组装的全钒液流电池都具有较高的电流效率。

（2）非氟阴离子交换膜 非氟阴离子交换膜主要包括季铵型、叔胺型、咪唑型和吡啶型质子交换膜。其中，对季铵型质子交换膜的研究最多。季铵化处理一般是先对高分子材料进行氯甲基化或溴甲基化，再用季铵化试剂对膜进行季铵化处理得到改性阴离子交换膜。季铵化试剂包括含氮碱性基团的三甲胺、三乙胺和吡啶等。

Jian 等首先将聚二氮杂萘酮醚氯甲基化后，与吡啶合成了一种以吡啶作为阴离子官能团的新型聚芳醚阴离子交换膜（PyPPEKK）。与杜邦公司的 Nafion 117 相比，PyPPEKK 膜对钒离子表现出较低的渗透率，而且使用 PyPPEKK 膜组装的全钒液流电池表现出较高的库仑效率和能量效率。尽管聚芳醚氯甲基化过程很容易进行，但是氯甲基化过程中用到的氯甲基化试剂具有致癌作用。之后，Jian 等在原有研究基础上开发出了一种更加安全的合成聚芳醚阴离子交换膜的方法，即使用溴代丁二酰亚胺（NBS）直接溴化带甲基的聚芳醚高分子树脂（QBPPEK），溴化的替代率为 0.48～0.82，离子交换容量达到 0.82～1.53mmol/g。与 Nafion 117 膜相比，新方法合成的 QBPPEK 膜具有更低的钒离子渗透率。并且，使用 QBP-PEK 膜的全钒液流电池同样表现出较高的库仑效率和能量效率，在 100 次充放电循环过程中电池效率能保持稳定。Ramani 等将聚芳醚酮（PEK）氯甲基化后再使用季铵化试剂（三甲胺）合成了一种季铵化的聚芳醚酮（PEK-C）膜。PEK-C 膜的离子交换容量为（1.4±0.1）mmol/g，在 30℃情况下，SO_4^{2+} 电导率和 V(Ⅳ)渗透率分别为（5.6±0.5）mS/cm和（8.2±0.2）×10^{-9} cm^2/s。PEK-C 膜在高浓度的 VO_2^+ 溶液中具有很好的稳定性。使用 PEK-C 膜的全钒液流电池充放电循环 100h 后，库仑效率和能量效率分别为 98% 和 80%。Li 等合成了一种阻钒性能优异的季铵化聚四甲基联苯醚砜（QAPES）膜，该膜的钒离子渗透率比 Nafion 115 膜低两个数量级。而且，QAPES 膜具有良好的稳定性，使用该膜组装的全钒液流电池具有较长的循环寿命、较高的稳定性和效率。优异的性能使得 QAPES 膜在全钒液流电池领域具中有良好的应用前景。

（3）非氟多孔质子交换膜 尽管磺化和季铵化方式获得质子交换膜都表现出比杜邦公司生产的 Nafion 膜高的电流效率和相近的能量效率，但其稳定性和使用寿命还是不如 Nafion 膜。这是由于芳香族聚合物膜上的 C—H 键键能（413kJ/mol）比 Nafion 膜上的 C—F 键键能（485kJ/mol）低，在钒离子电解液中更容易受到钒离子攻击而造成断键。特别是磺化后的质子交换膜，由于引入磺酸基团使得交换膜的碳骨架周围电荷分布受到影响，使其更容易受到氧化而降解。为了解决引入离子基团带来的不稳定性，张华民团队开发了一种不含离子基团的低成本纳滤膜。纳滤膜能作为全钒液流电池隔膜的主要原因是钒离子的施托克半径和电荷密度都远远大于质子氢，从而使得质子氢可以通过纳滤膜上的孔道，而钒离子的不能通过。将纳滤膜作为全钒液流电池的隔膜，发现在电流密度为 80mA/cm^2 的条件下电池的库仑效率和能量效率分别达到 95％及 76％，达到了一些商业化 Nafion 膜性能指标。随后，团队又开发了一种由大量纳米孔洞的致密层和大孔作为支撑层组成的聚丙烯腈纳滤膜。这种聚丙烯腈纳滤膜在全钒液流电池中的性能与 Nafion 膜相近。使用 SiO$_2$ 修饰该膜后，获得库仑效率达到 98％（电流密度为 80mA/cm^2）的高性能隔膜。

（4）交联质子交换膜 为了增强质子交换膜的离子交换容量、选择性和化学稳定性，常采用加入交联剂和共聚物的方式对膜进行改性处理。交联剂和共聚物的加入可以减小膜的孔隙和提高膜的离子选择性。

Zhang 等将 4,4′-联吡啶与氯甲基化聚砜交联得到了一种新型聚砜（CMPSF）阴离子交换膜，得到的 CMPSF 膜具有较高的热稳定性和离子电导率，并且在大电流密度（电流密度为 140mA/cm^2）下使用 PSF 膜的全钒液流电池表现出很高的电池效率（库仑效率为 99.2％，能量效率为 81.8％）和较长的循环寿命（充放电 1600 次）。Li 等以二烯丙基作为交联剂成功合成了一种侧链带有丙烯基的磺化聚醚醚酮（SDPEEK）膜。研究发现对 SDPEEK 膜进行不同程度的磺化处理可以获得性能不同的质子交换膜，特别是当磺化度达到 80％时，SDPEEK 膜比 Nafion 115 膜有更强的阻钒性能，但离子选择性较低，使用 SDPEEK 膜的全钒液流电池的库仑效率高达 98％（电流密度为 50mA/cm^2），在较长的充放电时间（900h）中表现出较好的稳定性。为了提高 SDPEEK 膜的离子选择性，Li 等合成了磺化度更高的 SDPEEK 膜，磺化度的提高使得膜的离子选择性明显得到提高，进一步提高了电池效率。

参考文献

[1] Alotto P, Guarnieri M, Moro F. Redox flow batteries for the storage of renewable energy: A review [J]. Renewable & Sustainable Energy Reviews, 2014, 29 (7): 325-335.

[2] 吴中建. 基于钒电池的储能系统的运行与控制研究 [D]. 武汉: 武汉科技大学, 2018.

[3] 张妍. 储能钒液流电池石墨棒电极的改性研究 [D]. 曲阜: 曲阜师范大学, 2014.

[4] Skyllaskazacos M, Rychcik M, Robins R G, et al. New all-vanadium redox flow cell [J]. Journal of the Electrochemical Society, 1986, 133 (5): 1057.

[5] 何章兴. 全钒液流电池电解液添加剂和电极改性方法研究 [D]. 长沙: 中南大学, 2013.

[6] Kim K J, Park M S, Kim Y J, et al. A technology review of electrodes and reaction mechanisms in vanadium redox flow batteries [J]. Journal of Materials Chemistry A, 2015, 3 (33): 16913-16933.

[7] 刘天. 全钒液流电池中电极材料的改性及流速优化研究 [D]. 成都: 电子科技大学, 2018.

[8] 赵航飞. 钒电池测试系统开发及实验研究 [D]. 成都: 西南交通大学, 2018.

[9] Li X, Zhang H, Mai Z, et al. Ion exchange membranes for vanadium redox flow battery (VRB) applications [J]. Energy & Environmental Science, 2011, 4 (4): 1147-1160.

[10] Li L, Kim S, Wang W, et al. A Stable Vanadium Redox-Flow Battery with High Energy Density for Large-Scale Energy Storage [J]. Advanced Energy Materials, 2011, 1 (3): 394-400.

[11] Tian B, Yan C W, Wang F H. Proton conducting composite membrane from Daramic/Nafion for vanadium redox flow battery [J]. Journal of Membrane Science, 2004, 234 (1): 51-54.

[12] Qian P, Zhang H, Chen J, et al. A novel electrode-bipolar plate assembly for vanadium redox flow battery applications [J]. Journal of Power Sources, 2008, 175 (1): 613-620.

[13] Skyllas-Kazacos M，Grossmith F. Efficient Vanadium Redox Flow Cell [J]. Journal of The Electrochemical Society，1987，134 (12)：2950-2953.

[14] Gernon M D，Wu M，Buszta T，et al. Environmental benefits of methanesulfonic acid. Comparative properties and advantages [J]. Green Chemistry，1999，1 (3)：127-140.

[15] 李厦. 全钒液流电池高性能稳定电解液的研究 [D]. 长沙：中南大学，2011.

[16] Vijayakumar M，Burton S D，Huang C，et al. Nuclear magnetic resonance studies on vanadium (IV) electrolyte solutions for vanadium redox flow battery [J]. Journal of Power Sources，2010，195 (22)：7709-7717.

[17] Skyllas-Kazacos M，Kazacos M. State of charge monitoring methods for vanadium redox flow battery control [J]. Journal of Power Sources，2011，196 (20)：8822-8827.

[18] Li B，Gu M，Nie Z，et al. Bismuth nanoparticle decorating graphite felt as a high-performance electrode for an all-vanadium redox flow battery [J]. Nano Letters，2013，13 (3)：1330-1335.

[19] Kim S，Vijayakumar M，Wang W，et al. Chloride supporting electrolytes for all-vanadium redox flow batteries [J]. Physical Chemistry Chemical Physics，2011，13 (40)：18186-18193.

[20] Wang W，Nie Z，Chen B，et al. A New Fe/V Redox Flow Battery Using a Sulfuric/Chloric Mixed-Acid Supporting Electrolyte [J]. Advanced Energy Materials，2012，2 (4)：487-493.

[21] Liu Q，Sleightholme A E S，Shinkle A A ，et al. Non-aqueous vanadium acetylacetonate electrolyte for redox flow batteries [J]. Electrochemistry Communications，2010，12 (11)：1634-1637.

[22] Yue L，Li W，Sun F，et al. Highly hydroxylated carbon fibres as electrode materials of all-vanadium redox flow battery [J]. Carbon，2010，48 (11)：3079-3090.

[23] 邓奇. 大功率全钒液流电池电极材料的研究 [D]. 长沙：湖南农业大学，2017.

[24] Kim K J，Park M S，Kim J H，et al. Novel catalytic effects of Mn_3O_4 for all vanadium redox flow batteries [J]. Chemical Communications，2012，48 (44)：5455-5457.

[25] Li B，Gu M，Nie Z，et al. Nanorod niobium oxide as powerful catalysts for an all vanadium redox flow battery [J]. Nano Letters，2014，14 (1)：158-165.

[26] Park M，Ryu J，Kim Y，et al. Corn protein-derived nitrogen-doped carbon materials with oxygen-rich functional groups：A highly efficient electrocatalyst for all-vanadium redox flow batteries [J]. Energy & Environmental Science，2014，7 (11)：3727-3735.

[27] Liu J，Wang Z A，Wu X W，et al. Porous carbon derived from disposable shaddock peel as an excellent catalyst toward VO^{2+}/VO_2^+ mathContainer Loading Mathjax couple for vanadium redox battery [J]. Journal of Power Sources，2015，299：301-308.

[28] Han P，Yue Y，Liu Z，et al. Graphene oxide nanosheets/multi-walled carbon nanotubes hybrid as an excellent electrocatalytic material towards VO^{2+}/VO_2^+ redox couples for vanadium redox flow batteries [J]. Energy & Environmental Science，2011，4 (11)：4710-4717.

[29] Skyllas-Kazacos M，Chakrabarti M H，Hajimolana S A，et al. Progress in Flow Battery Research and Development [J]. Journal of The Electrochemical Society，2015，158 (8)：R55-R79.

[30] 陈振兴. 高分子电池材料 [M]. 北京：化学工业出版社，2006.

[31] Mauritz K A，Moore R B. State of understanding of nafion [J]. Chemical Reviews，2004，104 (10)：4535.

[32] Xi J，Wu Z，Teng X，et al. Self-assembled polyelectrolyte multilayer modified Nafion membrane with suppressed vanadium ion crossover for vanadium redox flow batteries [J]. Journal of Materials Chemistry，2008，18 (11)：1232-1238.

[33] Teng X，Zhao Y，Xi J，et al. Nafion/organic silica modified TiO_2 composite membrane for vanadium redox flow battery via in situ sol—gel reactions [J]. Journal of Membrane Science，2009，341 (1)：149-154.

[34] Qiu J，Li M，Ni J，et al. Preparation of ETFE-based anion exchange membrane to reduce permeability of vanadium ions in vanadium redox battery [J]. Journal of Membrane Science，2007，297 (1)：174-180.

[35] Chen D，Wang S，Xiao M，et al. Synthesis and characterization of novel sulfonated poly (arylene thioether) ionomers for vanadium redox flow battery applications [J]. Energy & Environmental Science，2010，3 (5)：622-628.

[36] Chen D，Wang S，Min X，et al. Synthesis and properties of novel sulfonated poly (arylene ether sulfone) ionomers for vanadium redox flow battery [J]. Energy Conversion & Management，2010，51 (12)：2816-2824.

[37] Zhang S，Zhang B，Zhao G，et al. Anion exchange membranes from brominated poly (aryl ether ketone) containing 3,5-dimethyl phthalazinone moieties for vanadium redox flow batteries [J]. Journal of Materials Chemistry A，2014，2 (9)：3083-3091.

[38] Mai Z，Zhang H，Zhang H，et al. Anion-Conductive Membranes with Ultralow Vanadium Permeability and Excellent Performance in Vanadium Flow Batteries [J]. ChemSusChem，2013，6 (2)：328-335.

[39] Zhang H，Zhang H，Li X，et al. Nanofiltration (NF) membranes：the next generation separators for all vanadium redox flow batteries (VRBs) [J]. Energy & Environmental Science，2011，4 (5)：1676-1679.

[40] Xu W，Zhao Y，Yuan Z，et al. Highly Stable Anion Exchange Membranes with Internal Cross-Linking Networks [J]. Advanced Functional Materials，2015，25 (17)：2583-2589.